高分子水凝胶

——从结构设计到功能调控

陈咏梅　著

科学出版社

北京

内 容 简 介

　　高分子水凝胶是一类同时兼具固体和液体双重性质的柔性材料。基于丰富的结构调控和功能可设计性，新型多功能高分子水凝胶材料经历了从基础支撑到前沿颠覆的跨越式发展，解决了新型柔性材料领域诸多问题，呈现出新时代发展特征。多功能响应水凝胶的研究是新一代柔性材料在生物医学、柔性电子、软机器及环境保护等关键领域的核心基础之一。本书共六章，介绍设计制备新型多功能、高性能柔性水凝胶材料，及其多种性能和功能的整合及协同作用的相关知识，涉及自愈合水凝胶、发光水凝胶、高强度水凝胶、纳米复合水凝胶、水凝胶细胞支架等，对多功能响应水凝胶的分子结构调控和功能结构设计具有重要的指导意义。

　　本书适合高分子水凝胶及相关领域的研发人员，以及高分子化学、生物医学、生物材料、柔性电子等专业的高年级本科生、研究生及相关科技人员阅读，也可用于相关专业的教学参考。

图书在版编目（CIP）数据

高分子水凝胶：从结构设计到功能调控/陈咏梅著. —北京：科学出版社，2023.3

　　ISBN 978-7-03-074887-4

　　Ⅰ．①高… Ⅱ．①陈… Ⅲ．①高分子材料－复合材料－水凝胶 Ⅳ．①TQ436

中国国家版本馆 CIP 数据核字（2023）第 028257 号

责任编辑：李明楠　孙静惠/责任校对：杜子昂

责任印制：赵　博/封面设计：图阅盛世

科 学 出 版 社 出版

北京东黄城根北街 16 号

邮政编码：100717

http://www.sciencep.com

天津市新科印刷有限公司印刷

科学出版社发行　各地新华书店经销

*

2023 年 3 月第　一　版　开本：720×1000　1/16

2024 年 3 月第三次印刷　印张：12 3/4

字数：255 000

定价：108.00 元

（如有印装质量问题，我社负责调换）

前　言

　　高分子水凝胶是一类典型的柔性功能高分子材料，在其三维互穿网络结构中溶胀着大量的水溶液，是兼具固体和液体双重性质的柔性材料。基于高分子水凝胶材料丰富的结构、功能调控及多元化设计，解决了新型柔性材料领域中的诸多科学技术问题。目前，高分子水凝胶已经成为化学、材料学、生命科学、医学、物理学等多学科的研究热点；对其研究、开发、应用以及探索其结构和功能调控间的相关性已成为国际科技界研究的重要方向之一。新一代多功能高分子水凝胶柔性材料的不断创新正在挑战并推动传统材料在生物医学、柔性电子、探测检测、环境保护等领域的变革，成为支撑这些领域高质量发展的核心基础材料之一。高分子水凝胶从基础研究到开发应用已经实现了跨越式发展，在高分子材料领域的地位越来越重要。

　　近十几年来，我国科研工作者在高分子水凝胶领域的基础研究与应用不断创新。随着科学技术的发展，从事该领域研究的科技工作者迫切需要一本介绍其基本概念、基础理论、实验技术、应用前景以及学科发展和最新研究成果相关内容的书籍作为参考。因此，著者编写了《高分子水凝胶——从结构设计到功能调控》，重点介绍多种性能和功能整合、协同作用的新型高分子水凝胶材料研究思路，突出结构与功能调控间的关系，充实了高分子水凝胶材料的基本概念、结构功能作用原理、实验技术以及研究进展和发展趋势等方面的知识体系，也展现了著者研究成果的积累和体会及高分子水凝胶研究中呈现的多学科、多领域交叉的研究发展趋势。著者力图结合自身的研究成果，将深度与广度相结合，图文并茂、深入浅出地进行表述，以便读者进一步了解高分子水凝胶，拓展思路，为推动这一新兴领域的研究与应用尽绵薄之力。

　　本书共 6 章。第 1 章，绪论，概述了几类新型高分子水凝胶，包括高强度水凝胶、自愈合水凝胶、纳米复合水凝胶；第 2 章，自愈合水凝胶，分别介绍基于第尔斯-阿尔德(DA)反应的葡聚糖基自愈合水凝胶、基于动态共价键的多糖基自愈合水凝胶和基于氢键的羧甲基纤维素自愈合水凝胶；第 3 章，发光水凝胶，依次介绍金属配合物发光水凝胶、高强度海藻酸盐/聚丙烯酰胺发光水凝胶、生物相容性高强度发光水凝胶、羧甲基纤维素发光自愈合水凝胶；第 4 章，高强度水凝胶及柔性器件，重点介绍基于配位/化学作用交联的高强度水凝胶、高强度温敏水凝胶及柔性驱动器、磁性抗撕裂高强度水凝胶、高强度导电水凝胶及柔性传感器；

第 5 章，纳米复合水凝胶的可控制备及应用，分别介绍负载八面体纳米粒子的磁性水凝胶、负载一维磁性纳米粒子的复合水凝胶及负载各向异性分布纳米粒子的复合水凝胶；第 6 章，水凝胶细胞支架，依次介绍水凝胶性能对细胞行为的影响及调控、降低细胞活性氧水平的水凝胶支架、葡聚糖水凝胶三维细胞包埋小鼠骨髓间充质干细胞并维持原有分化功能、自愈合可注射水凝胶神经干细胞载体。

本书在编著过程中，得到本研究团队年轻教师、博士后、博士和硕士研究生的帮助。其中，张云霞、何源、杨宽、宋贺明、赵新一、魏巍、习一方、唐杰、胡洋、王子扬、林忱萱、高立婷、童玉兰、韩晓帅、张晶晶、杨思慧、原汶瑾、李珂欣、刘珍秀、白宇宇等参与了文献资料收集、图表整理、文字排版与校对等工作，在此深表谢意。此外，还要特别感谢国内外诸多同行专家学者的指导和帮助，以及国家重点研发计划、国家自然科学基金、科技部高端外国专家引进计划、陕西省重点研发计划等项目的资助，在此一并表示感谢！最后，感谢科学出版社各级领导的支持以及相关编辑努力、认真和耐心的工作，使本书得以顺利出版。

本书适合高分子水凝胶及相关领域的研发人员，以及高分子化学、生物医学、生物材料、柔性电子等专业的高年级本科生、研究生及相关科技人员阅读，也可用于相关专业的教学参考。

鉴于著者水平和所掌握的文献资料有限，书中难免有疏漏、不妥或不尽如人意之处，敬请广大读者和同行批评指正。

陈咏梅
2023 年 1 月

目　　录

第1章 绪　论

1.1　高分子水凝胶概述

著名化学家 D. J. Lloyd 早在 1927 年指出，凝胶是一类易于辨认但难以定义的物质。高分子水凝胶的基本特征是至少由两种组分构成的溶胀大量水溶液、具有三维网络结构的柔性半固态物质，其中，水溶液与三维网络相互渗透，造成水溶液与网络之间不存在明显的边界。因此，高分子水凝胶也称为"水材料"，是一类典型的低原材料消耗、低环境污染、高附加值的柔性材料。相对于固体材料而言，高分子水凝胶中含有大量的水，更加柔软；不同于水的是，这种特殊柔性材料可在水中保持一定形状和三维空间网络结构，具有其他材料不可取代的性能优势，是当今国内外柔性材料研究热点和重要发展方向之一。高分子水凝胶是同时兼具固体和水溶液双重性质的柔性材料。从宏观尺寸的角度分析，高分子水凝胶具有一定的形状，可承受外力并发生形变，当外力去除后可恢复原来的形状，表现出固体的黏弹性；从微观尺寸角度来看，高分子水凝胶具有三维网络结构，小分子可在其中自由运动，且扩散系数与在三维网络中溶胀的水溶液接近，呈现出液体性质。此外，亲水性高分子链将水溶液束缚在三维网络结构中，赋予水凝胶优异的保水性能，与海绵不同，在外力作用下，水溶液难以从水凝胶网络中挤压出来。

水凝胶普遍存在于动植物软组织中，人体除了牙齿和骨骼之外，都是由凝胶态的柔软生物组织构成的。因此，研究与生物软组织结构和性能类似的柔性高分子水凝胶材料具有深远的科学意义和广泛的应用前景。Tanaka 首次发现了高分子水凝胶体积相转变和刺激响应等性能，并提出了著名的"相转变理论"，拉开了高分子水凝胶作为仿生智能材料研究的序幕。施加低电压，可引起高分子水凝胶体积缩小，当切断电压时，高分子水凝胶可恢复原来的形状，从而实现了电能与机械能之间的转换。该理论为柔性开关、传感器和电能-机械能转换等方面的研究奠定了基础。Osada 进一步将电能-机械能的转换方式发展为电能-化学作用-机械能之间的相互转换，采用电场控制表面活性剂与聚电解质高分子水凝胶之间的相互作用，构建了电场驱动的水凝胶柔性人工爬虫体系，其柔软、逼真的运动形态与活体爬虫极为相似。

随着分子水平设计和多尺度结构调控策略的发展，水凝胶材料的物理化学性能显著提高，极大拓展了应用领域。具有高力学性能、自愈合性能、优异的生物活性，以及对电、磁、光、热、力等响应的多功能、高性能水凝胶材料的设计和性能调控推动了柔性水凝胶材料的进步。在上述基础上，探索设计制备新型多功能、高性能水凝胶材料的新思路，实现多种性能和功能的整合、协同作用，并阐明相关协同效应的规律和机制，是柔性水凝胶材料发展的关键。化学、材料学、生物医学和电子学等学科的交叉融合研究不断推动着多功能柔性水凝胶材料的进步和发展，体现在融合多学科研究思路和方法、建立智能多功能水凝胶体系、构筑新型柔性机械运动和能量转换方式、运用仿生学设计柔性器件以及发展调控细胞性能的生物活性材料等方面。这类柔性材料涉及多学科交叉，是一个知识密集型研究领域，许多基础问题和关键技术亟需研究及解决。近几十年来，多功能响应高分子水凝胶材料的设计思路和关键技术得到了长足发展，通过结构设计、多场调控、功能整合，发展了新型智能、多功能水凝胶材料，上述研究进展不但为设计满足多种功能需求的新型多功能水凝胶材料提供了切实可行的设计思路，而且极大地丰富了水凝胶材料的种类和应用领域，为推动柔性电子、生物医学、探测检测、环境保护等领域的发展发挥了举足轻重的作用。高分子水凝胶材料的结构、性能整合及协同效应规律和机制的研究，为创制高性能柔性材料，如自愈合水凝胶、高强度水凝胶、发光水凝胶、纳米复合水凝胶等，提供了创新设计思路和方法。

　　自愈合水凝胶像人的皮肤一样具有自我修复功能，是典型的生物医用智能柔性材料发展的产物。自愈合是一个仿生学概念，生物体内从分子水平（如 DNA 修复）到宏观水平（如皮肤、骨等组织的愈合）均存在自愈合现象，与生物体的繁殖和功能维持密切相关。近年来，利用动态建构化学（constitutional dynamic chemistry）的基本原理，通过可逆非共价键、动态共价键相互作用，发展了具有自愈合功能的新型水凝胶材料。自愈合水凝胶可修复材料损伤，并恢复结构和功能，为提高材料稳定性、延长工作寿命等提供了有效的途径，并且有望解决生物医学、柔性电子中水凝胶与生物体组织界面的接口问题，实现柔性材料的智能化、高效化和环境友好化。

　　动植物软组织中的天然水凝胶具有足够的机械性能，可承受周围组织给予的机械负载。同样，许多应用场景要求水凝胶能够承受高机械负载、适应大形变并快速回复。近二十年来，水凝胶的综合力学性能已经得到了大幅度提升，打破了水凝胶像果冻、豆腐一样力学性能差、易于破碎的固有认知。以双网络水凝胶、离子/化学复合交联水凝胶以及纳米复合水凝胶等为代表的高强度水凝胶在保持高含水率的同时，不但拥有数十兆帕的断裂拉伸或压缩强度，而且可发挥数 kJ/m^3 的能量耗散优势，在大形变下显著耗散机械能的同时具有优异的可回复性能，形变后可保持原有结构和性能。上述优异力学性能赋予高强度水凝胶承受汽车轮胎碾压、充气形成透明凝胶气球的能力。因此，超高强度水凝胶为人工软组织、微创治疗、柔性电子和软机器等领域的发展奠定了坚实基础。此外，将高强度水凝胶的设计思路引入多功能水凝胶领域，将具有物理响应性能的纳米材料与高强度水凝胶巧妙复合，为设计制备满足高力学性能需求的新型电、磁、光、热、力等智能多功能纳米复合水凝胶材料提供了创新思路。

纳米复合水凝胶是将无机纳米粒子(磁性纳米粒子、金属纳米粒子、纳米黏土等)固定在水凝胶三维网络中构成的无机纳米粒子/水凝胶复合材料。基于纳米粒子的体积效应、表面效应、量子尺寸效应和宏观量子隧道等特征，无机纳米粒子在电学、磁学、光学、热学、声学、催化活性等方面表现出独特的性能。纳米复合水凝胶能够有效保持无机纳米粒子的原有特性，可通过调节纳米粒子的种类和性能，以及在水凝胶网络中的排列方式、掺杂量等调控水凝胶纳米复合材料的物理化学性能。纳米粒子和水凝胶之间的协同及相互增益作用促使纳米复合水凝胶更具可控性、更加智能化，满足生物医学、柔性电子、国防安全及环境保护等领域的应用需求。探索有效调控负载在水凝胶基体中无机纳米粒子的尺寸、形貌及分布方式的策略，提升纳米复合水凝胶的综合性能，并利用高分子三维网络和纳米粒子的物理化学性能及结构特点拓展水凝胶材料的应用范围，促进了纳米复合水凝胶的研究。

生物活性水凝胶承担着把无生命的材料转变为有生命的活体组织的重任，承载着人类治疗疾病、提高健康水平的美好使命。高分子水凝胶已广泛用于细胞支架、组织工程、再生医学、药物缓释和医疗器械等方面的研究，因有望成为组织修复甚至再生的材料而引起了广泛的关注。如何设计适用于细胞生长和体内移植的高分子水凝胶生物医用材料是亟需解决的问题。由于高分子水凝胶的三维网络结构、黏弹性、高含水量等特点与生物体内由生物大分子构成的细胞外基质极为类似，水凝胶为细胞提供了较为理想的生长空间。水凝胶是细胞赖以生存的"土壤"，是能够影响细胞的功能、调控细胞性能的活性材料，其化学结构、弹性、电荷等可调控细胞的性能，甚至干细胞的定向分化。因此，以水凝胶为模型材料体外调控细胞性能的研究对理解细胞生存微环境，进而优化设计适用于组织工程和生物医学基础研究及应用需求的水凝胶材料具有实质性意义。

缩小高分子水凝胶与生物体软组织之间的性能差距，寻求与软组织性能高度匹配的高分子水凝胶材料，最终达到以水凝胶材料替代受损软组织的目的，是高分子水凝胶生物材料研究的重要方向之一。

如何设计新型多功能、高性能高分子水凝胶材料，研究其结构对性能的调控，并拓展高分子水凝胶材料的新型应用领域是本书的重点。本书涵盖多功能水凝胶材料的设计理念，详细介绍自愈合水凝胶、发光水凝胶、高强度水凝胶、纳米复合水凝胶和水凝胶细胞支架等多功能水凝胶材料的设计策略和关键研究方法等核心内容，并以高强度温敏水凝胶及柔性驱动器、快速自回复导电水凝胶及柔性传感器、水凝胶中磁性纳米粒子的可控制备及催化机理、基于树枝状银纳米结构复合水凝胶的柔性压力传感器以及多糖基自愈合可注射水凝胶及神经修复等几种多功能水凝胶体系及应用背景为例进行了深入论述。

1.2 高强度水凝胶

1.2.1 高强度水凝胶简介

优异的机械性能是高分子水凝胶可受力承载并产生相应变形的前提。柔性电子、制动器和软机器等领域要求水凝胶具有较高的承载阈值和适应大形变的能力。然而，传统高分子水凝胶材料自身力学性能较弱，极大地限制了应用范围[1]。分析结构与性能之间的关系，影响高分子水凝胶力学性能的因素主要包括：①高分子含量和交联密度。水凝胶中通常仅含有少量三维交联高分子，致使水凝胶呈现半固态状态，造成力学性能较低。因此，适当增加高分子含量和交联密度可在一定范围内提高水凝胶的力学性能。②网络结构的均匀性。通常，高分子通过化学或非共价键交联随机形成三维网络结构，不可避免地造成交联网络结构的不均匀。在外力作用下，应力集中区域高分子链易于断裂导致水凝胶损坏。因此，设计合成规整交联网络结构的水凝胶达到均匀分散应力，避免应力集中，是提升高分子水凝胶力学性能的有效方法之一。③交联点的自由度。固定于高分子三维网络的交联点处因易产生应力集中而遭受破坏。设计可随应力动态变化而灵活移动的自由交联点，应力随着交联点的移动分散于整个网络结构之中，是提高水凝胶机械强度的有利切入点。综上所述，通过分子设计，加强高分子水凝胶网络结构的规整度及提高交联结构自由度是有效提高水凝胶力学性能的设计策略。上述设计策略可相辅相成，例如，自由移动交联点在提高交联结构灵活性、解决应力集中问题的同时，也赋予了交联网络结构均匀性；拓扑水凝胶(topological hydrogel)通过设计交联结构自由度提高水凝胶力学性能[2]，其特征是在三维网络中制备了供高分子链穿梭的环状"8 字"形滑动交联结构，当施加外力时，高分子链犹如在滑轮上滑动一样随外力在"8 字"形交联结构中自由移动，在外力作用下始终保持网络结构的均匀性，有效分散应力。

1.2.2 双网络水凝胶的结构与性能

近二十年来，高分子水凝胶的综合力学性能已经得到极大的提升，打破了水凝胶易于破碎的传统观念。作为一类力学强度高达数十兆帕的高分子水凝胶材料，双网络(double network)体系的设计思路对大幅度提高水凝胶力学性能及应用拓展具有指导意义[3,4]。双网络水凝胶的特征包含两种相互独立的网络结构，一种为交联度较高的聚电解质网络结构，另一种为低交联度或不交联的中性高分子网络结构。刚性的聚电解质网络为双网络水凝胶提供了支撑结构，保持水凝胶外形，而柔软、韧性的中性高分子网络分布于刚性网络之中，起到吸收外界应力的作用[5,6]。双网络水凝胶的强度高达兆帕数量级，并且保持了水凝胶优异的黏弹性、高含水量、透光性等特性。经过近二十年的发展，高强度双网络水凝胶的研究不断取得令人瞩目的进展，在双网络水凝胶概念的基础上，发展了仿生天然高强度水凝胶[7]、低摩擦高强度水凝胶[8,9]、导电高强度水凝胶[10-14]以及细胞相容性高强度水凝胶等[15-18]多功能柔性材料，并探讨了双网络水凝胶的生物相容性和诱导关节软骨再生等性能。目前，双网络水凝胶在高强度设计以及力学性能分析方面取得了长足的进展，成为设计制备高力学性能水凝胶材料的典范。基于双网络水凝胶对多功能、高强度水凝胶的设计具有指导意义，以下列双网络水凝胶为例，进一步概括和总结高强度水凝胶的结构与性能之间的关系。

经典的双网络水凝胶可通过两步法制备[19]，首先制备较高交联密度的聚电解质水凝胶作为第一层刚性网络结构，然后将其浸泡在中性单体溶液，溶胀大量中性高分子单体后，以第一层网络结构为模板，在其中原位合成低交联或未交联的第二层韧性网络结构。以下是影响水凝胶力学性能的三个主要因素。首先，溶胀时浸入第一层网络的中性单体越多，力学性能越强，说明中性高分子的含量影响力学性能；其次，由于增加交联度意味着减小高分子链的运动自由度，第二层高分子网络低交联甚至不交联时呈现出最优异的力学性能，说明中性高分子链的运动自由度对力学性能起着关键性作用；最后，第二层网络高分子的重均分子量与双网络水凝胶的力学强度呈正相关。综合考虑上述因素，设计高强度双网络水凝胶的主要条件总结如下：①第一层、第二层两种高分子网络性能应具有显著差异性。刚性、脆弱的聚电解质高分子作为第一层网络，柔软、韧性的中性高分子作为第二层网络。如果第一层和第二层网络均为聚电解质或中性高分子，则只能小幅度提升水凝胶的力学性能。②中性单体的摩尔浓度应远高于聚电解质单体(数十倍)。水凝胶的强度与中性单体的物质的量呈正比例关系，只有中性单体的量足够高时，水凝胶的强度才能达到数十兆帕。③力学性能与第二层网络的交联度呈反向相关。第一层网络需要适当的交联度，而第二层网络低交联甚至未交联时有利于大幅度提高水凝胶的力学性能，第二层网络过度交联反而导致力学性能急剧下降。④强度与中性高分子的分子量呈正向相关。中性高分子的重均分子量足够高时，水凝胶才能表现出较高的力学性能。

控制双网络水凝胶的制备条件可大幅度调控力学性能，通过调节高分子结构、第一层和第二层网络中单体摩尔比、交联剂浓度等参数，可调控弹性模量、拉伸强度、抗压强度等，调控力学性能有助于设计不同应用需求的高强度水凝胶材料。动态光散射分析表明，双网络水凝胶的网络不均匀性与力学性能密切相关。一般而言，网络结构的不均匀性是造成水凝胶力学性能低下的关键因素之一，结构上的随机性和不均匀性存在于大多数高分子水凝胶的网络结构中，而双网络水凝胶恰恰利用两种高分子结构的不均匀性提高机械强度，这与生物结构中通过不均匀性能大幅度提高机械强度有异曲同工之妙。例如，动物软骨组织中的网络结构呈现不均匀状态[20,21]，该不均匀特性可避免应力集中引起的软骨组织受损现象。关节软骨组织可以视为由复杂蛋白多糖(proteoglycan)构成的凝胶态聚集体，其生化结构决定了生物力学特性。软骨细胞分泌的凝胶样蛋白多糖、胶原纤维等生物大分子是控制关节软骨力学性能的结构基础。高吸水性能的蛋白多糖和胶原纤维构成了关节软骨网络结构骨架，大量胶原蛋白(占关节软骨干重的 50 wt%～80 wt%，wt%表示质量分数)通过分子内和分子间作用力高度交联，紧密结合，形成细长且直径较为均匀的胶原纤维，赋予关节软骨一定的形状和强度，该成分和结构是抵抗压力的决定因素。蛋白多糖聚集体中富含硫酸根和羧酸根，高度密集的阴离子大分子间的静电排斥作用产生高渗透压，吸引大量水分子进入凝胶网络中，赋予关节软骨优异的弹性，使其能够抵抗和分散载荷。双网络水凝胶的第一层刚性聚电解质网络通过自由基反应交联，高分子链增长和交联过程不可控，造成网络中存在不均匀的孔洞结构，尺寸远大于中性高分子链段的半径，允许大量中性高分子单体在其中聚合，造成部分中性高分子链填充于第一层网络的孔洞中，通过物理缠绕形成中性高分子链富集相，另一部分与聚电解质高分子链之间相互缠绕，所有中性高分子链形成柔性连续网络，上述结构特征赋予双网络水凝胶优异的力学性能。在外力作用下，双网络水凝胶中刚性、脆弱的第一层聚电解质网络首先被损坏，充当断裂牺牲的角色，其功能与关节软骨组织中的胶原纤维网状结构类似；而柔软、韧性的第二层中性高分子网络通过黏弹性损耗或者高分子链变形有效吸收能量，其功能与蛋白多糖聚集体相似。

1.2.3　双网络水凝胶软组织再生

正常软骨组织在关节中起到降低摩擦、分担压力和吸收冲击能量等作用，当软骨组织受损时，难以通过现有医疗手段完全修复或再生。双网络水凝胶的力学强度与软骨组织接近，且具有较低的摩擦系数，有望成为替代软骨组织甚至诱导软骨再生的生物材料[22-24]。然而，如何把双网络水凝胶加工成复杂的异形结构是亟需解决的关键问题。双网络水凝胶的形状取决于第一层网络，但第一层凝胶网络显著溶胀变形，并且易碎，难以通过模具加工的方法实现水凝胶异形结构。因此，以第一层聚电解质水凝胶网络制备成微米级水凝胶为基础加工，以聚乙烯醇(polyvinyl alcohol，PVA)水凝胶为内模具的两种方法解决了双网络水凝胶复杂结构的加工问题。以聚电解质微米凝胶制备双网络水凝胶的方法利用了微米凝胶易于成型的特点。在制备过程中，将微米凝胶浸泡在含有中性高分子单体、交联剂、引发剂的水溶液中，获得含有微米凝胶的黏稠流体，并灌入异形模具中引发聚合，如半月板形状的模具，可获得与模具相同形状的双网络水凝胶。以PVA水凝胶为内模具制备双网络水凝胶的方法，巧妙地利用了PVA水凝胶易于成型且在水中溶胀时不易变形的特点[23,25]。制备时首先通过冷冻-解冻法获得具有异形结构PVA水凝胶，如鸟、鱼、中国结等，将复杂形状的水凝胶浸泡在含有聚电解质单体、交联剂和引发剂的水溶液中达到平衡之后，在PVA水凝胶中原位制备第一层聚电解质网络。得到PVA-聚电解质水凝胶后，将其浸泡在含有中性高分子单体和引发剂的水溶液中再次达到平衡，在PVA-聚电解质水凝胶中原位制备第二层中性高分子网络，形成具有复杂形状的双网络水凝胶。上述方法均在不损失力学性能的前提下解决了双网络水凝胶的复杂异形结构加工困难的问题。

通过研究诱导关节软骨再生行为发现，双网络水凝胶具有优异的体内自发诱导兔子关节软骨再生的功能[26]。将双网络水凝胶直接植入兔子髌骨关节的软骨缺损中，1周后观察到大量再生细胞，2周后出现了含有丰富蛋白多糖的软骨状组织，3周后软骨状组织的量明显增加，4周后在缺损处充满了含有丰富蛋白多糖的软骨组织，并且观察到软骨下骨组织再生和Ⅱ型胶原蛋白高表达，但是对照组(在软骨缺损处填充纤维或骨组织)没有观察到软骨再生行为。关节软骨缺损组织修复再生仍然是医学领域的重大挑战，普遍认为软骨组织难以在体内再生，上述研究展现了双网络水凝胶有望推动关节软骨缺损的修复再生技术的发展。

1.2.4 高强度水凝胶展望

在多功能水凝胶领域中引入高强度的设计思路，将响应电、磁、光、热、力等的材料与高强度水凝胶有效融合，为发展智能多功能水凝胶材料提供创新思路[27-29]。高强度水凝胶功能化研究和应用拓展具有广阔的发展前景。①基于天然、可降解大分子的高强度水凝胶体系还有待拓展。天然大分子材料来源广泛、化学成分多样、生物相容性和生物降解性优异，是一类绿色可持续再生资源。基于天然大分子的水凝胶除了应用于生物医学领域之外，作为可降解柔性传感器在运动监测、人机界面、疾病诊断、健康监测等柔性电子领域发挥着重要作用，受到了国内外学者的广泛关注[30]。天然、可降解高强度水凝胶的发展，将为构建高性能柔性传感器提供更多可能，为高效发展绿色柔性电子和天然高分子材料的高值化利用提供新思路。②高强度水凝胶体系中不同种类高分子的匹配还有待探索。虽然已经筛选出的一些聚电解质与中性高分子的搭配体系，可获得力学性能优异的双网络水凝胶，但是，并非任意聚电解质/中性高分子组合都能够获得高力学性能的双网络水凝胶，其他高强度水凝胶体系也存在类似问题。因此，需要探讨更多种类高分子之间的相互作用，优化高强度水凝胶体系。③智能高强度水凝胶体系还有待发展。

除了提高机械强度和满足生物材料性能等要求之外，将高强度水凝胶的设计思路和策略拓展到构建导电、磁性、发光、温敏等智能高强度水凝胶体系中，有望为智能系统的发展提供新型多功能柔性材料。④高强度自愈合水凝胶体系还有待发展。自愈合性能有望解决水凝胶损伤修复、延长工作寿命、提高服役安全性等问题，对实现水凝胶材料的智能化和高效化具有重要意义。大多数高强度水凝胶网络为共价键交联，一旦受损，凝胶难以恢复力学性能和功能。将具有自我修复功能的非共价键(如疏水作用、氢键、静电吸引、π-π 堆叠、结晶作用等)或可逆动态共价键(酰腙键、亚胺键、硼酸酯键、二硫键等)引入高强度水凝胶的设计中[31,32]，有助于发展具有自愈合性能的高强度水凝胶体系。

1.3　自愈合水凝胶

1.3.1　自愈合水凝胶简介

生物医学领域需求增长，对高分子水凝胶材料性能提出了更高的要求，促进了新型智能水凝胶材料发展，自愈合水凝胶是典型的一类新型生物医用水凝胶智能材料[33,34]。传统水凝胶易于遭受外力破坏而产生裂纹，随着裂纹的不断扩大和增长，水凝胶的结构完整性和功能性受到影响。受生物体从分子水平到宏观水平自修复现象的启发，由动态共价键或非共价键三维交联网络构成的自愈合水凝胶应运而生。在理想情况下，自愈合水凝胶替代软组织在体内发挥功能，当受到损伤时，未被完全束缚的高分子链可在损伤处自由流动、相互融合，重新通过可逆动态相互作用恢复网络交联结构，自行完成愈合过程。将自愈合概念拓展到生物医用柔性材料领域，发展具有自愈合功能的医用水凝胶材料，对于解决柔性医用生物材料损伤修复问题，实现高分子水凝胶材料的智能化和高效化具有重要意义。

诺贝尔奖获得者、超分子化学之父 Lehn 和 Eliseev 提出的动态建构化学[35]为自愈合水凝胶的发展奠定了坚实的基础。由动态建构化学衍生的动态化学键包括可逆非共价键和动态共价键，这些可逆动态键形成与解离之间的平衡赋予自愈合水凝胶网络结构对外界刺激积极、智能的响应。目前，自愈合水凝胶通过设计具有动态和可逆特点的非共价键或共价键实现水凝胶的自愈合性能[31,32]。自愈合水凝胶的共同特征是高分子网络中存在有利于形成动态交联的可逆非共价键、动态共价键相互作用，为自愈合行为提供了高分子链之间相互作用的基本保证，此外，高分子链具有良好的流动性和扩散性，为水凝胶自愈合提供了动力学条件(图 1.1)。

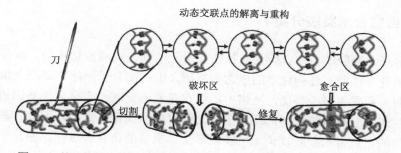

图 1.1　基于动态建构化学原理的自愈合水凝胶愈合过程机理示意图[32]

　　根据自愈合条件的不同，自愈合水凝胶可分为自主性愈合水凝胶和非自主性愈合水凝胶。自主性愈合水凝胶可自发进行愈合反应修复损伤部位，无需任何外界刺激便可实现愈合功能，修复受损部位并恢复原有结构和功能，是一种真正意义上的自愈合水凝胶材料。该自主愈合性能与水凝胶三维网络的结构自适应性，以及动态可逆反应的活性和效率密切相关。而非自主性愈合水凝胶需要适度的外界刺激，如加热、光照或 pH 值调节等，才能实现愈合性能。作为医用生物材料，只有在生理环境中可自主性愈合的水凝胶才具有实际应用潜力。适用于生物医学的自愈合水凝胶的要求总结如下：①具有优异的生物相容性和生物降解性，可三维包埋细胞、缓释药物等；②可在生理条件中自主性愈合，愈合过程不受体内分泌物等的影响；③自愈合性能可依据需求调节，并且可实现多次重复性自愈合；④便于植入不同形状的病患部位。

　　自愈合水凝胶属于自愈合高分子材料的一类，自愈合机理遵循自愈合高分子材料的"流动相"模型的扩散、融合原则[36]，该模型是描述不同修复机理自愈合高分子材料愈合过程的关键模型。"流动相"模型从微观到宏观层面描述了高分子材料的自愈合现象，愈合过程可描述为：材料受损产生裂纹→材料自身或响应外界环境刺激在裂纹处产生"流动相"→"流动相"在损伤处扩散融合发生动态交联反应→愈合反应后"流动相"修复裂纹，自愈合完成后恢复材料的结构完整性和功能性。在损伤处产生"流动相"是材料实现自愈合的前提，与自愈合橡胶或塑料等其他高分子材料相比，自愈合水凝胶更容易产生"流动相"。这是由于水凝胶溶胀在大量水溶液中，水溶液的流动性可促进高分子链的运动和扩散，易于在裂纹界面处产生"流动相"，促进高分子链之间的相互作用，从而达到愈合的目的。此外，升高温度、延长裂纹/切口接触时间可提高水凝胶的自愈合性能，这些因素增强了界面间高分子链的扩散和相互作用，为水凝胶自愈合过程中"流动相"的形成提供了动力学因素。因此，亲水性高分子链之间形成可逆动态相互作用和高分子链的扩散是决定水凝胶自愈合性能的关键。

1.3.2　自愈合水凝胶分类

　　高分子水凝胶的自愈合行为与损伤界面处的动态反应密切相关。水凝胶的自愈合反应建立在动态建构化学的概念和基础之上，高分子网络中动态共价键的断裂和重组不断发生可逆变化，网络中始终存在着未交联、带有活性基团的高分子链，这些未被三维网络束缚的高分子链之间可以多次重复交联，因此，基于动态建构化学的自愈合水凝胶理论上可实现多次、重复的自愈合过程。归功于动态建构化学的不断研究探索，新型自愈合高分子水凝胶的设计制备得到了长足发展，在生物医学等领域展现出广阔的应用前景。

　　通过分析可逆动态键的交联方式，将自愈合水凝胶总结归纳为两种类型，一类是通过非共价键交联形成的动态网络结构，称为物理型自愈合水凝胶，制备物理型自愈合水凝胶的非共价键主要包括疏水相互作用、静电相互作用、氢键、金属配位作用、结晶、多重分子间作用等。这些键能较低的分子间相互作用不稳定，具有一定的可逆和动态特性，高分子链通过非共价键在损伤处相互作用，重新形成网络交联结构。另一类是通过动态共价键交联形成的可逆网络结构，称为化学型自愈合水凝胶。用于合成化学型自愈合水凝胶的动态共价键主要包括亚胺键、亚氨键、酰腙键、硼酸酯键、二硫键等(图1.2)。动态共价化学键是一类特殊的可逆共价键，一方面，因在一定程度上保持了共价键的性质而较为稳定，另一方面又具有可逆性，键的断裂和形成可以达到热力学平衡，在损伤处多次反应交联，为水凝胶自愈合提供了条件。以下介绍一些代表性非共价键(疏水相互作用、

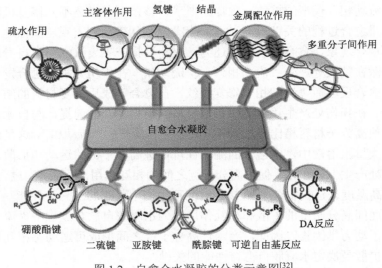

图 1.2　自愈合水凝胶的分类示意图[32]

静电相互作用、氢键、金属配位作用、多重分子间作用)和可逆共价键(亚胺键、DA 反应、酰腙键)的特点及在自愈合水凝胶中的应用。

疏水相互作用在形成生物系统和维持生物功能中扮演着非常重要的角色[37,38]。通过亲疏水高分子链共聚可将疏水相互作用引入水凝胶结构中,微胶囊聚合法为疏水性高分子链的引入提供了有效途径[39-41]。在该方法中,疏水性高分子单体首先增溶于由表面活性剂构成的微胶囊中,然后引发疏水性单体与亲水性单体共聚,疏水相互作用促使疏水性高分子链在水溶液中交联形成三维网络结构,从而达到在高分子网络中引入疏水相互作用,形成具有较强自愈合性能水凝胶的目的。静电相互作用是存在于带相反电荷的阴阳离子或高分子聚电解质之间的作用力。由于水溶性高分子聚电解质结构单元上富含大量可解离的基团,基于带正负电荷的高分子链之间的静电相互作用可形成三维交联网络,并且利用静电相互作用的动态性能实现水凝胶自愈合[42,43]。氢键作为一种非共价作用,特别是多重氢键,被广泛应用于自愈合水凝胶体系的设计制备中[44,45]。在生物体系中,DNA 碱基对之间的互补配对原则是多重氢键作用的结果。结晶作用是一类相对稳定的分子间作用力,其本质是氢键作用,是通过有序和规则构型的高分子链之间的多重氢键形成的特定结晶区域,如左旋聚乳酸、多肽链或聚乙烯醇高分子链等之间的相互作用[46,47]。聚乙烯醇高分子链中存在着规则排列的醇羟基,通过调节聚乙烯醇浓度和凝胶制备时的冷冻时间等参数,可使水凝胶网络中游离羟基数目与结晶羟基数目达到动态平衡,从而赋予聚乙烯醇水凝胶自愈合性能。此外,因与金属离子配对的配体种类较多,且形成的配位键具有动态可逆性,金属配位作用被广泛地应用于自愈合水凝胶材料的设计制备中[48]。同时借助配位作用与其他非共价键作用(如氢键)之间的协同效应有望增强水凝胶的自愈合功能[49,50]。

在多重分子间作用方面,多肽通过在水中形成多种非共价键,如氢键、静电相互作用和 π-π 堆叠等自组装形成水凝胶,这些温和的相互作用为赋予多肽水凝胶自愈合性能提供了前提条件。主客体分子之间存在的亲疏水作用、氢键以及 π-π 堆叠等非共价键作用是协同赋予水凝胶自愈合性能的多重分子间作用力。高分子链与纳米粒子(如纳米黏土、氧化石墨烯等)之间存在着可逆的静电吸附或氢键作用,通常以纳米粒子为交联点形成三维凝胶网络结构。基于这类非共价作用制备的水凝胶材料不仅具有自愈合功能,而且力学性能较强。在该体系中,纳米粒子充当多功能交联点的角色,首先引发亲水性单体在纳米粒子表面聚合,相邻纳米粒子表面的大量亲水性高分子链之间通过非共价键作用相互缠绕,赋予多重非共价键交联水凝胶优异的力学性能和自愈合性能。当水凝胶断面相互接触时,界面附近的亲水性高分子链相互扩散,再次形成多重非共价键,重建网络交联结构。

然而,物理交联网络的分子间作用力较弱,物理型自愈合水凝胶的稳定性有待提高。虽然传统共价键交联水凝胶相对稳定,但是,由于化学反应不可逆,稳定的网络结构束缚了高分子链的运动和流动性，抑制了自愈合功能的发挥。因此，运用可逆化学反应制备稳定、具有动态交联结构的化学型自愈合水凝胶，是设计性能优异自愈合水凝胶的策略。一方面，动态共价键的键能大于非共价键而较为稳定，另一方面，可逆交联为自愈合功能的实现提供了条件。动态共价键可以自发或在一定外界条件刺激下建立反应物与产物之间的热力学平衡，促使水凝胶损伤处动态反应活性基团重新成键，实现自愈合功能。这类化学型自愈合水凝胶体系既具有类似物理作用的动态响应性，又同时具有共价键的相对稳定性。此外，理想的制备自主性自愈合水凝胶的动态共价键具有可逆反应条件温和、可逆交换反应速率较快等特性。

亚胺键是一类不稳定的碳氮双键，带有氨基和醛基的高分子链之间通过席夫碱反应生成动态亚胺键，水凝胶三维网络结构中同时存在以席夫碱为交联点的网络和未交联的活性基团，赋予水凝胶自主性自愈合性能。亚胺键在生理环境中具有优异的生物相容性和动态活性，在磷酸盐缓冲溶液（PBS）或细胞培养液中仍然保持动态可逆特性，因此，基于亚胺键的自愈合水凝胶在生物医学领域中备受关注。除了自愈合性能之外，基于亚胺键的动态水凝胶还具有响应外界化学或生物刺激的灵敏性。例如，加酸降低 pH 值可以促使高分子网络的亚胺键断裂转化为溶胶，加碱中和后，又可重新恢复凝胶结构。此外，含有碱性氨基和酸性羧基的有机化合物（如氨基酸）的活性基团可与高分子链上的氨基或醛基发生竞争反应，生成更稳定的席夫碱从而破坏凝胶的原始网络结构，表明亚胺键交联的水凝胶具有控制药物或生物活性因子缓释的潜能。通过动态可逆亚胺键交联设计在生理环境中具有优异自主性愈合功能水凝胶的方法为制备满足组织工程和生物医学要求的高性能自愈合水凝胶材料提供了研究思路和方向。

DA 反应（双烯合成反应）是点击化学反应的一类，具有点击化学反应产率高、速率快、专一性强、反应条件温和等优点。该反应还具有温度可逆的特点，当温度升高时，反应平衡向逆反应方向移动释放出反应物质的活性基团，为材料的自愈合提供条件，通过该反应已经合成了许多温度可逆的动态高分子材料。此外，通过优化高分子的结构可实现在室温环境中发生可逆 DA 反应，制备得到快速、可自主性愈合的动态高分子材料，表明无需外界刺激就可以在损伤处重新建立 DA 反应的动态可逆平衡。因此，结合动态共价化学和点击化学的特点和优势，通过 DA 反应有望合成具有自主性自愈合高分子水凝胶。然而，制备基于 DA 反应的自愈合水凝胶存在反应温度较高、多数双烯体的水溶性较差等问题，限制了 DA 反应在自愈合水凝胶中的应用。为了克服以上难题，以修饰富烯基团的葡聚糖（葡聚糖-富烯，Dex-FE）作为双烯体，二氯马来酸修饰的聚乙二醇（聚乙二醇-二氯马来酸，PEG-DiCMA）为亲双烯体，合成了基于 DA 反应的自愈合水凝胶。具有良好细胞相容性的葡聚糖-富烯主链和聚乙二醇-二氯马来酸交联剂可在温和条件下发生 DA 反应,达到热力学平衡并进行动态交换,为生理环境中(37℃,pH = 7.4,磷酸盐缓冲溶液)实现自愈合提供了有利条件。基于可逆 DA 反应的动态特性和水凝胶的优异流动性,该水凝胶可自主性愈合。酰腙键是由醛基与酰肼发生脱水反应生成的不稳定碳氮双键,在弱酸性条件下呈现动态可逆反应特征,调节 pH 值可调控凝胶-溶胶可逆相转变,当 pH 为中性或偏碱性时,体系呈现凝胶状态,而当 pH 值为酸性时,体系从凝胶状态转变为溶胶状态,有望合成 pH 响应型自愈合水凝胶。基于酰腙键的 pH 敏感性,在酸性条件下,酰腙键处于可逆反应状态,凝胶网络中处于运动、扩散状态的高分子链上未交联的活性基团在反应过程中不断达到新的动态平衡,实现自愈合性能。

1.3.3 自愈合水凝胶评价

随着自愈合高分子水凝胶的发展,相继建立了多种自愈合性能的评价体系,包括简便、直观的形貌表征方法,以及采用分析仪器定量评价的手段。高分子水凝胶的自愈合评价方法主要分为两类,一类是对水凝胶愈合过程中形貌变化进行直观定性或定量分析,另一类是定量表征自愈合水凝胶机械性能的愈合效率。利用数码相机对水凝胶材料的自愈合过程进行实时拍照监测是一种直观、简便的表征手段,主要观测记录微裂纹或水凝胶伤口的界面愈合过程。在宏观水平上,详细记录水凝胶材料的切口、裂纹界面的变化和愈合过程,可获得水凝胶的愈合时间和大致的愈合程度的信息。例如,拍照记录切口的愈合状态,展示愈合后凝胶切口能否承受自身的质量,或通过将愈合后的水凝胶搭建在一起宏观展示材料的愈合程度及力学性能恢复情况等。也可借助一些图像放大的仪器设备,如光学显微镜、扫描电子显微镜等观察和记录水凝胶裂纹的愈合过程。但是这些方法存在一些缺点,例如,光学显微镜虽然能够检测水凝胶裂纹的形貌和尺寸等信息,但由于检测时水凝胶中的水分会对光产生折射等作用,从而很难清晰观测到水凝胶裂纹的形貌;扫描电子显微镜虽然在最小分辨率方面优于光学显微镜,但检测水凝胶样品之前,需进行冷冻、干燥、喷金等前处理,易破坏水凝胶样品的结构,获得的是干燥后水凝胶裂纹的形貌,不能反映裂纹的真实形貌,是一种有损伤且非原位的表征手段。因此,需要发展可在水溶液中原位、无损、可逆表征水凝胶裂纹和形貌信息的新方法。

扫描电化学显微术(scanning electrochemical microscopy,SECM)是一种以微米级电极为探针,通过记录电解质溶液中物质的氧化或还原电流得到基底物质的表面形貌和化学信息的电化学分析方法,便于在水溶液中原位、无损、可逆表征样品,并具有优异的空间分辨率和提供三维图像信息等优势。将 SECM 用于实时、原位监测水凝胶材料的自愈合过程，得到了愈合过程中水凝胶裂纹变化的图像信息及自愈合效率的详细数据，建立了 SECM 原位定量表征水凝胶自愈合行为的方法[51]。自愈合效率定义为水凝胶自愈合前后的性能之比，该参数可直观反映水凝胶的自愈合能力。SECM 方法基于氧化还原反应的原理，利用水溶液中的天然电对（氧气）在探针附近的还原电流（$O_2 + 2H_2O + 4e^- \rightleftharpoons 4OH^-$），通过检测电化学信号随时间和空间的变化提供水凝胶的三维形貌图像和相关数据等信息。水凝胶作为绝缘性基板阻止水溶液中氧气向 SECM 电极的扩散，因此，电极离水凝胶表面的距离越小，氧气浓度越低，相对应的氧化还原电流越低。基于该原理，由于水凝胶表面损伤处和无损伤处与电极之间的距离不同，最终得到不同的氧化还原电流，通过记录这些电极电流变化信息，可以捕捉愈合过程中水凝胶表面形貌的变化过程。总体而言，SECM 原位扫描可实时检测水凝胶裂纹形貌随时间变化的三维形貌图像和宽度、深度等信息，并可通过记录对比不同愈合时间裂纹的深度变化定量计算水凝胶的愈合效率。该方法的优势在于可保持水凝胶原有状态，无需对水凝胶样品进行前处理，实现对水凝胶裂纹的实时、定量检测。相比于常规的光学显微镜和电子显微镜的表征方法，SECM 具有能在水溶液中对样品进行原位、可逆、无损表征，并给出三维形貌信息的优点，该分析手段为定量表征自愈合水凝胶体系提供了新的方法和思路。

除了分析水凝胶愈合过程中形貌变化信息之外，也可通过测试对比水凝胶愈合前后力学性能的变化定量分析水凝胶愈合性能。主要力学性能参数包括拉伸/压缩强度、弹性模量、伸长率等。对于不能进行拉伸的柔软易碎水凝胶材料，则可利用横梁压缩实验测试水凝胶愈合前后的断裂强度，并计算得到自愈合效率。此外，对柔软的自愈合水凝胶，流变学回复实验也是一种有效的表征方法。该方法主要反映水凝胶网络内部的自愈合程度。通过交替设置小振幅和大振幅对样品进行循环加载，观察储能模量（G'）和损耗模量（G''）的回复程度，判断水凝胶的愈合性能。该方法是检测水凝胶愈合可重复性的有效手段，广泛应用于自愈合水凝胶研究。

1.3.4　自愈合水凝胶展望

近十年来，作为智能材料的研究主题之一，自愈合水凝胶材料在分子设计、理论建模以及研究方法等方面取得了长足的进展，充分体现了多学科交叉融合对柔性高分子材料发展的推动作用。将动态构建化学的概念引入自愈合水凝胶领域，为设计合成符合生物力学、组织工程和生物医学等功能性要求的新型水凝胶材料提供了创新思路和研究方向。自愈合可注射水凝胶是其中一个典型的例子。可注射水凝胶是一类通过注射器将水凝胶前驱体溶液注射到靶标部位，通过化学交联或自组装原位诱导发生溶液-凝胶转变的材料。但是，传统可注射水凝胶存在受损后不能恢复力学性能、细胞流失泄漏以及化学反应物引起的毒性等问题。将自愈合性能赋予可注射水凝胶，发展自愈合可注射水凝胶，是解决上述问题的有效途径。自愈合可注射水凝胶是可将放置在注射器针筒中的水凝胶从针头注射到靶标部位后再次成型的材料。首先，将水凝胶注射成凝胶微粒，然后，凝胶微粒之间通过可逆动态键相互作用愈合形成所需的形状，最终达到恢复水凝胶结构和力学性能的目的。基于自愈合可注射水凝胶建立的"原位成胶包埋细胞→微创注射→自愈合成型→功能修复"的新型细胞递送模式，推动了可注射水凝胶向智能微创治疗模式的转化。该新模式有效弥补了传统可注射水凝胶"前驱体+细胞悬浮液→注射→原位成胶"方式导致的材料渗漏、细胞流失、单体和引发剂等引起的生物毒性、细胞成活率低等不足。注射出的水凝胶微粒之间通过表面的动态共价键可逆反应交联形成一个新的凝胶整体，成型后由三维包埋细胞的水凝胶微粒构成的样品具有优异的自我修复功能和稳定性，即使浸泡在磷酸盐缓冲溶液中依然可保持完整性，受损之后可再次通过可逆交联反应修复受损部位的结构和功能，该过程能够多次循环，并提高三维包埋细胞的效率。因此，自愈合可注射水凝胶作为一类新型智能生物材料在组织工程和生物医学领域中的应用前景广阔。利用凝胶网络中动态席夫碱反应不断释放出有利于促进神经干细胞向神经元细胞分化的氨基活性基团，促进了大鼠神经干细胞定向诱导分化为神经元细胞，有望实现脑缺血损伤大鼠的神经再生，为组织工程神经修复提供了新途径，拓展了自愈合水凝胶在生物医学中的应用。具有生物相容性、无毒性以及生物降解性的自愈合可注射水凝胶的设计对生物医学的发展具有推动性意义，因此，上述性能需要纳入到合成新型自愈合可注射水凝胶体系的设计原则中。

目前，研究者更倾向于应用动态共价键设计自愈合水凝胶，以期制备兼具化学稳定性与动态可逆作用的化学型高分子动态网络。但并非所有的动态化学反应都可实现愈合性能，因此，有必要将动态可逆化学反应筛选归类，从反应机理、特异性、愈合效率及优缺点等方面归纳建立"自愈合反应基因库"，便于高性能化学型自愈合水凝胶的分子设计。"自愈合反应基因库"的建立有望为设计和制备新型自愈合水凝胶材料提供新思路，例如，在同一水凝胶体系中引入具有协同性能的可逆非共价键或动态共价键，克服单一动态体系对凝胶自愈合条件的限制，提高水凝胶的自愈合响应性能。此外，随着自愈合水凝胶体系的发展及应用范围的拓展，设计制备同时具有外场响应(电、磁、光、热等)和自愈合性能的水凝胶材料提高了研究者的科研热情。这些智能、多功能柔性水凝胶材料能够通过调节自身的性能适应外界刺激变化，显著推动了自愈合水凝胶的基础研究，挖掘了应用潜能。

1.4 纳米复合水凝胶

1.4.1 纳米复合水凝胶简介

纳米复合水凝胶作为一种柔性有机无机两相复合材料，充分发挥了水凝胶及无机纳米粒子各自的物理化学性能以及两者之间的协同增益效果，从而可满足不同领域的应用需求，在探测检测、环境保护、能源开发、生物医学等领域发挥重要作用[52-55]。基于特有的体积效应、表面效应、量子尺寸效应等特性，纳米粒子在电学、磁学、光学、热学、力学和化学活性等方面展现出独特的性能。当将功能性无机纳米粒子引入水凝胶网络结构中构成纳米复合材料时，不但可继续保持纳米粒子自身原有的特性，还可通过调节纳米粒子的种类、尺寸、晶体结构、含量等调控水凝胶纳米复合材料的物理化学性能，使其综合性能优于各单一组元，甚至获得单一组元不具备的新性能[56]。纳米复合水凝胶作为一种有机/无机两相复合材料，其性能表现远不止于水凝胶（三维网络结构、黏弹性、环境响应性等）和无机纳米粒子（电、磁、光、热、声、力学）特性的简单加和。两个组分之间不同功能的协同作用及相互增益在促进纳米复合水凝胶充分发挥各组分功能的同时，更加智能化、更具可控性，便于适应和满足多样化应用场景的需求。

根据纳米复合水凝胶体系的尺寸，可分为体相复合水凝胶和微纳复合水凝胶。体相复合水凝胶是指具有宏观尺寸的复合水凝胶，根据具体应用场景需求可制备成不同二维形状和三维立体结构。体相复合水凝胶广泛应用于柔性机器人、智能响应制动器等领域，通常在外界环境激励下发生拉伸、压缩、弯曲等形变，因此，其力学性能、溶胀性能、激励响应性能等受到广泛关注[57,58]。微纳复合水凝胶包括复合微凝胶和核壳结构纳米凝胶。复合微凝胶是指溶胀状态下具有微米级粒径的水凝胶微颗粒，基于介观尺寸优势，复合微凝胶可以在空间狭小的环境中工作，并且比体相复合水凝胶拥有更快的响应外界环境刺激的能力，在微型机器人、微流控、体内药物输送、靶向医疗等方面展现出多元化功能优势。例如，负载 Fe_3O_4 纳米粒子的磁性温敏微凝胶可在外磁场导航控制下精确运动到病变靶标部位，并利用磁性纳米粒子在外加交变磁场作用下磁滞损耗发热的原理，触发温度响应型微凝胶发生相转变，实现体积收缩并定点释放药物。核壳结构纳米凝胶通过物理吸附或表面化学反应的方式在单个纳米粒子表面修饰一层水凝胶，形成单分散核壳结构纳米水凝胶颗粒。水凝胶修饰层不但可以阻止无机纳米粒子的团聚从而增加单分散颗粒稳定性，而且可减少无机纳米粒子在生物医学应用中因表面暴露而引起的毒性等不良反应。此外，水凝胶修饰层还有助于调节催化金属纳米粒子的催化性能，提高检测灵敏度。

1.4.2　纳米复合水凝胶制备

基于将无机纳米粒子引入水凝胶的方式，纳米复合水凝胶的制备可分为包埋法和原位合成法两类。包埋法是将无机纳米粒子分散掺杂到水凝胶基体中的方法，原位合成法是以水凝胶作为微反应器，在三维网络结构中原位合成无机纳米粒子的方法。根据纳米粒子引入水凝胶网络的方式可将包埋法进一步分类为网络直接引入法和混合成胶法。网络直接引入法是将纳米粒子直接引入水凝胶基体中的方法。该方法利用水凝胶溶胀时可吸入大量水分的现象，将粒径较小的纳米粒子分散在水溶液中，在凝胶溶胀过程中通过水溶液的流动将纳米粒子带入高分子网络，达到制备复合水凝胶的目的。该方法虽然可通过反复的溶胀、退溶胀、再溶胀过程增加纳米粒子的负载量，但制备过程中难以控制的因素较多。混合成胶法是将纳米粒子与水凝胶前驱体溶液充分混合形成均匀悬浮液，再进一步成胶固化，使纳米粒子束缚在高分子三维网络中的方法。混合成胶法的优势在于可精确控制纳米粒子的尺寸、形貌、负载量等参数，广泛适用于制备大多数纳米复合水凝胶。但是，在形成凝胶的过程中难以避免纳米粒子发生不规则团聚。通过预先在纳米粒子表面修饰亲水性官能团可增强纳米粒子在水凝胶基质中的分散性，同时，亲水性官能团还可通过范德瓦耳斯力与高分子网络产生相互作用增强稳定性。此外，在纳米粒子表面修饰官能团并与高分子链上的基团反应形成共价键是一种更加稳定结合纳米粒子与高分子网络、防止纳米粒子从水凝胶基质中泄漏的有效策略。

精确调控纳米粒子的尺寸、形貌是提升纳米复合水凝胶性能的关键。原位合成法是将制备纳米粒子的前驱体溶液预先溶胀束缚在高分子三维网络中，然后设置一定反应条件，诱导纳米粒子前驱体溶液在三维网络中发生化学反应，以水凝胶作为微反应器原位合成无机纳米粒子的方法。水凝胶三维亲水网络结构不仅可以作为原位制备纳米粒子的微反应器，也可以作为均匀分散和固定纳米粒子的载体。该方法由于可在高分子三维网络的水溶液环境中原位诱导纳米粒子生长，因此更适用于通过水相反应制备的纳米材料，如大多数金属及金属氧化物等。根据原位合成的制备方法不同，可分为物理法和化学法。物理法是将负载纳米粒子前驱体离子溶液的水凝胶暴露在特定的光、声源环境中，在水凝胶内部原位合成纳米粒子的方法。例如，通过紫外光、γ 射线辐照等方法在水凝胶基团中原位合成金 (Au)、银 (Ag) 等贵金属纳米粒子。化学法是将负载纳米粒子前驱体离子溶液的水凝胶浸泡在还原剂/沉淀剂(如硼氢化钠、氨水、氢气、水合肼、氢氧化钠、硫化钠或柠檬酸等)水溶液中，还原剂/沉淀剂逐渐扩散进入水凝胶网络中将金属离子还原为纳米粒子获得纳米复合水凝胶的方法。

此外，高分子三维网络结构特有的空间控制、构造控制和网络控制为调控纳米粒子晶体生长提供了特殊的微环境，可获得常规方法难以获得的特殊形貌。空间控制是指纳米粒子晶体结晶成核受控于纳米级高分子三维网络之中，该空间局限调节晶体的形貌和尺寸；构造控制是指通过高分子链化学结构，如活性基团、电荷等，调节纳米晶体的成核和形貌；网络控制是指水凝胶网络结构通过抑制水溶液的无序流动减少纳米晶核不稳定碰撞的频率、控制反应物的扩散速度和浓度，降低纳米晶体生长速度，从而有效调控纳米粒子晶体生长。以在共聚电解质水凝胶中原位合成四氧化三铁（Fe_3O_4）纳米晶体结构为例[59]，说明水凝胶体电荷密度、三维网络空间尺寸对 Fe_3O_4 纳米粒子的形貌调控发挥着至关重要的作用。将带负电荷的聚 2-丙烯酰胺-2-甲基丙磺酸钠（PNaAMPS）与中性聚 N,N'-二甲基丙烯酰胺（PDMAAm）共聚制备 PNaAMPS-co-PDMAAm 共聚水凝胶，通过增加单体 NaAMPS 与 DMAAm 的比例 R（5：5、6：4、7：3、8：2、9：1）调节共聚水凝胶中磺酸根浓度，水凝胶的体电荷密度随 R 值的增大而上升。当交联剂浓度为 10 mol%（摩尔分数）时，八面体晶体在原位合成的 Fe_3O_4 纳米粒子中占有的比例随着 R 值的增大不断上升，当 R 增至 9：1 时，所有纳米粒子均表现为规则的八面体晶体形貌，然而，当 R 为 5：5 时，所有纳米粒子均为近似球状颗粒，表明体电荷密度促进了 Fe_3O_4 纳米粒子的各向异性生长。但是，当交联剂浓度升高至 15 mol% 时，水凝胶三维网络空间尺寸减小，产物的形貌不依赖于 R 值的变化而演变，均呈现为球形纳米颗粒，表明三维网络空间尺寸减小成为抑制 Fe_3O_4 纳米粒子各向异性生长的主要因素。上述通过调节体电荷密度、三维网络空间尺寸的方法改变水凝胶内部微环境，调控 Fe_3O_4 纳米粒子形貌的方法，有望拓展到其金属及金属氧化物的体系中，从而实现更多种类无机纳米粒子在高分子水凝胶中简单温和条件下的可控制备。

1.4.3 纳米复合水凝胶展望

新型多功能纳米复合水凝胶材料的发展不仅为设计满足多种功能需求的新型柔性材料提供了切实可行的设计思路，还极大地丰富了水凝胶材料的种类和用途，为推动探测检测、环境处理、新型能源、生物医学等领域的研究发展发挥了举足轻重的作用。为了进一步提升纳米复合材料的性能，满足更多领域对新型多功能性纳米复合水凝胶材料的需求，尚需解决一些问题和改进不足之处。包埋法中无机纳米粒子的制备和形成水凝胶的过程是两个独立的步骤，因此，需要在纳米粒子制备阶段对尺寸、形貌等进行有效调控。但是纳米粒子的生长调控通常涉及较为苛刻的反应条件（如高温、高压），使用毒性较大的反应原料（如有机溶剂和表面活性剂)等,制备工艺复杂、成本较高,所使用的有毒性试剂也会对环境造成负担,且不利于大规模制备。在原位合成法中,无机纳米粒子在水凝胶三维网络中原位生成,为了在反应过程中避免水凝胶三维网络受到破坏,通常采用简便温和的水相反应,避免了严苛的反应条件带来的安全、环境等方面的压力,更能顺应绿色制造的需求。此外,水凝胶三维网络对纳米粒子的束缚作用可阻碍纳米粒子的团聚。然而,这种方法尚存在难以控制纳米粒子的尺寸、形貌及在水凝胶中的分布方式等缺点,极大地限制了复合纳米水凝胶性能的优化。因此,发展在水凝胶中可控制备规则形貌的纳米粒子体系还有待探索。

此外,无机纳米粒子在水凝胶中的有序各向异性排布可赋予纳米复合凝胶各向异性催化、力学、电学、光学等特性,从而在人工肌肉、柔性机器人、智能驱动器、微流控等领域发挥重要作用。因此,考虑负载各向异性分布无机纳米粒子的复合水凝胶材料亟待发展。通常通过施加物理场,如磁场、电场、温度场等,诱导具有物理场响应性能的无机纳米粒子(如碳纳米管、硅纳米粒子、Fe_3O_4 纳米粒子等)在水凝胶前驱体溶液中的有序各向异性排布,在凝胶化过程中将纳米粒子固定在水凝胶网络中,从而保证当撤去外加物理场后,无机纳米粒子仍能在水凝胶中保持各向异性分布。因此,在水凝胶纳米复合材料今后的发展中,通过考虑纳米粒子在水凝胶中的分布情况来着手设计新型功能纳米水凝胶体系,将会极大丰富该复合材料的功能和用途并拓展其应用领域,具有极大的发展前景。

参 考 文 献

[1] 陈咏梅, 董坤, 刘振齐, 等. 高强度双网络高分子水凝胶: 性能、进展及展望[J]. 中国科学: 技术科学, 2012, 42: 859-873.

[2] Liu C, Morimoto N, Jiang L, et al. Tough hydrogels with rapid self-reinforcement[J]. Science, 2021, 372: 1078-1081.

[3] Gong J P, Katsuyama Y, Kurokawa T, et al. Double-network hydrogels with extremely high mechanical strength[J]. Adv Mater, 2003, 15: 1155-1158.

[4] Gong J P. Why are double network hydrogels so tough?[J]. Soft Matter, 2010, 6: 2583-2590.

[5] Webber R E, Creton C, Brown H R, et al. Large strain hysteresis and mullins effect of tough double-network hydrogels[J]. Macromolecules, 2007, 40: 2919-2927.

[6] Sun T L, Kurokawa T, Kuroda S, et al. Physical hydrogels composed of polyampholytes demonstrate high toughness and viscoelasticity[J]. Nat Mater, 2013, 12: 932-937.

[7] Xu X, Jerca V V, Hoogenboom R. Bioinspired double network hydrogels: From covalent double network hydrogels via hybrid double network hydrogels to physical double network hydrogels[J]. Mater Horiz, 2021, 8: 1173-1188.

[8] Gong J, Higa M, Iwasaki Y, et al. Friction of gels[J]. J Phys Chem B, 1997, 101: 5487-5489.

[9] Kim J, Zhang G, Shi M, et al. Fracture, fatigue, and friction of polymers in which entanglements greatly outnumber cross-links[J]. Science, 2021, 374: 212-216.

[10] Lin S, Yuk H, Zhang T, et al. Stretchable hydrogel electronics and devices[J]. Adv Mater, 2016, 28: 4497-4505.

[11] Zhang Y S, Khademhosseini A. Advances in engineering hydrogels[J]. Science, 2017, 356: 1-10.

[12] Rong Q, Lei W, Liu M. Conductive hydrogels as smart materials for flexible electronic devices[J]. Chem Eur J, 2018, 24: 16930-16943.

[13] Zhou Y, Wan C, Yang Y, et al. Highly stretchable, elastic, and ionic conductive hydrogel for artificial soft electronics[J]. Adv Funct Mater, 2019, 29: 1806220.1-1806220.8.

[14] Lo C Y, Zhao Y, Kim C, et al. Highly stretchable self-sensing actuator based on conductive photothermally-responsive hydrogel[J]. Mater Today, 2021, 50: 35-43.

[15] Qian K Y, Song Y, Yan X, et al. Injectable ferrimagnetic silk fibroin hydrogel for magnetic hyperthermia ablation of deep tumor[J]. Biomaterials, 2020, 259: 120299.

[16] Li Y, Rodrigues J, Tomas H. Injectable and biodegradable hydrogels: Gelation, biodegradation and biomedical applications[J]. Chem Soc Rev, 2012, 41: 2193-2221.

[17] Caló E, Khutoryanskiy V V. Biomedical applications of hydrogels: A review of patents and commercial products[J]. Eur Polym J, 2015, 65: 252-267.

[18] Zhu Y, Zhang Q, Shi X, et al. Hierarchical hydrogel composite interfaces with robust mechanical properties for biomedical applications[J]. Adv Mater, 2019, 31: 1804950.

[19] Sun J Y, Zhao X, Illeperuma W R K, et al. Highly stretchable and tough hydrogels[J]. Nature, 2012, 489: 133-136.

[20] Boyer C, Figueiredo L, Pace R, et al. Laponite nanoparticle-associated silated hydroxypropylmethyl cellulose as an injectable reinforced interpenetrating network hydrogel for cartilage tissue engineering[J]. Acta Biomater, 2018, 65: 112-122.

[21] Wegst U G K, Bai H, Saiz E, et al. Bioinspired structural materials[J]. Nat Mater, 2015, 14: 23-36.

[22] Bodugoz S H, Macias C E, Kung J H, et al. Poly(vinyl alcohol)-acrylamide hydrogels as load-bearing cartilage substitute[J]. Biomaterials, 2009, 30: 589-596.

[23] Choi J, Kung H J, Macias C E, et al. Highly lubricious poly(vinyl alcohol)-poly(acrylic acid) hydrogels[J]. J Biomed Mater Res B Appl Biomater, 2012, 100: 524-532.

[24] Wang Y, Huang X, Zhang X. Ultrarobust, tough and highly stretchable self-healing materials based on cartilage-inspired noncovalent assembly nanostructure[J]. Nat Commun, 2021, 12: 1-10.

[25] Zhang L, Zhao J, Zhu J, et al. Anisotropic tough poly(vinyl alcohol) hydrogels[J]. Soft Matter, 2012, 8: 10439-10447.

[26] Yasuda K, Kitamura N, Gong J P, et al. A novel double-network hydrogel induces spontaneous articular cartilage regeneration *in vivo* in a large osteochondral defect[J]. Macromol Biosci, 2009, 9: 307-316.

[27] Stuart M A C, Huck W T, Genzer J, et al. Emerging applications of stimuli-responsive polymer materials[J]. Nat Mater, 2010, 9: 101-113.

[28] Ionov L. Hydrogel-based actuators: Possibilities and limitations[J]. Mater Today, 2014, 17: 494-503.

[29] Rittikulsittichai S, Kolhatkar A G, Sarangi S, et al. Multi-responsive hybrid particles: Thermo-, pH-, photo-, and magneto-responsive magnetic hydrogel cores with gold nanorod optical triggers[J]. Nanoscale, 2016, 8: 11851-11861.

[30] 董点点, 张静雯, 唐杰, 等. 基于天然高分子的导电材料制备及其在柔性传感器件中的应用[J]. 高分子学报, 2020, 51: 864-879.

[31] Taylor D L, Panhuis M. Self-Healing hydrogels[J]. Adv Mater, 2016, 28: 9060-9093.

[32] Wei Z, Yang J H, Zhou J X, et al. Self-healing gels based on constitutional dynamic chemistry and their potential applications[J]. Chem Soc Rev, 2014, 43: 8114-8131.

[33] 张恩勉, 李紫秀, 孙蕾, 等. 自愈合水凝胶在组织工程中的研究进展[J]. 中国科学: 生命科学, 2019, 49: 250-265.

[34] Wei Z, Yang J H, Liu Z Q, et al. Novel biocompatible polysaccharide-based self-healing hydrogel[J]. Adv Funct Mater, 2015, 25: 1352-1359.

[35] Lehn J M, Eliseev A V. Dynamic combinatorial chemistry[J]. Science, 2001, 291: 2331-2332.

[36] Wool R P. Self-healing materials: A review[J]. Soft Matter, 2008, 4: 400-418.

[37] Sánchez I A, Grzelczak M, Altantzis T, et al. Hydrophobic interactions modulate self-assembly of nanoparticles[J]. ACS Nano, 2012, 6: 11059-11065.

[38] Jones S F, Joshi H, Terry S J, et al. Hydrophobic interactions between DNA duplexes and synthetic and biological membranes[J]. J Am Chem Soc, 2021, 143: 8305-8313.

[39] Jiang H, Duan L, Ren X, et al. Hydrophobic association hydrogels with excellent mechanical and self-healing properties[J]. Eur Polym J, 2019, 112: 660-669.

[40] Tuncaboylu D C, Sari M, Oppermann W, et al. Tough and self-healing hydrogels formed via hydrophobic interactions[J]. Macromolecules, 2011, 44: 4997-5005.

[41] Qin Z, Yu X, Wu H, et al. Nonswellable and tough supramolecular hydrogel based on strong micelle cross-linkings[J]. Biomacromolecules, 2019, 20: 3399-3407.

[42] Cai L, Liu S, Guo J, et al. Polypeptide-based self-healing hydrogels: Design and biomedical applications[J]. Acta Biomater, 2020, 113: 84-100.

[43] Liu M, Ishida Y, Ebina Y, et al. An anisotropic hydrogel with electrostatic repulsion between cofacially aligned nanosheets[J]. Nature, 2015, 517: 68-72.

[44] Chen J, Peng Q, Thundat T, et al. Stretchable, injectable, and self-healing conductive hydrogel enabled by multiple hydrogen bonding toward wearable electronics[J]. Chem Mater, 2019, 31: 4553-4563.

[45] Lin Y, Li G. An intermolecular quadruple hydrogen-bonding strategy to fabricate self-healing and highly deformable polyurethane hydrogels[J]. J Mater Chem B, 2014, 2: 6878-6885.

[46] Li F, Tang J, Geng J, et al. Polymeric DNA hydrogel: Design, synthesis and applications[J]. Prog Polym Sci, 2019, 98: 101163.

[47] Lee J B, Peng S, Yang D, et al. A mechanical metamaterial made from a DNA hydrogel[J]. Nat Nanotechnol, 2012, 7: 816-820.

[48] Li C H, Zuo J L. Self-healing polymers based on coordination bonds[J]. Adv Mater, 2020, 32:

1903762.

[49] Wu X, Wang J, Huang J, et al. Robust, stretchable, and self-healable supramolecular elastomers synergistically cross-linked by hydrogen bonds and coordination bonds[J]. ACS Appl Mater Interfaces, 2019, 11: 7387-7396.

[50] Shao C, Chang H, Wang M, et al. High-strength, tough, and self-healing nanocomposite physical hydrogels based on the synergistic effects of dynamic hydrogen bond and dual coordination bonds[J]. ACS Appl Mater Interfaces, 2017, 9: 28305-28318.

[51] 杜晓静, 徐峰, 李菲, 等. 扫描电化学显微镜在水凝胶微孔阵列表征中的新应用[J]. 中国科学: 化学, 2014, 11: 1814-1822.

[52] Zhao Z, Fang R, Rong Q, et al. Bioinspired nanocomposite hydrogels with highly ordered structures[J]. Adv Mater, 2017, 29: 1703045.

[53] Rafieian S, Mirzadeh H, Mahdavi H, et al. A review on nanocomposite hydrogels and their biomedical applications[J]. Sci Eng Compos Mater, 2019, 26: 154-174.

[54] Schexnailder P, Schmidt G. Nanocomposite polymer hydrogels[J]. Colloid Polym Sci, 2009, 287: 1-11.

[55] Zhang L M, He Y, Cheng S B, et al. Self-healing, adhesive, and highly stretchable ionogel as a strain sensor for extremely large deformation[J]. Small, 2019, 15: 1804651.

[56] 高扬, 孙蕾, 张其清, 等. 新型纳米复合水凝胶的可控制备及应用[J]. 中国科学: 技术科学, 2017, 47: 21.

[57] Rivero R E, Molina M A, Rivarola C R, et al. Pressure and microwave sensors/actuators based on smart hydrogel/conductive polymer nanocomposite[J]. Sensor Actuat B: Chem, 2014, 190: 270-278.

[58] Shin M K, Spinks G M, Shin S R, et al. Nanocomposite hydrogel with high toughness for bioactuators[J]. Adv Mater, 2009, 21: 1712-1715.

[59] Gao Y, Wei Z, Li F Y et al. Synthesis of morphology controllable Fe_3O_4 nanoparticles/hydrogel magnetic[J]. Green Chem, 2014, 16: 1255-1261.

第 2 章　自愈合水凝胶

2.1　基于 DA 反应的葡聚糖基自愈合水凝胶

2.1.1　引言

葡聚糖(dextran)，是一类具有优异生物活性和生物相容性的大分子多糖，广泛应用于药物缓释、组织工程等生物医学领域[1]。葡聚糖大分子单元上具有高活性的羟基，易于修饰改性制备系列葡聚糖衍生物。除了生物相容性以外，理想的葡聚糖基生物医用水凝胶应该具有模拟天然组织的特性，如自愈合能力。然而，传统葡聚糖基水凝胶因缺乏自我修复损伤、功能恢复等智能性限制了应用前景[2,3]。基于动态建构化学的基本原理，通过可逆非共价键相互作用、动态共价键反应，设计制备自愈合水凝胶有望提升葡聚糖水凝胶生物材料的智能性和使用效率[4,5]。

可逆 DA 反应属于动态共价键相互作用，除了动态特性，DA 反应还属于点击化学的一种，具有高产率、高选择性和无副反应等优点。此外，通过 DA 反应合成的高分子材料因具有良好的生物相容性已广泛应用于生物医学领域。然而，基于 DA 反应的高分子材料需要高温引发可逆交换反应，且多数双烯体的水溶性较差等问题，限制了在自愈合水凝胶中的应用[6,7]。因此，结合动态共价化学和点击化学的特点和优势，通过 DA 反应有望合成具有生物相容性和自我修复能力的高分子水凝胶。

通过可逆 DA 反应制备葡聚糖基自愈合水凝胶的方法解决了上述问题。以富烯基团修饰的葡聚糖-富烯(Dex-FE)为双烯体，二氯马来酸修饰的聚乙二醇(PEG-DiCMA)为亲双烯体，二氯马来酸与富烯之间的 DA 反应在温和条件下即可达到热力学平衡，进行动态交换，为葡聚糖基水凝胶在生理条件下的自愈合行为提供了保障[6]。Dex-FE 的葡聚糖主链和 PEG-DiCMA 交联剂中的聚乙二醇为水凝胶提供了优异的生物相容性[8]。此外，在制备葡聚糖基自愈合水凝胶的基础上，进一步发展了利用扫描电化学显微术(SECM)原位、无损检测水凝胶自愈合过程的方法，不仅可以通过电化学信号获得水凝胶的表面形貌，还可以利用时间和空间的电流变化计算水凝胶的自愈合效率。该工作为制备葡聚糖基自愈合水凝胶提供了简便的方法，有望拓展应用于其他多糖体系。

2.1.2　葡聚糖基自愈合水凝胶的制备与表征

合成 4-富烯戊酸方法如下。将一定量的乙酰丙酸加入三口烧瓶中，加入体积比为 9∶1 的四氢呋喃和甲醇，0℃下搅拌至完全溶解。随后加入环戊二烯和催化剂吡咯烷，通氮气保护，反应完成后，将反应液与乙醚混合倒入分液漏斗中酸洗，先后用 NaOH 和二氯甲烷萃取，通过去除有机相、硅胶柱色谱洗脱和蒸干溶剂等步骤得到亮黄色粉末产物 4-富烯戊酸。葡聚糖与 4-富烯戊酸在 N,N-羰基二咪唑的催化下发生酯化反应得到水溶性双烯体 Dex-FE［图 2.1(a)］。将一定量 4-富烯戊酸与催化剂在二甲基亚砜(DMSO)中反应，加入葡聚糖溶液进一步反应后，经过透析、冷冻干燥等步骤得到淡黄色 Dex-FE。4-富烯戊酸小分子有机物不溶于水，取代度过大影响葡聚糖大分子链的水溶性，取代度过小则大分子链上活性基团不足导致成胶困难，因此，需要调节富烯基团在葡聚糖大分子上的取代度。由核磁特征峰积分面积法可计算得到取代度，从 ^{1}H NMR 谱图上可以看出［图 2.1(b)］，6.48 ppm(1 ppm = 10^{-6})处 g 峰为富烯基团四个氢的特征峰，与葡聚糖大分子上 4.87 ppm 处 b 峰面积相比可计算得到富烯取代度为 3.8%，可保证 Dex-FE 既能保持良好的水溶性又能满足成胶所需活性基团的数量要求。通过二氯马来酸酐与聚乙二醇发生酯化反应得到交联剂 PEG-DiCMA[9]。将一定量 PEG 和二氯马来酸酐在甲苯中反应，经过在冷乙醚中沉淀产物、减压抽滤、乙醚清洗、真空干燥等步骤得到白色产物，使用核磁共振仪检测样品的氢谱。

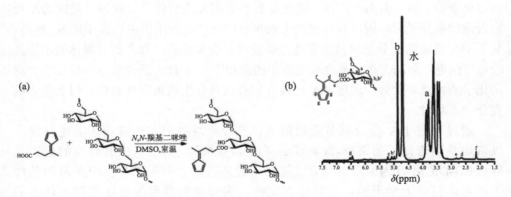

图 2.1　合成 Dex-FE 的化学反应式(a)和 Dex-FE 的 ^{1}H NMR 谱图(D_2O)(b)

在生理环境中(37℃，pH7.0 磷酸盐缓冲溶液)，Dex-FE 上的富烯基团与 PEG-DiCMA 上的双键发生 DA 反应交联得到葡聚糖-聚乙二醇(Dex-l-PEG，其中"l"代表"linked by")水凝胶[10,11]，水凝胶的棕黄色来自于共轭的富烯基团(图 2.2)。固定 Dex-l-PEG 高分子总浓度(C_t)，改变 PEG-DiCMA 高分子链双键与 Dex-FE

大分子链富烯基团的摩尔比(R)，或固定反应基团摩尔比(R)，改变高分子总浓度（C_t），制备两组 Dex-l-PEG 水凝胶。具体步骤如下，固定反应物总浓度 C_t 为 20 wt%，将一定量 Dex-FE 与 PEG-DiCMA 分别溶解于磷酸盐缓冲溶液中，依次按照 R = 0.5、1.0、2.0 和 3.0 比例将上述两种溶液均匀混合，37℃培养箱中静置成胶。在同样条件下，固定反应基团摩尔比 R = 1，改变 Dex-FE 与 PEG-DiCMA 反应物总浓度 C_t（10 wt%、20 wt%、25 wt%）制备一系列水凝胶。当高分子总浓度 C_t 小于 10 wt%或活性基团比例 R 值小于 0.5 时均无法成胶，表明低于该浓度或比例时缺乏足够的反应物和反应基团形成高分子三维网络结构。因此，通过调节以上两个参数，分别制备了 C_t 为 10 wt%～25 wt%、R 为 0.5～3.0 的一系列 Dex-l-PEG 水凝胶。

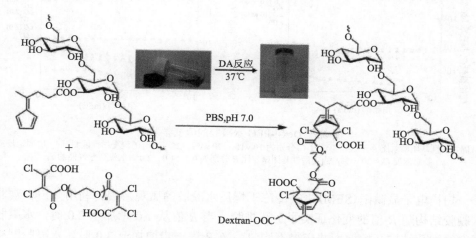

图 2.2　Dex-l-PEG 水凝胶的成胶过程照片和化学反应

　　通过倒置法观察测定 Dex-l-PEG 水凝胶的成胶时间。Dex-l-PEG 水凝胶的成胶时间随反应物总浓度 C_t 或反应活性基团摩尔比 R 的增大而显著减少。固定活性基团摩尔比 R = 1.0，当 C_t 分别为 10 wt%、20 wt%和 25 wt%时，成胶时间从 133 min 分别降低至 8 min 和 5 min。固定高分子总浓度 C_t = 20 wt%，当 R 为 0.5 时，需要 90 min 才能成胶，而当 R 值逐渐增大至 1.0、2.0 和 3.0 时，成胶时间分别降低至 15 min、10 min 和 5 min。上述现象说明随着高分子溶液浓度和活性基团比例的增加，水凝胶网络中大分子链的密度和反应活性基团的碰撞概率增大，成胶反应时间减少。

　　利用流变学表征水凝胶的力学性能。当固定振幅为 0.1%时，分别对不同 C_t 与 R 值的 Dex-l-PEG 水凝胶进行频率扫描，得到储能模量（G'）和损耗模量（G''）曲线。当角频率从 1 rad/s 增加至 100 rad/s 时，水凝胶的 G' 和 G'' 均不随频率的改变而发生变化，表现出频率不相关性。因此，对角频率范围内的 G' 取平均值，可得到水凝胶的模量随 C_t 与 R 值的变化趋势。固定 R = 1.0，C_t 从 10 wt%升高至 20 wt%

和 25 wt% 时，水凝胶的储能模量 G' 从 56.8 Pa 大幅上升至 5749.38 Pa 和 12052.92 Pa，表明反应物浓度增加提高了水凝胶中高分子含量和网络交联密度，使水凝胶模量上升。当固定 C_t = 20 wt%，调节 R 值从 0.5 增加至 1.0 时，G' 由 119.45 Pa 显著升高至 5749.38Pa；当 R 值继续增加至 2.0 和 3.0 时，G' 反而分别下降至 4488.52 Pa 和 2552.52 Pa（图 2.3），说明适量交联剂可显著提高水凝胶的力学性能，然而，过量交联剂使部分 PEG-DiCMA 只有一端活性基团与 Dex-FE 大分子链上的富烯基团反应，降低了交联效率和网络的交联密度，最终导致凝胶模量下降。

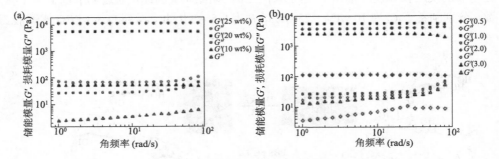

图 2.3　Dex-l-PEG 水凝胶的流变学测试
(a) 固定活性基团摩尔比 R = 1.0，总浓度 C_t 分别为 10 wt%、20 wt%、25 wt% 时的流变学性能测试；(b) 固定反应物总浓度 C_t = 20 wt%，固定活性基团摩尔比 R 分别为 0.5、1.0、2.0 时的流变学性能测试

扫描电子显微镜（SEM）表征冷冻干燥后水凝胶的微观形貌。利用 SEM 观测水凝胶结构随 R 值的变化证实了上述推测，当 R 值从 1.0 增加至 2.0 时，水凝胶规则的网孔结构开始增大并变得不均匀，当 R 进一步增加至 3.0 时，水凝胶网络则出现了塌陷的情况（图 2.4）。结构上的差异可能是成胶时间不同所致，随着 R 的增加，凝胶时间迅速减少，导致网络结构越来越不均匀[12,13]。生物软组织如神经和脑组织剪切模量的变化范围在 100～1000 Pa 之间，结缔组织、肝脏、松弛肌和乳腺组织等的剪切模量在 10000 Pa 以内。上述研究结果证实，通过调节 C_t 和 R

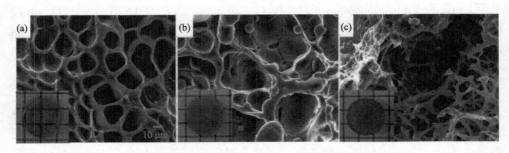

图 2.4　Dex-l-PEG 水凝胶网络的 SEM 照片
(a) R = 1.0；(b) R = 2.0；(c) R = 3.0

值，可将 Dex-l-PEG 水凝胶的模量控制在 60～12000 Pa 之间，达到了模拟生物体组织模量的水平。

2.1.3 水凝胶的自愈合性能

Dex-l-PEG 水凝胶高分子交联网络通过富烯和二氯马来酸两个功能基团不断地解离及重新交联达到动态平衡，赋予 Dex-l-PEG 水凝胶自愈合性能。宏观观察 Dex-l-PEG 水凝胶的愈合现象发现水凝胶具有良好的自愈合性能。将两块直径 15 mm 的水凝胶圆片(其中一块用罗丹明 B 染色以示区分)分别用刀片切开，暴露出新鲜切口。再将两块不同颜色的水凝胶半圆紧密对接在一起，于 37℃生化培养箱里密封放置 12 h 后，两种不同颜色拼接的水凝胶圆片完全愈合，并且染料在愈合界面间扩散。将水凝胶提起后，切口没有裂开，证明愈合界面间的相互作用力足够承担另一半水凝胶半圆的质量(图 2.5)。

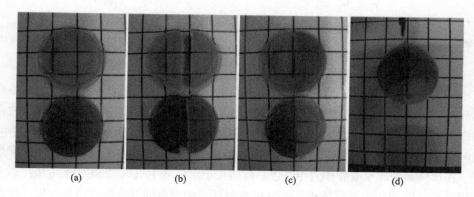

图 2.5 Dex-l-PEG 水凝胶的自愈合过程照片

Dex-l-PEG 水凝胶的流变回复性能测试进一步证明了自愈合性能。当振幅 γ 为 10%时 G' 急速下降，并且在 γ 上升至 30%时与 G'' 相交，说明此时水凝胶网络结构完整但流动性增强。当振幅持续增至 1000%时，G' 从 5000 Pa 迅速下降至 30 Pa 且低于 G''，说明此时水凝胶网络已经被破坏，表现出流体性[图 2.6(a)]。为了证实 Dex-l-PEG 水凝胶的自愈合性能，基于以上振幅扫描结果，在 37℃下继续进行流变回复实验。具体操作是固定角频率为 10 rad/s，交替设定振幅为 1%和 1000%，各持续 300 s，观测 Dex-l-PEG 水凝胶 G' 与 G'' 的回复性能。当 γ 为 1%时，G' 高于 G''，说明水凝胶表现出固体性质；而当 γ 为 1000%时，G' 显著低于 G''，此时水凝胶网络结构被破坏，呈现为流体性质；随后，当应变再次恢复至 1%时，G' 和 G'' 回复至原始数值，水凝胶重新展现出固体性质，同样，该过程可循环重复多次，当破坏性大振幅（1000%）与小振幅（1%）交替作用时，G'和G''依然可以回复至原始数值［图2.6（b）］。上述结果说明 Dex-l-PEG 水凝胶是一种具有剪切流动和静置成胶性能的自愈合水凝胶[14,15]，具有被破坏后快速恢复自身内部网络结构和力学性能的能力。

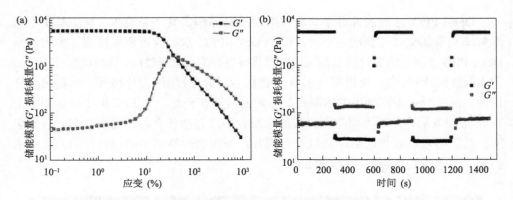

图2.6　Dex-l-PEG 水凝胶的振幅扫描和流变回复测试结果
（a）固定角频率为 10 rad/s，振幅扫描为 1%～1000%时的 G'和 G''；（b）固定角频率为 10 rad/s，交替加载振幅为 1%和 1000%时的 G'和 G''

为了进一步详细研究 Dex-l-PEG 水凝胶的自愈合性能，利用 SECM 对表面带有 2 mm 长度划痕的水凝胶薄片的自愈合过程进行了实时、原位的监测，得到了自愈合效率的详细数据和信息。SECM 检测是基于氧化还原反应（$O_2 + 2H_2O + 4e^- \Longrightarrow 4OH^-$）原理，通过检测时间和空间上电化学信号的变化获得材料表面形态的照片和数据。在该体系中，水凝胶作为绝缘性基板阻止了水溶液中氧气向 SECM 电极扩散，电极与水凝胶表面的距离越小，氧气浓度越低，相对应的氧化还原电流越低，反之亦然。基于该原理，由于水凝胶表面上划痕处和非划痕处与电极距离不同，氧化还原电流也不同，通过记录电极电流的变化，最终得到自愈合过程中水凝胶表面形态的变化。为了增强该实验结果的说服力，在不同的愈合时间间隔拍摄了一组与 SECM 照片对应的光学显微镜照片［图2.7（a）］。在自愈合前，水凝胶表面划痕较深，距离电极较远，划痕处的电流较高，从二维和三维 SECM 图片上可以明显看出水凝胶表面的划痕，并且与显微镜照片相对应［图2.7（b）和（c）］。37℃密封放置 2 h 后，划痕逐渐愈合，电流降低，从 SECM 和显微镜图片上可以观察到划痕变浅。自愈合 7 h 后，观测到水凝胶的表面划痕几乎消失。实验证明 SECM 实时原位检测是监测和表征水凝胶自愈合过程的良好方法，可通过电化学信号得到水凝胶的表面形貌，根据时间和空间的电流变化定量获得水凝胶划痕深度的三维自愈合效率信息。

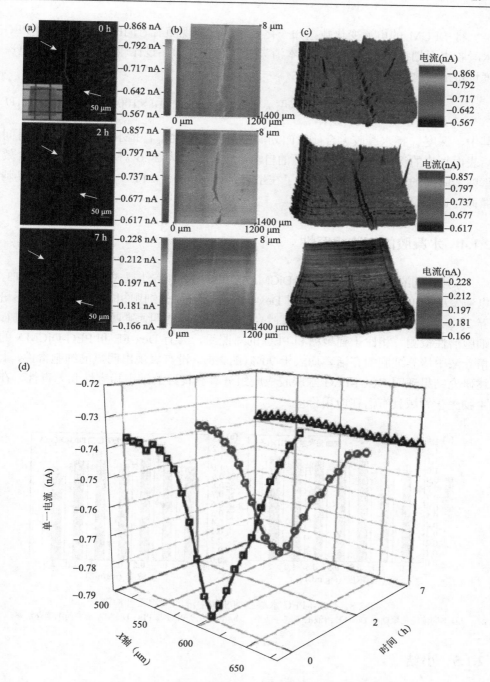

图 2.7　Dex-l-PEG 水凝胶划痕的二维和三维自愈合过程

（a）显微镜照片；（b）二维 SECM 照片；（c）三维 SECM 照片；（d）不同自愈时间进行的单一电流的三维图

将 SECM 的电流变化数据归一化处理后，发现随着时间的推移，Dex-l-PEG 水凝胶表面划痕逐渐变浅直至基本消失[图 2.7(d)]。通过比较自愈合前后划痕深度可得出自愈合效率，即：

$$自愈合效率 = (深度_{oh} - 深度_{healat}) / 深度_{oh} \times 100\% \qquad (2.1)$$

其中，深度 $_{oh}$ 指水凝胶愈合前表面划痕的深度；深度 $_{healat}$ 指水凝胶愈合一定时间后表面划痕的深度。2 h 和 7 h 后的自愈合效率分别为 24.6%和 98.7%，自愈合效率随着时间的延长而增加，证明了在生理条件下，Dex-l-PEG 水凝胶无需外界刺激即可进行自发、高效的自愈合。

2.1.4　水凝胶的细胞相容性

采用不同浓度 Dex-FE 和 PEG-DiCMA 的 PBS 分别培养小鼠成纤维细胞 NIH 3T3，以葡聚糖和 PEG 为对照组，检测 Dex-l-PEG 水凝胶的细胞相容性。在 37℃下培养 24 h 后，采用 3-(4,5-二甲基-2-噻唑)-2,5-二苯基溴化四氮唑噻唑蓝(MTT)法进行细胞活性检测。相比于葡聚糖和 PEG 的对照组，含有 Dex-FE 和 PEG-DiCMA 的培养液中培养细胞的存活率均大于 90%(图 2.8)，没有表现出明显的细胞毒性，上述研究结果证明 Dex-l-PEG 水凝胶成胶组分具有良好的细胞相容性和无毒性，在生物医学领域具有潜在应用价值。

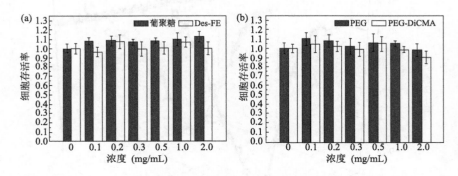

图 2.8　Dex-l-PEG 水凝胶前驱体溶液的细胞毒性检测
(a)不同浓度葡聚糖与 Dex-FE 溶液的细胞存活率；(b)不同浓度 PEG 与 PEG-DiCMA 溶液的细胞存活率

2.1.5　小结

在生理条件下通过可逆双烯合成反应制备了葡聚糖基自愈合 Dex-l-PEG 水凝胶，主链和交联剂分别是具有良好细胞相容性的 Dex-FE 和 PEG-DiCMA。探讨了改变不同大分子浓度和活性反应基团比例等参数对 Dex-l-PEG 水凝胶流变学性能、自愈合性能、微观结构及细胞相容性的影响，通过流变回复实验、宏观自愈合实验、显微镜观察和 SECM 实时监测等多种手段证实了 Dex-l-PEG 水凝胶的自愈合性能。利用 SECM 电化学显微镜实时定性、定量地监控水凝胶的自愈合过程，发现在 37℃下放置 7 h 后，自愈合效率高达 98.7%，证明该水凝胶在生理环境下可高效自愈合。此外，通过调节大分子总浓度与活性反应基团比例两个参数，可将 Dex-l-PEG 水凝胶的剪切模量调控在 60～12000 Pa 之间。综上所述，模拟模量各异的生物体组织时，可依据性能要求制备相应的水凝胶。

2.2　多糖基自愈合可注射水凝胶

2.2.1　引言

多糖是由单糖缩合生成的糖苷键相连的大分子链，按照主链电荷不同，可分为中性多糖、碱性多糖和酸性多糖。多糖是一类取之不尽、用之不竭的可再生资源。常见的葡聚糖、淀粉、纤维素等为中性多糖，海藻酸、透明质酸等为酸性多糖，壳聚糖为碱性多糖。多糖类水凝胶具有原料廉价易得、化学结构明确、易于修饰等优点，在药物缓释、组织工程、基因载体等生物医学领域发挥重要作用。壳聚糖是自然界中存在的唯一碱性多糖，是甲壳素脱乙酰的产物，大分子链上含有丰富的羟基和氨基，易于通过分子设计实现化学修饰，可利用氧化、酰化、羧基化及席夫碱等反应设计制备多种具有特定功能的高分子材料。壳聚糖本身具有生物亲和性、抗菌性、抗病毒性及抗肿瘤性等特性，广泛应用于创伤敷料、药物缓释、组织工程等方面。海藻酸盐(alginate)是海藻酸用碱中和后的产物，是从褐藻细胞壁和一些特定的细菌中提取的天然多糖，具有良好的生物相容性、生物降解性、价格低廉等优势。海藻酸盐可以通过多种方式交联得到具有三维网络结构的高分子水凝胶，既可通过羟基和羧基等活性基团形成化学交联水凝胶，又可通过与多价离子相互作用形成物理交联水凝胶。

可注射水凝胶是一类可在靶标部位原位发生相转变凝胶化、具有形状可塑性、可三维原位包埋细胞等功能的低损伤性生物材料，壳聚糖和海藻酸钠普遍用于制备生物医用可注射水凝胶。然而，传统多糖基可注射水凝胶尚存在以下瓶颈：力学性能较差，损伤破裂后无法恢复原有性能；如果在体内原位成胶不及时，易导致细胞或药物的流失，成胶过快，未在靶标部位凝胶化而引起安全隐患问题；如果成胶反应不完全，前驱体溶液中的化学成分，如单体、引发剂、交联剂等均造成生物污染等问题。将自愈合性能赋予可注射水凝胶，设计制备同时具有自愈合性能和可注射性能的水凝胶材料是解决传统可注射水凝胶瓶颈问题的有效途径。自愈合可注射水凝胶可通过注射器注射成凝胶微粒，这些微粒之间通过动态相互作用自愈合形成所需的形状，恢复水凝胶原有的结构和性能，因此，可有效避免传统可注射水凝胶被破坏后不能修复结构和性能、细胞返流或流失、生物污染等问题。

通过动态共价键交联壳聚糖和海藻酸钠是设计生物相容性多糖基自愈合可注射水凝胶的有效策略[16-18]。通过亲水性 N-羧乙基壳聚糖(N-carboxyethyl chitosan，CEC)大分子链上的氨基以及己二酸二酰肼(adipic acid dihydrazide，ADH)上的酰肼基团分别与氧化海藻酸钠(oxidized sodium alginate，OSA)大分子链上的醛基反应生成亚胺键和酰腙键，得到多糖基自愈合可注射水凝胶 CEC-l-OSA-l-ADH。亚胺键与酰腙键均属于动态共价键，生理环境中可协同作用，既维持水凝胶的稳定性，又为水凝胶的自愈合提供条件[19]。酰腙键是由醛基与酰肼发生脱水反应生成的不稳定碳氮双键，只有在弱酸性条件下是动态可逆的[20,21]，可在中性条件下维持水凝胶的稳定性[22-24]；亚胺键比酰腙键活跃，在中性条件下可进行快速的可逆交换反应[25-27]，增强了水凝胶在生理环境中的自愈合性能。自愈合过程中，亚胺键与酰腙键协同作用，增强水凝胶网络的动态特性。在生理条件下，无需任何外部刺激，通过针头注射的水凝胶微粒表现出优异的自愈性能。此外，该水凝胶具有良好的细胞相容性，可三维包埋、释放细胞。这种在同一体系中协同发挥不同种类动态化学键作用的设计思路为构建可在生理环境中高效主动自愈合、具有稳定性的可注射水凝胶提供了创新设计思路和方法。

2.2.2　自愈合可注射水凝胶的制备与表征

壳聚糖与丙烯酸通过迈克尔加成反应合成水溶性 CEC[28-30]。配制适量浓度壳聚糖溶液，加入一定量丙烯酸，在 50℃下搅拌，反应完成后，通过 pH 值调节、透析、冷冻干燥等步骤得到白色纤维状 CEC 产物。根据 ^{1}H NMR 谱图，利用壳聚糖大分子链上的乙酰胺甲基质子峰($\delta=1.94$ ppm)面积与丙烯酸上的亚甲基质子峰($\delta=2.83$ ppm)面积之比，计算得到 CEC 产物的取代度为 38%。通过高碘酸钠氧化反应合成氧化海藻酸钠[31,32]：在海藻酸钠溶液中加入适量高碘酸钠(摩尔比 1：1)，室温下避光搅拌，反应完成后，加入乙二醇终止反应，通过透析、冷冻干燥等步骤得到白色粉末状 OSA 产物，采用碘量法测得 OSA 氧化度为 84.2%[31]。

OSA 大分子链上的醛基分别与 CEC 大分子链上的氨基和 ADH 的酰肼基团在磷酸盐缓冲溶液(pH 7.0)中反应，生成动态可逆的亚胺键和酰腙键，交联得到三维网络结构的水凝胶[图 2.9(a)]。将一定量溶解 OSA 的磷酸盐缓冲溶液与溶解 CEC 和 ADH 的磷酸盐缓冲溶液在 37℃混合，改变氨基与醛基活性基团摩尔比值($R = M_{-NH_2}:M_{-CHO}$)，制备不同比例参数的水凝胶样品，$R = 0$、0.2、0.5、0.8、1.0。利用傅里叶变换红外光谱(FTIR)分析冷冻干燥的 CEC-l-OSA-l-ADH

水凝胶粉末，并与 OSA-l-ADH 水凝胶以及 OSA 和 CEC 大分子的谱图进行对比。从图 2.9(b) 可以看出，OSA-l-ADH 的红外谱图在 1639 cm^{-1} 出现了酰腙键的羰基峰，而 OSA 在 1732 cm^{-1} 处醛基(C=O)的对称伸缩振动完全消失，说明了 OSA 与 ADH 发生脱水缩合反应[32]。从 CEC-l-OSA-l-ADH 的红外谱图中可以观察到 1573 cm^{-1} 处酰胺键(N—H)的弯曲振动峰，表明 CEC 存在于水凝胶网络中，此外，在 1644 cm^{-1} 处出现了一个新的亚胺键(C=N)伸缩振动峰。上述结果反映了 CEC 与 OSA 之间发生了缩合反应，在水凝胶中生成了动态亚胺键和酰腙键。

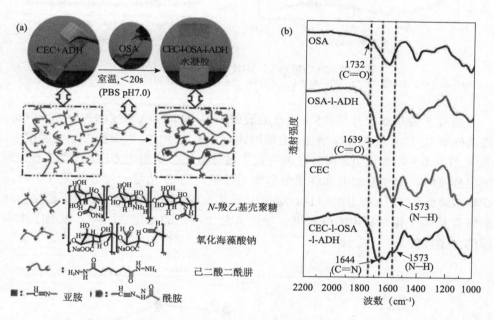

图 2.9　(a) CEC-l-OSA-l-ADH 自愈合水凝胶的成胶过程照片、网络结构示意图及化学结构；(b) CEC-l-OSA-l-ADH、OSA-l-ADH 凝胶粉末以及 OSA、CEC 粉末的红外光谱图

采用流变仪检测分析 CEC 含量对 CEC-l-OSA-l-ADH 水凝胶力学性能的影响。固定大分子总含量为 7.4 wt%，合成一系列不同 CEC 含量的水凝胶。设定体系中氨基(来自 CEC)与醛基(来自 OSA)基团摩尔比例为 R ($R = M_{-NH_2} : M_{-CHO}$, $0 \leqslant R \leqslant 1$)。并通过调节 ADH 的量，使残留的醛基反应完全，即 $M_{-CHO} = M_{-CONH_2} : M_{-NH_2}$。当 R 值升高时，水凝胶中 CEC 大分子和亚胺键含量上升，ADH 与酰腙键的含量下降。如图 2.10(a) 所示，当固定扫描振幅为 0.1%，扫描频率在 0.1~100 rad/s 范围内变化时，水凝胶的损耗模量(G'')基本保持不变，相应的储能模量(G')也不随频率变化。因此，可用扫描频率在 0.1~100 rad/s 范围内的 G' 研究分析水凝胶的流变学性能。

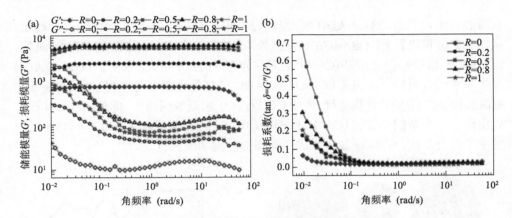

图 2.10　CEC-l-OSA-l-ADH 水凝胶的流变学性能

(a)不同 R 值时水凝胶的 G' 和 G'' 随角频率变化趋势；(b)不同 R 值时水凝胶损耗系数随频率的变化趋势

　　随着 R 值从 0 上升至 0.5，该水凝胶的 G' 从 717 Pa 大幅度增加至 5814 Pa，表明随着 CEC 含量的逐步增加，三维网络交联密度增大，水凝胶力学性能增强；当 R 值从 0.5 增加至 0.8 时，G' 没有发生显著变化，说明当 CEC 的含量增加到一定程度时，对水凝胶的弹性模量影响不显著；当 R 值进一步增加至 1.0 时，G' 略微降低至 5316 Pa(图 2.11)，这是由于 R 值较高时水凝胶网络中不稳定的亚胺键含量高于相对稳定的酰腙键，导致大分子网络的稳定性下降，影响了水凝胶的力学性能。

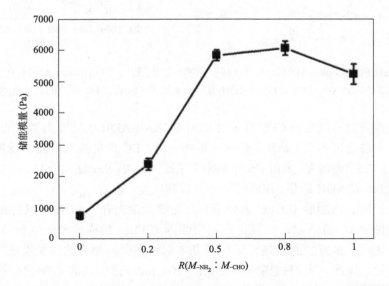

图 2.11　水凝胶的弹性模量(G')随氨基与醛基活性基团摩尔比值(R)的变化趋势

2.2.3　生理环境中水凝胶的自愈合性能

通过流变回复测试检测 CEC-l-OSA-l-ADH 水凝胶（$R = 0.5$）内部网络结构的自愈合性能。固定频率为 1.0 rad/s，对水凝胶进行振幅扫描，发现随着振幅增加，G'逐渐下降，当振幅为 80%时，G'与 G''相交，说明此时水凝胶性质介于固体和液体之间。随后持续增加振幅至 800%，G'从 5880 Pa 大幅度降低至 79 Pa（图 2.12），低于 G''，说明此时水凝胶网络结构已遭受破坏。

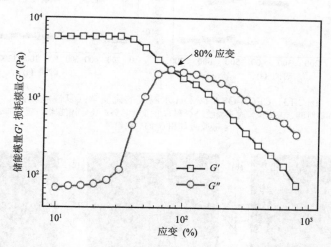

图 2.12　CEC-l-OSA-l-ADH 水凝胶的弹性模量（G'）和损耗模量（G''）随振幅的变化趋势

随后采用加载交替振幅模式测试水凝胶的流变回复性能。固定每个振幅加载时间间隔为 100 s，当振幅 γ 为 1%时，G'高于 G''，水凝胶表现出固体性质；然而，当振幅 γ 上升至 80%时，G'降低并与 G''完全相交，此时处于凝胶化临界状态；随后，当振幅再次恢复至 1%时，G'和 G''迅速回复至原始数值，水凝胶重新展现出固体性质；同样，该过程可循环重复多次[图 2.13（a）]。此外，当固定振幅为 800%时，逐步增加振幅的加载时间（200 s、300 s），G'仍然可以完全回复[图 2.13（b）]。上述结果说明 CEC-l-OSA-l-ADH 水凝胶的内部网络结构被破坏后，可以通过动态共价键作用迅速恢复，表现出优异的自愈合性能。

宏观观察实验进一步证实了 CEC-l-OSA-l-ADH 水凝胶的自愈合性能。将两块分别用亚甲基蓝和罗丹明 B 染色的水凝胶圆片用手术刀切为八等分，再重新交替组装成两组颜色相间的拼接水凝胶圆片。放入生化培养箱中密封静置 6 h 后，重组的两块水凝胶圆片完全愈合，明显观察到不同颜色在界面间的扩散。为了进一步证实水凝胶的自愈合情况，将愈合后的水凝胶在磷酸盐缓冲溶液（pH 7.0）中浸泡 3 h，取出后发现水凝胶圆片可以保持完整形态而不分散(图 2.14)，表明该水凝胶在生理环境中具有优异的自愈合性能。

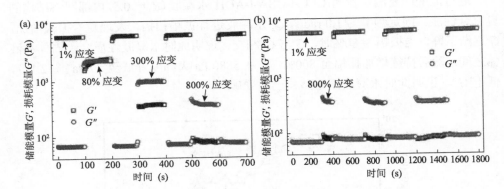

图 2.13　CEC-l-OSA-l-ADH 水凝胶的流变学回复性能测试
(a)固定加载时间、改变振幅时水凝胶的 G' 和 G'' 的变化趋势；(b)固定振幅、延长加载时间时
水凝胶的 G' 和 G'' 的变化趋势

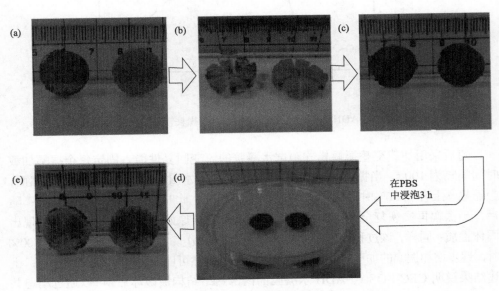

图 2.14　CEC-l-OSA-l-ADH 水凝胶的自愈合过程
(a)两块分别用亚甲基蓝和罗丹明 B 染色的水凝胶圆片；(b)将两片水凝胶圆片切成八等分；
(c)拼接愈合后的水凝胶圆片；(d)将水凝胶圆片浸入磷酸盐缓冲溶液(pH 7.0)中 3 h；
(e)观察从磷酸盐缓冲溶液中取出的水凝胶圆片

通过横梁压缩测试分析自愈合效率[33,34]，进一步探索 CEC-l-OSA-l-ADH 水凝胶中亚胺键含量、溶液 pH 和温度等因素对自愈合效率的影响。横梁压缩是使用横梁状模具对水凝胶的愈合区域进行压缩测试。自愈合效率(HE)是指自愈合后水水凝胶的断裂强度(S_h)与水凝胶原始断裂强度(S_i)之比[35]，即：

$$HE = S_h / S_i \qquad (2.2)$$

在 pH 7.0 磷酸盐缓冲溶液中制备的 CEC-l-OSA-l-ADH 水凝胶自愈合 12 h 后的横梁压缩曲线显示，当 R 值从 0.2 升高至 0.5 时，网络中动态亚胺键含量随之增加，较稳定的酰腙键含量下降，自愈合效率由 68% 升高至 86%，证实了 CEC-l-OSA-l-ADH 水凝胶在生理环境(pH 7.0，37℃)中具有优异的自愈合性能。然而，当 R 值继续增加至 0.8 时，自愈合效率反而下降至 62%[图 2.15(a)]，原因是水凝胶网络中 CEC 大分子的含量随亚胺键的含量增加有所上升，增大了体系黏度，使水凝胶切口处大分子链流动性降低，最终导致自愈合性能下降[22-24]。

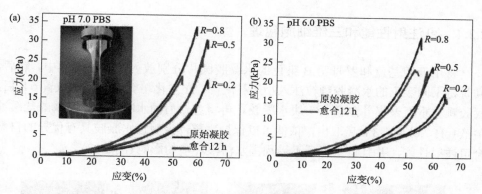

图 2.15　不同 R 值和 pH 下 CEC-l-OSA-l-ADH 水凝胶自愈合 12 h 后的压缩曲线比较

随后考察了体系 pH 值对水凝胶自愈合性能的影响。如图 2.15(b) 和图 2.16(a) 所示，与中性条件(pH 7.0)相比，在 pH 6.0 磷酸盐缓冲溶液中制备的水凝胶自愈效率更高。弱酸性条件的刺激加快了酰腙键的动态交换反应，提高了水凝胶的愈合效率。R 值为 0.2 时，水凝胶体系的自愈合效率从 68%(pH 7.0)大幅上升至 91%(pH 6.0)；R 值为 0.5 时自愈合效率从 86%(pH 7.0)升高至 94%(pH 6.0)；而 R 值为 0.8 时，水凝胶的自愈合效率增幅较小，仅从 62%(pH 7.0)增至 69%(pH 6.0)，该现象是由体系中 CEC 大分子含量增加，导致体系黏度较高、大分子链流动性降低造成的。延长自愈合时间和升高自愈合温度均可有效增强水凝胶的自愈合效率。如图 2.16 所示，当自愈合时间延长至 48 h 时，水凝胶的自愈合效率可达到 90%，而当温度升高到生理温度(37℃)时，自愈效率高达 95%。以上结果说明，CEC-l-OSA-l-ADH 水凝胶自愈合效率对外界环境的刺激依赖性较强，改变外界环境(升温或弱酸环境)可刺激加速水凝胶网络中动态化学键的交换反应速率，提高水凝胶的自愈合效率[36-38]。

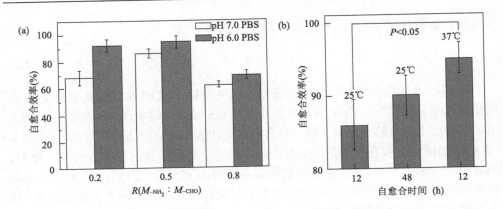

图 2.16   不同 pH、自愈合时间和温度时 CEC-l-OSA-l-ADH 水凝胶的自愈合效率

2.2.4   可注射性能和三维细胞包埋

将用亚甲基蓝和罗丹明 B 染色的水凝胶圆片分别放入两支注射器中，然后，同时将不同颜色的水凝胶颗粒注入小烧杯底部。在生化培养箱中密封放置 6 h 后，凝胶颗粒重新聚集并愈合为一块水凝胶。再将愈合后的水凝胶浸泡在磷酸盐缓冲溶液(pH 7.0)中，3 h 后取出，依然可以保持完整，说明该水凝胶具有优异的自愈合可注射性能，并且自愈合后不受周围水溶液环境的影响(图 2.17)。

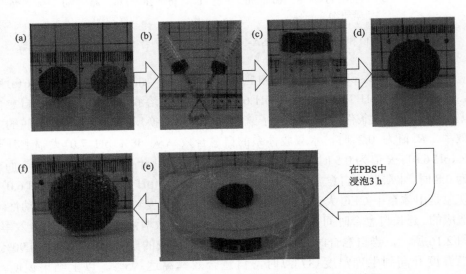

图 2.17   CEC-l-OSA-l-ADH 水凝胶的注射-自愈合过程
(a)两块分别用亚甲基蓝和罗丹明 B 染色的水凝胶圆片；(b)将两片水凝胶圆片分别用注射器注入烧杯底部；(c)和(d)愈合后的水凝胶；(e)将水凝胶浸入磷酸盐缓冲溶液(pH 7.0)中 3 h；(f)从磷酸盐缓冲溶液中取出的水凝胶圆片

CEC-l-OSA-l-ADH 水凝胶具有优异的细胞相容性和细胞包埋与释放的性能[39]。选取 CEC-l-OSA-l-ADH 水凝胶($R = 0.5$)对 NIH 3T3 细胞进行三维包埋实验。具体操作如下：将 NIH 3T3 细胞悬浮液与 OSA 大分子的磷酸盐缓冲溶液混合均匀，再向其中加入 CEC 与 ADH 的磷酸盐缓冲溶液混合液，静置 20 s 左右成胶，此时水凝胶中包埋的细胞密度为 2.5×10^6 cell/mL^{-1}。将包埋 NIH 3T3 细胞的 CEC-l-OSA-l-ADH 水凝胶在 37℃下放置 5 min 进一步完全成胶后，加入一定量的 DMEM 细胞培养液[含 10% 胎牛血清(FBS)]，放入细胞培养箱中培养 12 h、24 h 及 48 h 后，取出三维包埋细胞的水凝胶样品进行细胞死活染色，经过染色之后，活细胞被绿色荧光物质标记，死细胞被红色荧光物质标记，荧光显微镜观察并计算细胞存活率。培养至 72 h 时，CEC-l-OSA-l-ADH 水凝胶发生降解，部分包埋的 NIH 3T3 细胞被释放，游走到培养基中，离心收集被释放的细胞，在聚苯乙烯培养板表面继续培养 3 天，用显微镜观察细胞形态。细胞计数和统计计算显示，12 h、24 h 和 48 h 后的细胞存活率分别为 98.5%、97.6% 和 95.3%(图 2.18)，证明 CEC-l-OSA-l-ADH 水凝胶具有良好的细胞相容性。此外，在细胞培养过程中，由于动态化学键的水解作用和细胞释放的一些酶对多糖大分子的降解作用，水凝胶网络逐步坍塌降解并释放出部分细胞。收集释放出的细胞，并在培养板上继续培养增殖，3 天后可观察到具有正常形态的扩增细胞。

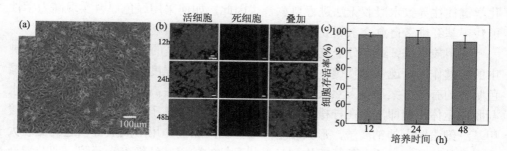

图 2.18　CEC-l-OSA-l-ADH 水凝胶体外三维包埋细胞培养及死活染色表征

(a)水凝胶三维包埋细胞降解后释放出的 NIH 3T3 细胞形态；(b)利用水凝胶包埋 NIH 3T3 细胞培养 12 h、24 h 和 48 h 后的细胞死活染色(绿色为活细胞，红色为死细胞)；(c)水凝胶包埋 NIH 3T3 细胞培养 12 h、24 h 和 48 h 后的细胞存活率

2.2.5　小结

基于壳聚糖和氧化海藻酸钠两类储量丰富的多糖大分子制备得到多糖基 CEC-l-OSA-l-ADH 自愈合水凝胶，网络中的动态亚胺键和酰腙键可在温和条件下进行可逆交换反应，在生理环境中表现出优异的自愈合可注射性能，延长自愈合时间、降低 pH 值和升高温度等方法均可有效提高水凝胶的自愈合效率。此外，

还可提供适宜细胞生长的三维微环境，并具有生物降解和细胞释放的性能，表明该水凝胶具有与微创介入治疗相结合进行组织工程研究的潜能。这种基于多糖的自愈合可注射水凝胶合成方法简便、性能优异，在生物医学领域具有广泛的应用前景。

2.3　基于氢键的羧甲基纤维素自愈合水凝胶

2.3.1　引言

羧甲基纤维素(carboxymethyl cellulose，CMC)作为自然界中储量最丰富的纤维素衍生物[40]，具有无毒、易溶于水、价格低廉及环境友好性高等优点[41]，是合成水凝胶材料的常用原料之一，在生物组织工程、药物传输、伤口敷料及植物育种等领域有广泛的利用[40-45]。传统的羧甲基纤维素水凝胶由于力学性能弱，受到应力破损时，往往会失去原有的功能，极大地降低使用寿命及应用时效。引入自愈合性能是解决水凝胶体系易受外力破损问题的重要途径之一，使水凝胶材料能够在宏观及微观尺度上修复损伤，有效抑制裂纹扩展，从而恢复水凝胶的网络结构及功能完整性[35]。然而，羧甲基纤维素水凝胶大多采用化学交联的方式进行制备[40-45]，在合成过程中，不仅需要有毒的化学试剂参与反应，而且形成的不可逆化学键往往导致水凝胶无法进行自愈合。因此，如何采用绿色原料实现高力学性能羧甲基纤维素自愈合水凝胶的大规模制备，仍是一项艰巨的挑战。

利用羧甲基纤维素分子链上存在丰富的羧基和羟基的优势[40]，选用非共价键中的氢键作为可逆"牺牲键"引入水凝胶中，制备高强度自愈合水凝胶是一种绿色制备的有效方案。将天然大分子羧甲基纤维素钠与去离子水混合均匀，得到水凝胶前驱体，随即浸泡在柠檬酸溶液中，溶液中的氢离子渗透进前驱体，置换羧甲基纤维素钠上的钠离子，形成羧基，羧基之间相互作用形成氢键以达到交联大分子链的目的，最终获得透明均匀且形状可控的羧甲基纤维素水凝胶。调节混合物在酸溶液中的浸泡时间，可控制氢键的形成数量及分子链的交联数量，形成一种类似于双网络水凝胶的结构，即一部分羧甲基纤维素钠被大量氢键交联形成以氢键作为"牺牲键"的网络，另一部分少量氢键交联的羧甲基纤维素钠大分子链处于相对自由的状态穿插缠绕在"牺牲键"网络中，达到调控水凝胶力学性能和自愈合性质的目的。

2.3.2　自愈合羧甲基纤维素水凝胶的凝胶化行为

将粉末状的羧甲基纤维素钠与去离子水按照一定质量比混合搅拌均匀，放入模具成型，在该过程中，干燥的羧甲基纤维素钠与水混合，大分子链充分舒展、相互缠绕，形成透明的胶体状混合物；将上述混合物在一定浓度的柠檬酸溶液中浸泡一定时间，制备得到羧甲基纤维素水凝胶。在该过程中，羧甲基纤维素钠支链上羧酸根（—COO⁻）转变为羧基（—COOH），羧基之间形成的氢键使大分子链相互交联最终形成水凝胶。

羧甲基纤维素水凝胶由羧甲基纤维素钠、柠檬酸和去离子水这三种组分通过简便的两步法制备而成(图 2.19)。第一步，将羧甲基纤维素钠与去离子水按照一定质量比混合均匀，得到类似于面团状的水凝胶前驱体，该前驱体中羧甲基纤维素钠的大分子链之间没有形成交联作用，因此具有很好的可塑性，放置在不同形状的模具中，可制备得到形状各异的水凝胶前驱体；第二步，将水凝胶前驱体浸泡在柠檬酸溶液中即可制备得到羧甲基纤维素水凝胶。调节柠檬酸溶液的浓度和浸泡时间，可调控水凝胶的性能。在浸泡过程中，羧甲基纤维素钠支链上羧酸根转变为羧基，羧基之间相互形成氢键，从而交联大分子链得到水凝胶[图 2.20(a)]。制备得到的水凝胶均匀透明，在承受拉扯、卷曲等外力作用时依然可保持完整形态[图 2.20(b)]。第一步制备的水凝胶前驱体是大分子与水的混合物，并未发生交联，容易塑形，可根据实际需求制备成任意形状，如甜甜圈形状、星形、三角形等[图 2.20(c)]。这是一种简便实用且可加工成任意复杂形状水凝胶的制备方法。

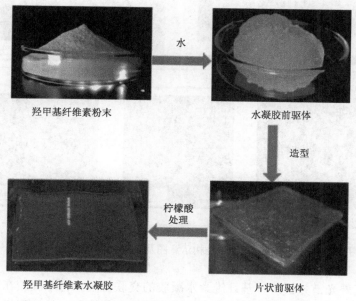

图 2.19 高强度自愈合羧甲基纤维素水凝胶的制备过程

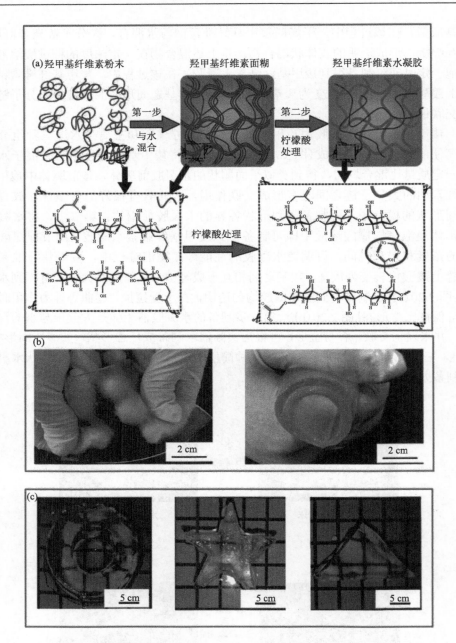

图 2.20　羧甲基纤维素网络结构示意图及凝胶化机理(a)和照片(b，c)

通过红外光谱分析羧甲基纤维素水凝胶的交联机理。将水凝胶在去离子水中浸泡至平衡，充分交换水凝胶中未交联的大分子及柠檬酸，然后将样品烘干并研磨成粉末状，使用 KBr 压片进行红外光谱测试。如图 2.21 所示，在羧甲基纤维素水凝胶的红外谱图中同时出现了 1610 cm^{-1} 及 1750 cm^{-1} 吸收峰，分别对应羧酸根（—COO$^-$）和羧基（—COOH），但羧甲基纤维素钠粉末的红外谱图中仅出现了羧酸根的吸收峰。这说明在羧甲基纤维素水凝胶中，大分子链上的部分羧酸根转化为羧基并形成了氢键；另外还存在部分羧酸根未转化为羧基，赋予了水凝胶良好的亲水性，使外观保持透明状态。

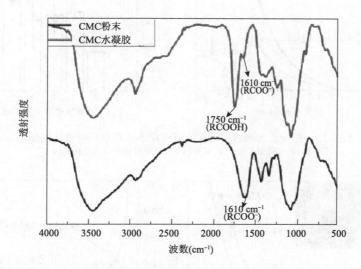

图 2.21　羧甲基纤维素水凝胶及羧甲基纤维素钠粉末的红外光谱谱图

2.3.3　羧甲基纤维素水凝胶的结构和力学性能

通过改变柠檬酸溶液的浓度（1～8 mol/L，浸泡 96 h），探索力学性能最优的水凝胶制备条件。随着柠檬酸浓度增大，压缩断裂强度逐渐从 10.0 kPa 增大至 487.4 kPa（图 2.22），但相应的压缩应变逐渐减小。上述结果说明，随着柠檬酸浓度的增大，水凝胶大分子链的交联密度增大，溶胀率降低，增强了水凝胶的力学性能。如图 2.22（a）所示，当柠檬酸浓度为 8 mol/L（过饱和）时，制备的羧甲基纤维素水凝胶性能最优。确定柠檬酸溶液的浓度为 8 mol/L，改变前驱体在柠檬酸溶液中的浸泡时间，研究酸化时间对水凝胶力学性能的影响。相对于较长酸化时间（48 h、96 h），水凝胶酸化时间较短（3 h、9 h）时，表现出较大的压缩强度和压缩应变[图 2.23（a）]。当酸化时间从 3 h 增加至 12 h 时，压缩强度从 2536.8 kPa 急剧下降至 993.1 kPa。随着酸化时间的持续增加，压缩强度缓慢减小，并在酸化 96 h 时下降至 487.4 kPa，此后基本保持稳定[图 2.23（b）]。将不同酸化时间的水凝胶在去离子水中浸泡达到溶胀平衡，进行压缩力学测试后发现，压缩强度随酸化时间的变化趋势正好与上述结果相反。酸化时间从 3 h 增大至 12 h 时，压缩强度从 59.3 kPa 增大至 326.2 kPa，当酸化时间继续增大至 96 h 时，压缩强度缓慢增大，并最终在 518.6 kPa 保持稳定。

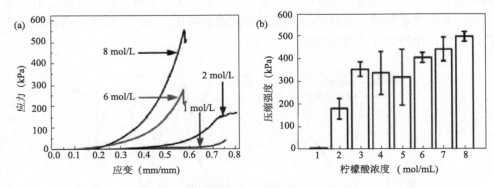

图 2.22 柠檬酸溶液浓度对羧甲基纤维素水凝胶压缩性能的影响
(a)应力-应变曲线；(b)压缩断裂强度随柠檬酸浓度变化比较

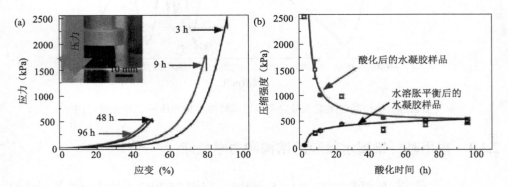

图 2.23 酸化时间对羧甲基纤维素水凝胶力学性能的影响
(a)应力-应变曲线；(b)去离子水溶胀平衡前后的水凝胶压缩强度随酸化时间变化曲线

水凝胶在去离子水中浸泡时，未交联的大分子链逐渐游离到水凝胶网络外，因此，推测羧甲基纤维素水凝胶水中平衡前后的力学性能随酸化时间变化的显著差异，与水凝胶网络的组成和结构相关。可通过研究不同酸化时间水凝胶的成胶率(GF)验证这一推论。成胶率可定义为通过物理或化学作用交联的高分子链的质量占高分子总质量的百分比。由图 2.24(a)可知，当酸化时间从 3 h 增加至 12 h 时，成胶率从 53.1%增大至 71.7%；随着酸化时间的继续增加，成胶率的增大趋势变缓；酸化时间为 96 h 时，成胶率达到最大值(92.2%)。通过 SEM 观察不同酸化时间水凝胶中大分子交联网络的结构，发现酸化时间(24 h)较短时，大分子网络结构松散，而酸化时间 (96 h) 较长时，大分子交联网络结构紧绷。因此，在水中平衡后的水凝胶网络中，未交联的大分子链几乎被去离子水交换出凝胶网络，水凝胶的力学性能仅取决于交联的大分子网络，表现出随酸化时间的增加而增强的趋势。

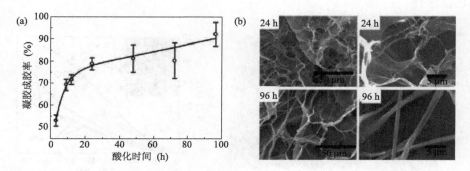

图 2.24　酸化时间对羧甲基纤维素水凝胶成胶率的影响 (a) 及网络结构的 SEM 照片 (b)

对于未在水中平衡的羧甲基纤维素水凝胶，大分子网络可视为由交联的大分子链和自由大分子链 (即未交联大分子链) 组成的互穿网络构成。其中，交联的大分子链之间大量的氢键可视为"牺牲键"，在受到应力作用时通过断裂耗散能量，自由大分子链贯穿在水凝胶网络中，赋予了水凝胶网络良好的延展性，两层网络协同作用增强了水凝胶的力学性能。水凝胶网络中，自由大分子链的质量分数大于 30 wt% 时 (酸化时间为 12 h)〔图 2.24(a)〕，互穿网络可增强水凝胶力学性能的现象较明显，即图 2.23(b) 中酸化时间为 3～12 h 时，互穿网络羧甲基纤维素水凝胶压缩强度明显高于水中平衡后仅剩一层交联网络的水凝胶；当质量分数小于 30 wt% 时，自由大分子链占比过小，协同增强效应不甚明显，因此水凝胶压缩强度逐渐趋于与单层网络水凝胶相同，例如，当自由大分子链的质量分数为 8 wt%（酸化时间为 96 h) 时，水凝胶压缩强度与单层网络水凝胶几乎相等。

2.3.4　羧甲基纤维素水凝胶的自愈合性能

当穿插在交联网络中的自由大分子链含量较高时，羧甲基纤维素水凝胶具有自愈合性能。过饱和柠檬酸溶液中酸化 3 h 制备的羧甲基纤维素水凝胶中自由大分子链占比最高，约 50%，自愈合潜力最大。将一块用亚甲基蓝染色和一块不做任何处理的水凝胶圆片分别用手术刀切成两等分，再重新交替组装成两组颜色相间的拼接水凝胶圆片，室温下放置 12 h，即可观察到两个不同颜色的半圆片样品完全愈合到一起，并且染料在愈合界面间扩散〔图 2.25(a)〕。用两个镊子分别夹住拼接样品的两侧用力向外拉伸，在发生较大形变时样品依然保持完整，表明该水凝胶具有良好的自愈合性能。其自愈合机理可以解释为：当水凝胶被破坏时，自由大分子链充当流动相并逐渐向破损处流动，与此同时，这些自由大分子链中的一部分与邻近的大分子链之间产生动态氢键作用，修补破损的大分子网络，从而实现自愈合。

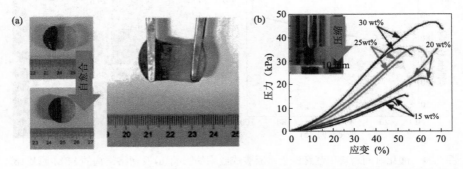

图 2.25　(a)羧甲基纤维素水凝胶自愈合照片；(b)自愈合前后横梁压缩水凝胶测试曲线

采用横梁压缩模具对原始凝胶和自愈合凝胶的力学性能进行测量，进一步评价羧甲基纤维素水凝胶的自愈合性能，研究水凝胶中羧甲基纤维素含量对自愈合效率的影响。具体操作如下：将自愈合后的水凝胶圆片用横梁状模具沿着水凝胶的愈合界面进行压缩测试。横梁模具压缩测试曲线见图 2.25(b)。自愈合效率为愈合后水凝胶强度与完好水凝胶强度的百分比。当水凝胶中羧甲基纤维素含量分别为 15 wt%和 20 wt%时，自愈合效率分别为 80.7%和 81.6%；当含量增加至 30 wt%时，自愈合效率则下降至 72.0%。羧甲基纤维素水凝胶的自愈合性能主要取决于水凝胶中自由大分子链的含量。随着羧甲基纤维素含量的增大，水凝胶中自由大分子链的基数和密度增大。因此，自愈合效率起初随羧甲基纤维素含量的增大而上升，但随着水凝胶中羧甲基纤维素含量进一步升高，体系黏度增大，自由大分子链流动性降低，最终导致自愈合效率减小[35,46]。

2.3.5　小结

本节提出了一种简便的两步法，即第一步成型、第二步酸化凝胶化，实现了高强度自愈合羧甲基纤维素水凝胶的制备。该水凝胶具有制备可控形状的特点，可在凝胶化之前对前驱体进行塑形。在凝胶化的过程中，羧甲基纤维素钠与水混合形成的前驱体浸泡在柠檬酸溶液中，大分子链上的羧酸钠基团(—COONa)中的 Na^+ 被柠檬酸溶液中的 H^+ 取代，生成羧基(—COOH)，羧基之间通过氢键交联进而形成三维网络结构。在饱和柠檬酸溶液中浸泡 3 h 得到的水凝胶力学性能最优，其压缩断裂强度高达 2.5 MPa。探索该水凝胶的网络组成，发现水凝胶网络中存在两种类型的大分子链，一种是交联的大分子链，另一种是自由大分子链(即未交联大分子链)。其中，交联的大分子链之间大量的氢键可视为"牺牲键"，在受到应力作用时发生断裂而耗散能量，自由大分子链穿插在水凝胶网络中，两层网络协同增强水凝胶的力学性能。同时，水凝胶网络中存在的部分未交联大分子链与邻近大分子链之间可产生动态氢键作用，是一种可逆的相互作用，因此水凝胶具有自愈合性能。自愈合效率受两方面因素的影响，第一是水凝胶中大分子链的密度，随着羧甲基纤维素含量增大，未交联的大分子链密度增高，可参与重新形成氢键的大分子链增多，自愈合效率增高；第二是大分子链的流动性，当羧甲基纤维素含量增大到一定限度时，大分子链的流动性受限，阻碍了大分子链充当流动相并逐渐向破损处流动，因此自愈合效率降低。羧甲基纤维素水凝胶的原料仅包括生物相容性良好的羧甲基纤维素钠、柠檬酸和去离子水，并且材料形状可控，具有良好的力学性能和自愈合性能，在酸性物质的密封及胃黏膜修复等方面具有潜在应用价值。

参 考 文 献

[1] Sun G, Zhang X, Shen Y I, et al. Dextran hydrogel scaffolds enhance angiogenic responses and promote complete skin regeneration during burn wound healing[J]. Proc Natl Acad Sci USA, 2011, 108: 20976-20981.

[2] Konieczynska M D, Grinstaff M W. On-demand dissolution of chemically cross-linked hydrogels[J]. Acc Chem Res, 2017, 50: 151-160.

[3] Tamesue S, Noguchi S, Kimura Y, et al. Reversing redox responsiveness of hydrogels due to supramolecular interactions by utilizing double-network structures[J]. ACS Appl Mater Interfaces, 2018, 10: 27381-27390.

[4] Liang Y, Xue J, Du B, et al. Ultrastiff, tough, and healable ionic-hydrogen bond cross-linked hydrogels and their uses as building blocks to construct complex hydrogel structures[J]. ACS Appl Mater Interfaces, 2019, 11: 5441-5454.

[5] Chen Y, Qiu Y, Wang Q, et al. Mussel-inspired sandwich-like nanofibers/hydrogel composite with super adhesive, sustained drug release and anti-infection capacity[J]. Chem Eng J, 2020, 399: 125668-125701.

[6] Reutenauer P, Buhler E, Boul P J, et al. Room temperature dynamic polymers based on diels-alder chemistry[J]. Chemistry, 2009, 15: 1893-1900.

[7] Adzima B J, Kloxin C J, Bowman C N. Externally triggered healing of a thermoreversible covalent network via self-limited hysteresis heating[J]. Adv Mater, 2010, 22: 2784-2787.

[8] Ozcelik B, Brown K D, Blencowe A, et al. Ultrathin chitosan-poly(ethylene glycol) hydrogel

films for corneal tissue engineering[J]. Acta Biomater, 2013, 9: 6594-6605.

[9] Bonini M, Lenz S, Giorgi R, et al. Nanomagnetic sponges for the cleaning of works of art[J]. Langmuir, 2007, 23: 8681-8685.

[10] Fodor C, Kali G, Iván B. Poly(N-vinylimidazole)-l-poly(tetrahydrofuran) amphiphilic conetworks and gels: Synthesis, characterization, thermal and swelling behavior[J]. Macromolecules, 2011, 44: 4496-4502.

[11] Fodor C, Domján A, Iván B. Unprecedented scissor effect of macromolecular cross-linkers on the glass transition temperature of poly(N-vinylimidazole), crystallinity suppression of poly (tetrahydrofuran) and molecular mobility by solid state nmr in poly(N-vinylimidazole)-l-poly (tetrahydrofuran) conetworks[J]. Polym Chem, 2013, 4: 3714-3724.

[12] Kloxin C J. Reversible covalent bond formation as a strategy for healable polymer networks[M]//Hayes W, Greenland B W. Healable Polymer Systems. Cambridge: RSC Publishing, 2013.

[13] Takeshita H, Kanaya T, Nishida K, et al. Small-angle neutron scattering studies on network structure of transparent and opaque PVA gels[J]. Physica B: Condensed Matter, 2002, 311: 78-83.

[14] Hou X, Gao D, Yan J, et al. Novel dimeric cholesteryl derivatives and their smart thixotropic gels[J]. Langmuir, 2011, 27: 12156-12163.

[15] Sano K, Kawamura R, Tominaga T, et al. Self-repairing filamentous actin hydrogel with hierarchical structure[J]. Biomacromolecules, 2011, 12: 4173-4177.

[16] Lee K Y, Bouhadir K H, Mooney D J. Controlled degradation of hydrogels using multi-functional cross-linking molecules[J]. Biomaterials, 2004, 25: 2461-2466.

[17] Boontheekul T, Kong H J, Mooney D J. Controlling alginate gel degradation utilizing partial oxidation and bimodal molecular weight distribution[J]. Biomaterials, 2005, 26: 2455-2465.

[18] Le-Tien C, Millette M, Lacroix M, et al. Modified alginate matrices for the immobilization of bioactive agents[J]. Biotechnol Appl Biochem, 2004, 39: 189-198.

[19] Deng G, Tang C, Li F, et al. Covalent cross-linked polymer gels with reversible sol-gel transition and self-healing properties[J]. Macromolecules, 2010, 43: 1191-1194.

[20] Greenfield R S, Kaneko T, Daues A, et al. Evaluation in vitro of adriamycin immunoconjugates synthesized using an acid-sensitive hydrazone linker[J]. Cancer Res, 1990, 50: 6600-6607.

[21] Tan K L, Jacobsen E N. Indium-mediated asymmetric allylation of acylhydrazones using a chiral urea catalyst[J]. Angew Chem Int Ed, 2007, 46: 1315-1317.

[22] Herrmann A. Dynamic combinatorial/covalent chemistry: A tool to read, generate and modulate the bioactivity of compounds and compound mixtures[J]. Chem Soc Rev, 2014, 43: 1899-1933.

[23] Apostolides D E, Patrickios C S, Leontidis E, et al. Synthesis and characterization of reversible and self-healable networks based on acylhydrazone groups[J]. Polym Int, 2014, 63: 1558-1565.

[24] Yu J, Deng H, Xie F, et al. The potential of pH-responsive PEG-hyperbranched polyacylhydrazone micelles for cancer therapy[J]. Biomaterials, 2014, 35: 3132-3144.

[25] Zhang Y, Yang B, Zhang X, et al. A magnetic self-healing hydrogel[J]. Chem Commun, 2012, 48: 9305-9307.

[26] Yang B, Zhang Y, Zhang X, et al. Facilely prepared inexpensive and biocompatible self-healing hydrogel: A new injectable cell therapy carrier[J]. Polym Chem, 2012, 3: 3235-3238.

[27] Zhang Y, Tao L, Li S, et al. Synthesis of multiresponsive and dynamic chitosan-based hydrogels for controlled release of bioactive molecules[J]. Biomacromolecules, 2011, 12: 2894-2901.

[28] Jiang H, Wang Y, Huang Q, et al. Biodegradable hyaluronic acid/N-carboxyethyl chitosan/protein ternary complexes as implantable carriers for controlled protein release[J]. Macromol Biosci, 2005, 5: 1226-1233.

[29] Sashiwa H, Yamamori N, Ichinose Y, et al. Chemical modification of chitosan, 17 michael reaction of chitosan with acrylic acid in water[J]. Macromol Biosci, 2003, 3: 231-233.

[30] Sashiwa H, Yamamori N, Ichinose Y, et al. Michael reaction of chitosan with various acryl reagents in water[J]. Biomacromolecules, 2003, 4: 1250-1254.

[31] Balakrishnan B, Jayakrishnan A. Self-cross-linking biopolymers as injectable in situ forming biodegradable scaffolds[J]. Biomaterials, 2005, 26: 3941-3951.

[32] Bouhadir K H, Hausman D S, Mooney D J. Synthesis of cross-linked poly(aldehyde guluronate) hydrogels[J]. Polymer, 1999, 40: 3575-3584.

[33] Kakuta T, Takashima Y, Nakahata M, et al. Preorganized hydrogel: Self-healing properties of supramolecular hydrogels formed by polymerization of host-guest-monomers that contain cyclodextrins and hydrophobic guest groups[J]. Adv Mater, 2013, 25: 2849-2853.

[34] Nakahata M, Takashima Y, Yamaguchi H, et al. Redox-responsive self-healing materials formed from host-guest polymers[J]. Nat Commun, 2011, 2: 511-516.

[35] Wei Z, Yang J H, Zhou J, et al. Self-healing gels based on constitutional dynamic chemistry and their potential applications[J]. Chem Soc Rev, 2014, 43: 8114-8131.

[36] Ono T, Fujii S, Nobori T, et al. Expression of color and fluorescence at the interface between two films of different dynamic polymers[J]. Chem Commun, 2007, 42: 4360-4362.

[37] Liu F, Li F, Deng G, et al. Rheological images of dynamic covalent polymer networks and mechanisms behind mechanical and self-healing properties[J]. Macromolecules, 2012, 45: 1636-1645.

[38] Deng G, Li F, Yu H, et al. Dynamic hydrogels with an environmental adaptive self-healing ability and dual responsive sol-gel transitions[J]. ACS Macro Lett, 2012, 1: 275-279.

[39] Vanderhooft J L, Mann B K, Prestwich G D. Synthesis and characterization of novel thiol-reactive poly(ethylene glycol) cross-linkers for extracellular-matrix-mimetic biomaterials[J]. Biomacromolecules, 2007, 8: 2883-2889.

[40] Reza A T, Nicoll S B. Characterization of novel photocrosslinked carboxymethylcellulose hydrogels for encapsulation of nucleus pulposus cells[J]. Acta Biomater, 2010, 6: 179-186.

[41] Ogushi Y, Sakai S, Kawakami K. Synthesis of enzymatically-gellable carboxymethylcellulose for biomedical applications[J]. J Biosci Bioeng, 2007, 104: 30-33.

[42] Leonardis M, Palange A, Dornelles R F, et al. Use of cross-linked carboxymethyl cellulose for soft-tissue augmentation: Preliminary clinical studies[J]. J Clinical Interventions in Aging, 2010, 5: 317-322.

[43] Chang C, Duan B, Cai J, et al. Superabsorbent hydrogels based on cellulose for smart swelling

and controllable delivery[J]. Eur Polym J, 2010, 46: 92-100.

[44] Chang C, Zhang L. Cellulose-based hydrogels: Present status and application prospects[J]. Carbohydr Polym, 2011, 84: 40-53.

[45] Orelma H, Teerinen T, Johansson L S, et al. CMC-modified cellulose biointerface for antibody conjugation[J]. Biomacromolecules, 2012, 13: 1051-1058.

[46] Wool R P. Self-healing materials: A review[J]. Soft Matter, 2008, 4: 400-418.

第3章 发光水凝胶

3.1 金属配合物发光水凝胶

3.1.1 引言

高分子水凝胶因具有功能可塑性和外场(电、磁、光、热、pH 等)响应性而受到关注[1,2]。多功能高分子水凝胶,如导电水凝胶[3,4]、磁性水凝胶[5,6]、温敏水凝胶[7-9]等,已广泛应用于药物递送、生物传感、医疗器械和组织工程等生物医学领域[10-13]。尽管这些水凝胶具有优异的性能,但因缺乏原位实时监测功能而在生物医学领域中受到限制。发光水凝胶的发展进一步推动了水凝胶在生物传感、生物成像和生物检测等生物医学领域中的应用潜力[14,15]。与其他用于生物医学的发光材料,如小分子/大分子发光物质、过渡金属配合物、镧系金属、发光纳米粒子等相比,发光水凝胶具有优异的加工性能、光稳定性、高量子产率、易于收集和回收等优势[16-18]。

发光水凝胶主要分为两种。一种是自发光高分子水凝胶,即水凝胶中的高分子骨架自身具有发光性能,不需要掺杂其他发光物质。可通过分子设计在高分子的主链或侧链引入发光基团,合成自身具有发光性能的高分子链,交联后获得自发光水凝胶,该方法在分子设计合成方面具有较大的挑战性[19]。另一种是复合发光水凝胶,即将一些发光材料(如过渡金属配合物、量子点、镧系金属元素等)掺杂到水凝胶的三维网络中,通过高分子网络与发光材料之间的相互作用形成性能稳定的复合发光水凝胶。与自发光高分子水凝胶相比,复合发光水凝胶制备相对简便,易于调节发光强度和发光颜色等性能,不破坏发光材料的分子结构,可最大化保持发光材料的发光性能,此外,水凝胶与发光材料的组合具有多样性[14]。

铱金属配合物因具有独特的光电特性而在许多研究领域中备受青睐。作为一种生物相容性发光材料,铱(III)金属配合物表现出高量子产率,可以通过改变配体结构调节发光颜色,实现红、绿、蓝全色显示[20]。基于上述特点,铱金属配合物有望成为制备复合发光水凝胶的候选材料。在基于铱金属配合物的复合发光水凝胶中,发光材料和高分子网络的结构均影响水凝胶的发光性能和生物相容性,因此，选择生物相容性、水溶性、高发光效率、长寿命的铱金属配合物至关重要。本节介绍通过分子间静电相互作用制备基于阳离子型铱（Ⅲ）金属配合物 [Ir(ppy)₂(dmbpy)]Cl(ppy 为 2-苯基吡啶，dmbpy 为 4,4′-二甲基-2,2′-联吡啶)磷光复合发光水凝胶。[Ir(ppy)₂(dmbpy)]Cl 具有优异的发光性能、良好的水溶性和细胞相容性，可稳定存在于水凝胶中，从而赋予水凝胶优异的发光性能、稳定性和细胞相容性。这种简便制备生物相容性发光水凝胶的方法丰富了发光生物材料的种类，在生物医学领域具有应用前景。

3.1.2　金属配合物发光水凝胶的设计制备

通过光引发自由基聚合反应合成了三种带有不同电荷的水凝胶，即负电荷聚 2-丙烯酰胺-2-甲基丙烷磺酸钠 [poly(2-acrylamido-2-methylpropane sulfonic acid sodium)，PNaAMPS]水凝胶、正电荷聚甲基丙烯酰氧乙基三甲基氯化铵 [poly(2-(methacryloyloxy)ethyltrimethylammonium chloride)，PMETAC]水凝胶和中性的聚 N,N-二甲基丙烯酰胺 [poly(N,N′-dimethyl-acrylamide)，PDMAAm]水凝胶，探究了电荷种类对发光水凝胶性能的影响。将溶解了单体(NaAMPS、DMAAm、METAC)、交联剂 [N,N′-亚甲基双丙烯酰胺 (N,N′-methylenebis-acrylamide，MBAA)]和引发剂(α-酮戊二酸)的水溶液加入玻璃模具中，光引发自由基聚合成胶。然后，将水凝胶浸泡在铱金属配合物 [Ir(ppy)₂(dmbpy)]Cl 水溶液中，制备得到透明的铱（Ⅲ）金属配合物发光水凝胶，即负电荷 Irᴵᴵᴵ-PNaAMPS 水凝胶、正电荷 Irᴵᴵᴵ-PMETAC 水凝胶和中性 Irᴵᴵᴵ-PDMAAm 水凝胶。检测 4 mol%(mol%表示摩尔分数)交联剂浓度水凝胶的发光性能，如图 3.1 所示，三种透明水凝胶显示出不同的发光性能，与正电荷 Irᴵᴵᴵ-PMETAC 水凝胶相比，负电荷 Irᴵᴵᴵ-PNaAMPS和中性 Irᴵᴵᴵ-PDMAAm 水凝胶均显示出优异的磷光性能[图 3.1(a)]，表明负电荷PNaAMPS 和中性 PDMAAm 水凝胶能够通过在铱金属配合物溶液中浸泡的方式形成发光水凝胶，而正电荷 PMETAC 水凝胶则不能形成发光水凝胶，说明电荷影响发光水凝胶的制备。

通过荧光发射光谱(fluorescence emission spectrum)分析水凝胶的发光性能，进一步证实三种水凝胶发光性能的差异。负电荷 Irᴵᴵᴵ-PNaAMPS 水凝胶的荧光光谱显示出一个较宽且对称的发射峰，最大发射波长为 552 nm，但是几乎检测不到浸泡过水凝胶的铱（Ⅲ）金属配合物溶液(Iᴵᴵᴵ-solution)的荧光强度，说明水溶液中的 [Ir(ppy)₂(dmbpy)]Cl 分子几乎完全扩散进入水凝胶基体中[图 3.1(b)]。中性Irᴵᴵᴵ-PDMAAm 水凝胶和对应的 Irᴵᴵᴵ-solution 的荧光光谱均表现出对称的发射峰，且最大发射波长为 559 nm[图 3.1(c)]，表明水溶液中的部分 [Ir(ppy)₂(dmbpy)]Cl分子扩散到 PDMAAm 水凝胶基体中，另一部分剩余在水溶液中。上述结果说明，在浸泡平衡过程中，[Ir(ppy)₂(dmbpy)]Cl 分子扩散到 PNaAMPS 和 PDMAAm 水凝胶基体中，形成了复合发光水凝胶。相反，正电荷 Ir^Ⅲ-PMETAC 水凝胶则没有显示出发光行为，对应的 Ir^Ⅲ-solution 发光强度明显高于水凝胶的发光强度 [图 3.1(d)]，说明 [Ir(ppy)₂(dmbpy)]Cl 分子几乎没有扩散到 PMETAC 水凝胶中。上述结果证实电荷性能显著影响水凝胶与 [Ir(ppy)₂(dmbpy)]Cl 分子之间的相互作用，负电荷 PNaAMPS 水凝胶与正电荷 [Ir(ppy)₂(dmbpy)]Cl 之间的静电吸引作用促进了磷光分子向水凝胶基体中扩散。然而，正电荷 PMETAC 与相同电荷 [Ir(ppy)₂(dmbpy)]Cl 分子之间的静电排斥作用阻碍了磷光分子进入水凝胶基体中，导致不能形成复合发光水凝胶。

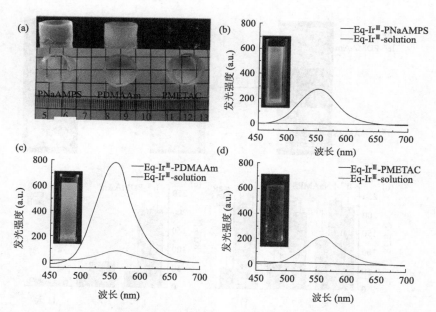

图 3.1　(a) 4 mol% 发光水凝胶在紫外灯下的荧光照片；Ir^Ⅲ-PNaAMPS(b)、Ir^Ⅲ-PDMAAm(c)、Ir^Ⅲ-PMETAC(d) 水凝胶及对应 Ir^Ⅲ-solution 荧光光谱和水凝胶的荧光照片

3.1.3　金属配合物发光水凝胶的稳定性

将 4 mol% Ir^Ⅲ-PNaAMPS 和 Ir^Ⅲ-PDMAAm 水凝胶分别浸泡在去离子水中，观测水凝胶的磷光衰减过程(图 3.2)，考查发光水凝胶在水环境中的稳定性。经过 11 天浸泡后，Ir^Ⅲ-PNaAMPS 水凝胶仍然能够保持优异的磷光性能，但是，Ir^Ⅲ-PDMAAm 水凝胶的磷光现象随着浸泡时间延长逐渐消失，在 11 天时已观察不到磷光现象 [图 3.2(a)]。分析水凝胶的 RGB 值(代表红、绿、蓝三个通道的颜色)，

Ir^Ⅲ-PNaAMPS 水凝胶的 RGB 值发生了较小变化，但是，Ir^Ⅲ-PDMAAm 水凝胶的 RGB 值明显降低 [图 3.2(b) 和 (c)]。在 Ir^Ⅲ-PNaAMPS 水凝胶中，正电荷 [Ir(ppy)₂(dmbpy)]Cl 与负电荷 PNaAMPS 高分子链之间形成了强静电相互作用，阻止发光分子从水凝胶基体中扩散出去，从而保证了复合磷光水凝胶在水环境中的稳定性。然而，在 Ir^Ⅲ-PDMAAm 水凝胶中，正电荷铱(Ⅲ)金属配合物发光分子与中性 PDMAAm 高分子链之间形成的相互作用较弱，导致发光分子扩散进入中性水凝胶中的过程是可逆的，即扩散进入水凝胶基体中的发光分子还可以从水凝胶基体中扩散到水溶液中，因此，Ir^Ⅲ-PDMAAm 水凝胶在水环境中的稳定性较差。

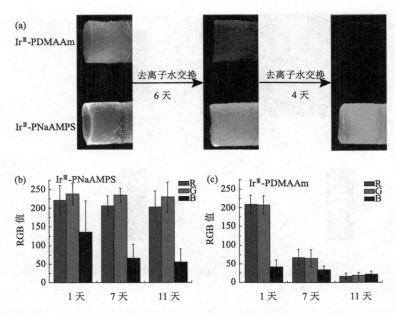

图3.2　(a)浸泡在去离子水中时 Ir^Ⅲ-PNaAMPS 和 Ir^Ⅲ-PDMAAm 水凝胶随时间变化的荧光照片；(b)和(c)软件对(a)中照片分析得到的 RGB 值变化图

将 Ir^Ⅲ-PNaAMPS 水凝胶浸泡在去离子水中 9 个月，测定水凝胶的 RGB 值变化，发现其仍然能够保持较好的磷光性能，进一步证明了该水凝胶在水中具有长期稳定性[图 3.3(b)]。通过傅里叶变换红外光谱(Fourier transform infrared spectrum，FTIR)测定 [Ir(ppy)₂(dmbpy)]Cl，PNaAMPS 和 Ir^Ⅲ-PNaAMPS 水凝胶 [图 3.3(a)]，证实了 [Ir(ppy)₂(dmbpy)]Cl 发光分子与 PNaAMPS 水凝胶之间的静电相互作用。结果表明 PNaAMPS 水凝胶中的磺酸基(—SO₃^{2−})在 1112 cm^{−1} 和 1049 cm^{−1} 出现两个峰，而 Ir^Ⅲ-PNaAMPS 水凝胶除了上述两个峰之外，还在 1203 cm^{−1}

出现了一个与 Ir^+SO_3 对应的新峰。上述结果从分子结构上证明了在 Ir^{III}-PNaAMPS 水凝胶中—SO_3^{2-} 与 $[Ir(ppy)_2(dmbpy)]^+$ 之间存在静电相互作用 [图 3.3(c)]。

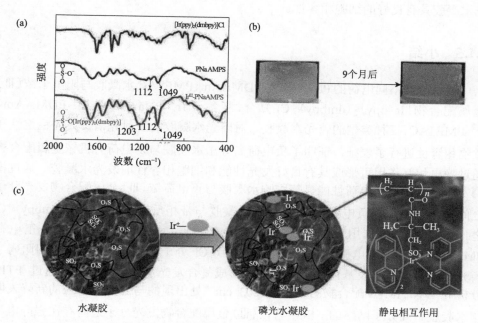

图 3.3　(a) $[Ir(ppy)_2(dmbpy)]$Cl、PNaAMPS 和 Ir^{III}-PNaAMPS 的 FTIR 光谱；(b) Ir^{III}-PNaAMPS 水凝胶在去离子水中浸泡 9 个月的照片；(c) Ir^{III}-PNaAMPS 水凝胶中—SO_3^{2-} 与 $[Ir(ppy)_2(dmbpy)]^+$ 之间静电作用机理示意图

3.1.4　磷光水凝胶的细胞相容性

视网膜色素上皮(retinal pigmented epithelium，RPE)细胞生长在体内透明、柔软的细胞基质表面[21,22]，水凝胶可在体外模拟细胞生存微环境。采用人体视网膜上皮细胞系 ARPE-19 细胞检测 Ir^{III}-PNaAMPS 水凝胶材料的细胞相容性。将水凝胶在 PBS 中浸泡平衡，高温高压灭菌后，放入 24 孔组织培养聚苯乙烯板(tissue cultured polystyrence，TCPS)中，滴加细胞悬浮液培养细胞。将负载细胞的水凝胶放置在细胞培养箱中培养，细胞播种 6 h 后用倒置荧光显微镜观察细胞在水凝胶表面的形态，此后观察记录细胞的增殖情况，直到在水凝胶表面增殖为单细胞层(一般周期为 6～7 天)。观测 Ir^{III}-PNaAMPS 水凝胶表面培养的 RPE 细胞数量和形态。培养 120 h 后，Ir^{III}-PNaAMPS 水凝胶表面约 85%的细胞处于伸展状态(纺锤形或多边形)，随着培养时间的延长，细胞能够继续增殖。将培养 120 h 的细胞样品进行死活染色处理，死活染色检测细胞活性，用倒置荧光显微镜观察细胞染

色情况，绿色和红色荧光染料分别染色活细胞和死细胞，在激发波长 518 nm 和 615 nm 下观察细胞情况。结果表明，98%以上的细胞处于存活状态，证明了该磷光水凝胶具有良好的细胞相容性。

3.1.5　小结

利用带有不同电荷的 PNaAMPS、PDMAAm、PMETAC 水凝胶与阳离子铱（Ⅲ）金属配合物 [Ir(ppy)$_2$(dmbpy)]Cl 复合，制备了 Ir^{Ⅲ}-PNaAMPS、Ir^{Ⅲ}-PDMAAm、Ir^{Ⅲ}-PMETAC 三种类型的磷光水凝胶。对磷光水凝胶的发射光谱、发光稳定性和生物相容性进行了表征，证明了负电荷高分子水凝胶与正电荷有机铱金属配合物通过静电相互作用可形成具有良好发光性能和细胞相容性的发光水凝胶。通过检测发光性能证明了电荷性能显著影响水凝胶与正电荷铱（Ⅲ）金属配合物发光分子之间的相互作用，负电荷 PNaAMPS 水凝胶与带相反电荷 [Ir(ppy)$_2$(dmbpy)]Cl 之间的静电吸引作用促进了磷光分子向水凝胶基体中扩散。然而，正电荷 PMETAC 与带相同电荷的 [Ir(ppy)$_2$(dmbpy)]Cl 分子之间的静电排斥作用阻碍了磷光分子进入水凝胶基体中，导致不能形成复合发光水凝胶。此外，通过 FTIR 分析 Ir^{Ⅲ}-PNaAMPS 配合物的结构，1203 cm^{-1} 处出现的与 Ir$^+$SO$_3$ 对应的新峰表明该水凝胶中高分子网络的—SO$_3^{2-}$ 与铱（Ⅲ）金属配合物发光分子之间存在强静电相互作用。该样品在去离子水中浸泡 9 个月，发现仍然能够保持较好的磷光性能，证明了 Ir^{Ⅲ}-PNaAMPS 水凝胶在水中的长期稳定性。

3.2　高强度海藻酸盐/聚丙烯酰胺发光水凝胶

3.2.1　引言

水凝胶是一类通过化学或物理方式交联、溶胀大量水分的三维高分子网络结构，是一种广泛应用于多个领域的新型软材料。将发光特性、磁性、热响应性和导电性等功能材料掺杂在水凝胶基质中，可实现水凝胶多种功能。例如，将纳米材料（量子点、碳纳米管及碳点等）、金属复合物和镧系元素离子（Ln^{3+}）等不同的发光基质掺杂到水凝胶网络结构中，可得到具有不同发光特性的水凝胶材料。由于 Ln^{3+} 自身的独特性能（高光化学稳定性、窄发光宽度及低毒性等）[17,18,23]，Ln^{3+} 掺杂制备的水凝胶材料备受关注。

已有文献报道的发光水凝胶局限于生物医学（组织成像、药物运输及传感监测等）等对力学性能要求不高的领域，而在组织工程和软机械领域，发光水凝胶的机械性能还不能满足要求。当前高强度水凝胶(双网络水凝胶[24-26]、纳米复合水凝胶[27,28]、具有纳米结构的水凝胶[29]、混合水凝胶[30,31]和四臂聚合物水凝胶[32,33]等)具有优异的力学性能,但无法兼具发光特性,无法满足组织工程和软机械需求。因此,具有发光特性的高强度水凝胶亟待发展。

　　受先前报道的多价阳离子交联高强度 Na-alginate/PAAm 水凝胶研究的启发,本节介绍同时具有高强度和发光特性 Ln-alginate/PAAm(Ln = Eu、Tb、Eu/Tb)水凝胶材料的增强策略与发光机理。通过化学交联的 PAAm 网络和物理交联的 Na-alginate 在 Ln-alginate/PAAm 水凝胶网络中形成多重交联。其中,Na-alginate 高分子链被 Ln^{3+} 交联,PAAm 网络被疏松的共价键作用交联,该水凝胶表现出优异的机械强度和能量耗散特性。此外,水凝胶体系中的 Ln^{3+} 既作为水凝胶的发光中心,也作为 Na-alginate 高分子链的离子交联点。Ln^{3+} 与 Na-alginate 上羧酸根的稳定配位抑制了水对 Ln^{3+} 的荧光猝灭作用,因此显著提高了该高强度水凝胶的发光性能。细胞相容性实验测试表明 Ln-alginate/PAAm 水凝胶材料有良好的细胞相容性。该工作是首次报道同时具有高强度和发光特性的水凝胶材料,其有望在组织工程和软机械领域的应用中实现突破。

3.2.2　高强度发光水凝胶的制备和结构

　　高强度发光 Ln-alginate/PAAm 水凝胶主要包含:水、海藻酸钠、聚丙烯酰胺和 Ln^{3+} 四种物质,制备过程是通过离子交换的方法将 Ln^{3+} 掺杂到水凝胶网络中。Ln-alginate/PAAm 水凝胶的制备过程包括两步:首先,通过自由基聚合含有丙烯酰胺单体、海藻酸钠大分子、交联剂(氮氮亚甲基双丙烯酰胺)、引发剂(过硫酸铵)、催化剂(氮氮四甲基乙二胺)的混合溶液,得到 Na-alginate/PAAm 水凝胶前驱体;然后将该水凝胶前驱体浸泡在 $LnCl_3$ 水溶液中,Ln^{3+} 通过与海藻酸钠大分子链上 M 单元和 G 单元中的羧基相互作用,形成离子交联网络,可制备得到具有互穿网络结构的高强度发光 Ln-alginate/PAAm 水凝胶[图 3.4(a)]。

　　将 Na-alginate/PAAm 水凝胶浸泡在 0.025 mol/L 的氯化铕($EuCl_3$)水溶液中,并测试水凝胶的流变学性能,分析海藻酸钠大分子链的动态交联过程。随着浸泡时间延长,样品的储能模量(G')和损耗模量(G'')先逐渐增加,后趋于稳定[图 3.4(b)],表明海藻酸钠大分子链上的羧基($-COO^-$)被 Ln^{3+} 逐渐交联。通过上述方法,将水凝胶的前驱体灌注到不同形状的模具中,可制备得到不同形状的高强度发光水凝胶,其具有良好的加工性能[图 3.4(a)]。该水凝胶在 365 nm 的紫外光下具有荧光效应。发光颜色可通过掺杂不同种类的镧系元素及其混合物(如红色:Eu^{3+},绿色:Tb^{3+},黄色:Eu^{3+}/Tb^{3+})调控,扫描电镜观察可以发现,与 Na-alginate/PAAm 水凝胶相比,Eu-alginate/PAAm 水凝胶和 Tb-alginate/PAAm 水凝胶的网络更加致密,孔径更加均匀[图 3.4(c)]。这是由于相比于一价阳离子(钠离子),三价阳离子(Eu^{3+}、Tb^{3+})与海藻酸钠大分子链间的离子交联作用更强,可显著提高水凝胶的力学性能,例如,Eu-alginate/PAAm 水凝胶可承受打结和拉伸时产生的应力而不受损伤[图 3.4(d)]。

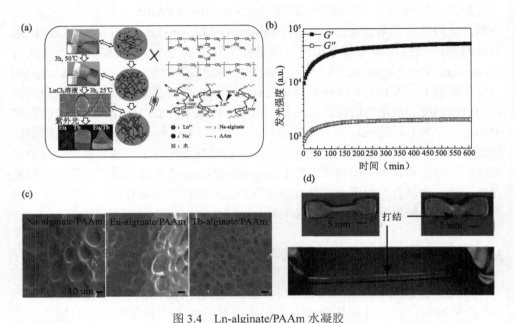

图 3.4　Ln-alginate/PAAm 水凝胶

(a)制备过程；(b)Na-alginate/PAAm 水凝胶在 $EuCl_3$ 水溶液中浸泡过程中储能模量(G')和损耗模量(G'')随时间的变化；(c)掺杂 Eu^{3+}、Tb^{3+}水凝胶的 SEM 照片；(d)Eu-alginate/PAAm 水凝胶的高强度性能展示

3.2.3　高强度发光水凝胶的发光性能

分析 Eu-alginate/PAAm 水凝胶在不同浓度 $EuCl_3$ 溶液(0.025 mol/L、0.1 mol/L)的发光性能,激发波长为 394 nm 时,在发射光谱中观察到一系列 $4f^6$ $^5D_0 \rightarrow {}^7F_{0\text{-}4}$ 特征峰的峰位转变。$EuCl_3$ 水溶液的发射光谱特征峰位置相同,说明该水凝胶继承 Eu^{3+}的发光特性[图 3.5(a)]。此外,与 $EuCl_3$ 水溶液相比,Eu-alginate/PAAm 水凝胶(浸泡浓度 0.025 mol/L)在 592 nm($^5D_0 \rightarrow {}^7F_1$,橙色)和 615 nm($^5D_0 \rightarrow {}^7F_2$,红色)处的发光强度发生了翻转。在 $EuCl_3$ 溶液的激发光谱中,615 nm 处的峰值小于 592 nm 处的峰值[34],而在 Eu-alginate/PAAm 水凝胶中,615 nm 处的峰值明显高于 592 nm 处的峰值。根据峰值强度比(intensity ratios of peaks,IRP)的判断标准,IRP 值越大,说明红色的发光颜色越纯。$EuCl_3$ 水溶液的 IRP 值约为 0.3,而 Eu-alginate/PAAm 水凝胶的 IRP 值为 1.67。这说明水凝胶高分子网络中结合的

Eu^{3+}增强了 615 nm 处的发光强度。但是，当 EuCl$_3$ 溶液浓度增加到 0.1 mol/L 时，水凝胶的 IRP 值降低到 0.68。一部分 Eu^{3+} 与海藻酸钠大分子链上的羧基相互作用，形成物理交联网络，溶液中过剩的 Eu^{3+} 呈现自由运动的状态，其浓度随着浸泡液中 EuCl$_3$ 浓度的增大而增加，从而降低了 IRP 值。

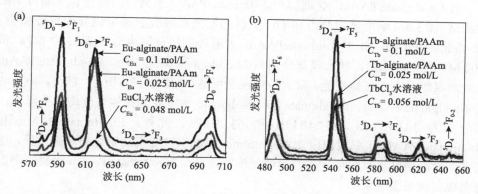

图 3.5　(a) Eu-alginate/PAAm 水凝胶和 EuCl$_3$ 水溶液的发射光谱图；(b) Tb-alginate/PAAm 水凝胶和 TbCl$_3$ 水溶液的发射光谱图

　　上述荧光发射强度翻转的现象与 Eu^{3+} 在水凝胶中的两种形式有关。一种是与海藻酸钠大分子链上羧基的配位作用，充当水凝胶物理交联剂，固定 Eu^{3+}；另一种是水凝胶网络中水合形式的 Eu^{3+}。其中，配位作用的 Eu^{3+} 主要增强 615 nm 处的荧光强度，而水合的 Eu^{3+} 主要贡献 592 nm 处的荧光强度[35]。因此，可以推测在该水凝胶体系中，当所有羧酸根与 Eu^{3+} 全部配位后，自由 Eu^{3+} 的量随着浸泡浓度的增大而增加，从而进一步降低水凝胶的 IRP 值。用电感耦合等离子体原子发射光谱(ICP-AES)定量分析自由和结合的 Eu^{3+} 的量，当浸泡浓度分别为 0.025 mol/L 和 0.1 mol/L 时，比值分别为 0.89 和 16.19。ICP-AES 分析表明当浸泡浓度为 0.025 mo/L 时 Eu^{3+} 在水凝胶中的浓度为 0.048 mol/L，与相同浓度的 EuCl$_3$ 溶液相比，水凝胶在 592 nm 和 615 nm 下的发光强度均明显增强。这是由于在水凝胶中，Eu^{3+} 与海藻酸大分子链上的羧基配位时从 Eu^{3+} 的配位壳层中脱离，排出一部分水分子，从而降低了水分子中的羟基对 Eu^{3+} 的发光猝灭作用[18,36]。

　　在 369 nm 激发波长下，不同浓度(0.025 mol/L、0.1 mol/L)的 TbCl$_3$ 溶液中的 Tb-alginate/PAAm 水凝胶均表现出一系列 4f^8 ^{5}D$_4$→^{7}F$_{0-6}$ 的特征峰，并且最大发射波长为 544 nm[图 3.5(b)]。该水凝胶与 TbCl$_3$ 溶液的发射光谱相似，表明在水凝胶中 Tb^{3+} 仍然可以保持自身的发光特性。根据 ICP-AES 的测试结果可知，浸泡浓度为 0.025 mol/L 时，Tb^{3+} 在水凝胶中的浓度为 0.056 mol/L，与 Eu-alginate/PAAm 水凝胶相似。Tb-alginate/PAAm 水凝胶的发光强度也明显高于相同浓度下溶液的发光强度，表明 Tb^{3+} 与羧酸根的配位增强了水凝胶的发光强度。

3.2.4　高强度发光水凝胶的力学性能

对 Ln-alginate/PAAm 水凝胶与 Na-alginate/PAAm 水凝胶的拉伸和压缩力学性能测试（图 3.6），结果显示 Eu^{3+} 和 Tb^{3+} 交联的发光水凝胶表现出优异的机械性能。Eu-alginate/PAAm 和 Tb-alginate/PAAm 水凝胶的拉伸强度分别为 1.13 MPa 和 1.02 MPa［图 3.6(a)］，杨氏模量分别为 71.33 kPa 和 63.33 kPa。Eu-alginate/PAAm 发光水凝胶具有高拉伸性能，最大拉伸应变可达 20 倍［图 3.6(b)］。然而，单层网络 Na-alginate/PAAm、Eu-alginate 和 Tb-alginate 水凝胶的拉伸强度均显著降低，仅分别为 143.16 kPa、157.10 kPa 和 63.00 kPa。此外，Eu-alginate/PAAm 和 Tb-alginate/PAAm 水凝胶在应变为 4mm/mm 附近都可观察到明显的屈服现象，这是大部分高强度水凝胶都具备的塑性变形特征，而 Na-alginate/PAAm 水凝胶则没有表现出该屈服现象。

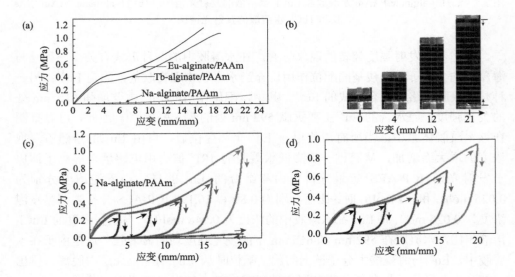

图 3.6　水凝胶的拉伸力学性能

(a) 应力-应变曲线；(b) Eu-alginate/PAAm 水凝胶拉伸过程照片；(c) Na-alginate/PAAm 水凝胶的拉伸加载卸载回滞曲线；(d) Tb-alginate/PAAm 水凝胶在不同拉伸应变下的拉伸加载卸载回滞曲线

Ln-alginate/PAAm 水凝胶除了具有高强度和高拉伸性能之外，能量耗散测试也体现了该水凝胶超强的韧性。能量耗散是加载卸载回滞曲线间的面积[31]。Eu-alginate/PAAm 和 Tb-alginate/PAAm 水凝胶表现出较大的迟滞现象，外力卸载后，有明显的残余应变。而 Na-alginate/PAAm 水凝胶无迟滞和残余应变［图 3.6(c) 和 (d)］。在应变为 20mm/mm 时，Eu-alginate/PAAm 和 Tb-alginate/PAAm 水凝胶的能量耗散分别高达 9389.66 kJ/m³ 和 8477.98 kJ/m³，而 Na-alginate/PAAm 水凝胶仅为 50.17 kJ/m³。上述结果表明 Eu^{3+} 和 Tb^{3+} 通过交联海藻酸钠大分子链，显著提高了水凝胶的韧性。

压缩实验进一步证明了该水凝胶具有优异的机械性能[图 3.7(a)]。对于 Eu-alginate/PAAm 和 Tb-alginate/PAAm 水凝胶而言，当压缩应变为 90% 时，压缩强度分别高达 2.43 MPa 和 3.37 MPa，杨氏模量分别为 100.20 kPa 和 102.17 kPa。然而，Na-alginate/PAAm 水凝胶的压缩强度和杨氏模量仅为 0.55 MPa 和 23.13 kPa。压缩加载卸载测试结果分析表明，在压缩应变为 90% 时，Eu-alginate/PAAm 和 Tb-alginate/PAAm 水凝胶的能量耗散分别为 314.28 kJ/m³ 和 385.1 kJ/m³，而 Na-alginate/PAAm 水凝胶的能量耗散只有 45.14 kJ/m³[图 3.7(b)]。此外，Eu^{3+}[图 3.7(c)]和 Tb^{3+} 交联的水凝胶可在承受 90% 的压缩应变后快速恢复原状。

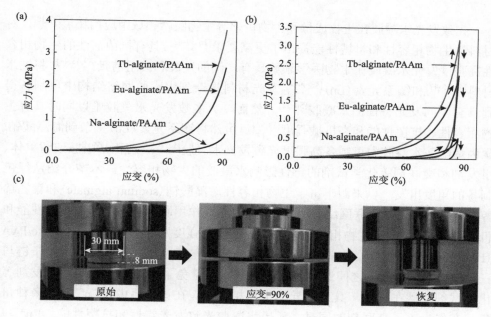

图 3.7　水凝胶在应变 90% 的压缩力学性能
(a)应力-应变曲线；(b)加载卸载回滞曲线；(c)Eu-alginate/PAAm 水凝胶压缩过程可回复展示

3.2.5　小结

通过共价交联和物理交联成功制备了同时具有高强度和发光特性的 Ln-alginate/PAAm(Ln = Eu、Tb、Eu/Tb)水凝胶。Ln^{3+} 具有双重作用，既作为该水凝胶的物理交联点，又作为发光中心。$LnCl_3$ 水溶液的浓度对水凝胶材料的发光特性和力学性能影响显著。水凝胶网络结构中存在自由 Ln^{3+} 和配位 Ln^{3+} 两种状态，改变水凝胶中两种 Ln^{3+} 的比例，可调控水凝胶的荧光性能。在力学性能方面，高强度 Ln-alginate/PAAm 水凝胶的拉伸强度约 1 MPa，单轴拉伸应变约为 20 倍，压缩强度可达 3.4 MPa，拉伸和压缩能量耗散分别高达 10^4 kJ/m^3 和 10^2 kJ/m^3，而未经镧系元素交联的 Na-alginate/PAAm 水凝胶拉伸强度则只有 0.14 MPa。微观结构分析表明，镧系元素掺杂后的 Ln-alginate/PAAm 水凝胶具有更致密均匀的网孔结构，对提高水凝胶的机械性能具有重要作用。

3.3　生物相容性高强度发光水凝胶

3.3.1　引言

光致发光水凝胶在生物成像和生物传感等生物医学领域中应用拓展[37,38]，对材料的生物相容性和机械性能提出了更高要求[16,39-42]。具有抗菌活性的生物相容性高强度发光水凝胶在生物医学领域具有广阔的发展和应用前景[39,43,44]。将纳米材料[42,45-47]和镧系元素 (Ln)[48,49] 等发光材料掺杂到水凝胶网络结构中可制备得到具有不同发光特性的水凝胶[50-52]。然而，大多数发光水凝胶难以同时具有生物相容性、抗菌性能和高机械强度[53,54]。虽然将镧系元素 (Ln) 掺杂到海藻酸钠/聚丙烯酰胺水凝胶中可制备高强度光致发光水凝胶[17,18]，但丙烯酰胺残留单体、引发剂和交联剂等化学试剂的毒性影响水凝胶的生物相容性。本节介绍从绿色制备的角度出发，以来源丰富、生物相容性海藻酸钠 (sodium alginate) 和聚乙烯醇 (PVA) 为高分子交联网络，通过双重物理交联作用制备具有优异的发光性能和机械性能，同时兼具生物相容性和抗菌性能的高强度发光水凝胶 Ln-alginate/PVA (Ln = Eu、Tb)。其中，PVA 高分子链之间通过氢键交联，海藻酸钠大分子链与三价镧系离子 (Ln^{3+}) 之间通过配位作用交联，避免了单体、交联剂、引发剂等化学试剂的潜在毒性，具有优异的生物相容性。在该体系中，Ln^{3+} 扮演多种角色，在作为离子交联剂的同时，赋予水凝胶光致发光特性和抗菌性能。Ln^{3+} 与海藻酸钠羧酸根基团形成的配位键作为物理牺牲键耗散能量，提高水凝胶的回复性能和力学性能。Ln-alginate/PVA 水凝胶表现出优异的光致发光性能和机械强度 (0.6 MPa 拉伸强度，400% 拉伸下 900 kJ/m^3 能量耗散)。此外，基于 Ln^{3+} 的抗菌性能，其对金黄色葡萄球菌 (*S. aureus*) 和大肠杆菌 (*E. coli*) 表现出优异的抗菌性能。此外，通过掺杂不同种类的镧系元素，调节 Ln-alginate/PVA 水凝胶的发光行为。该方法为制备基于生物相容性高分子的多功能发光水凝胶材料提供了新思路。

3.3.2　Ln-alginate/PVA 发光水凝胶的制备

　　将镧系元素掺杂到生物相容性海藻酸钠/聚乙烯醇水凝胶中制备具有生物相容性和抗菌性能的高强度发光水凝胶(Ln-alginate/PVA)(Ln = Eu、Tb)。水凝胶的制备过程如图 3.8(a)所示,首先,将海藻酸钠大分子和 PVA 高分子按一定比例溶解于去离子水中,混合搅拌均匀后倒入模具中,经过循环冷冻制备得到 Na-alginate/PVA 水凝胶前驱体。其中,PVA 高分子链之间相互缠绕并通过氢键交联形成凝胶网络,未交联的海藻酸钠大分子贯穿于 PVA 凝胶网络之中。随后,将 Na-alginate/PVA 前驱体浸泡在 $LnCl_3$(Eu^{3+}、Tb^{3+})溶液中,镧系离子扩散进入前驱体水凝胶网络中,并与海藻酸钠大分子之间形成配位键,交联得到 Ln-alginate/PVA 高强度发光水凝胶。该高强度发光水凝胶具有优异的力学强度和形状恢复性能,可承受较大的外力和变形,如打结、拉伸、弯曲和压缩,并在撤去外力后可迅速恢复至初始形状。此外,在紫外光(365 nm)照射下清楚地观察到水凝胶的发光颜色,可通过选择 Eu^{3+}(红色荧光)、Tb^{3+}(绿色荧光)及 Eu^{3+}/Tb^{3+} 混合调控 Ln-alginate/PVA 水凝胶的发光颜色[图 3.8(b)]。

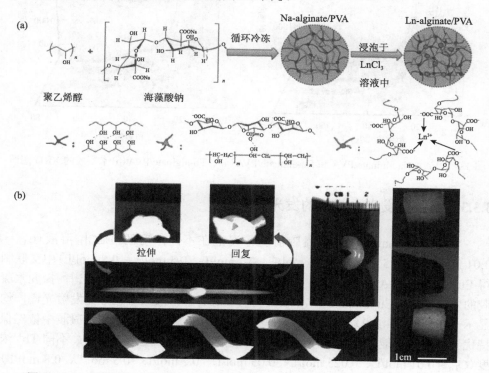

图 3.8　(a)生物相容性高强度发光水凝胶的制备过程;(b)水凝胶打结、拉伸、弯曲和压缩的光学照片

　　通过 X 射线衍射（X-ray diffraction，XRD）检测 PVA、Na-alginate/PVA 和 Ln-alginate/PVA 水凝胶中 PVA 的晶体结构。XRD 图谱显示 PVA 水凝胶在 $2\theta= 19.5°$ 处存在一个较强的衍射峰，表明 PVA 高分子链存在（101）晶面。Na-alginate/PVA 水凝胶中 PVA 的结晶峰的强度略微下降，Eu-alginate/PVA 和 Tb-alginate/PVA 水凝胶中 PVA 的结晶峰强度显著降低，且随着 LnCl$_3$ 溶液中 Eu^{3+}、Tb^{3+}浓度的增加，Ln-alginate/PVA 水凝胶中 PVA 结晶峰几乎消失[图 3.9（a）和（b）]。上述结果表明，Na-alginate 大分子与 PVA 高分子复合及离子交联过程均弱化了循环冷冻过程中 PVA 高分子链之间的结晶，但由于双重物理交联的协同效应，发光水凝胶的力学性能得到显著提升。[但由于 PVA 高分子链之间通过氢键交联，Na-alginate 大分子链与三价镧系离子（Ln^{3+}）之间通过配位作用交联，双重物理交联的协同效应使得发光水凝胶的力学性能得到显著提升。]

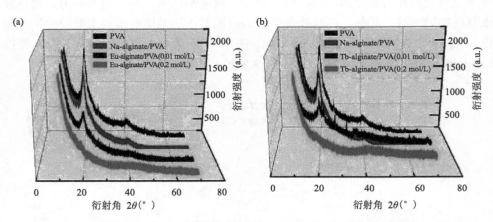

图 3.9　PVA、Na-alginate/PVA 和 Eu-alginate/PVA（a）、Tb-alginate/PVA（b）水凝胶的 XRD 图谱

3.3.3　高强度发光水凝胶的发光性能

　　将 Na-alginate/PVA 水凝胶前驱体浸泡在不同浓度的 EuCl$_3$ 溶液（C_{Eu} = 0.01 mol/L、0.025 mol/L、0.05 mol/L、0.2 mol/L、0.5 mol/L、0.8 mol/L）中交联制得 Eu-alginate/PVA 水凝胶，并在 396 nm 紫外光激发下检测发射光谱，探究水凝胶的发光特性。Eu-alginate/PVA 水凝胶与 EuCl$_3$ 水溶液具有相似的发射光谱，均显示一系列对应 $4f^6$ $^5D_0 \rightarrow {}^7F_{0\text{-}4}$ 的特征峰[图 3.10（a）]，表明 Eu^{3+}在水凝胶中依然保持优异的发光性能，且随 Eu^{3+}溶液浓度的增大，发光强度逐渐提高。不同 Tb^{3+}浓度（C_{Tb} = 0.01 mol/L、0.025 mol/L、0.05 mol/L、0.2 mol/L、0.5 mol/L、0.8 mol/L）的溶液中浸泡交联得到 Tb-alginate /PVA 水凝胶，在 396 nm 紫外光激发下均显示出一系列对应 $4f^6$ $^5D_0 \rightarrow {}^7F_{0\text{-}4}$ 的特征峰[图 3.10（b）]。Eu-alginate/PVA 水凝胶的

发射光谱与 $EuCl_3$ 水溶液的发射光谱相似，表明 Eu^{3+} 在水凝胶中依然保持优异的发光性能，且发光强度随 Eu^{3+} 溶液浓度的增大而提高。与 $EuCl_3$ 水溶液相比，当 $C_{Eu} \leqslant 0.05$ mol/L 时，Eu-alginate/PVA 水凝胶在 592 nm（$^5D_0 \rightarrow {}^7F_1$，橙色发射光）和 617 nm（$^5D_0 \rightarrow {}^7F_2$，红色发射光）处的相对发光强度出现反转。根据 I_{617}/I_{592} 相对发光强度（IRP）数值大于或小于 1 判断是否发生反转，IRP 值越大，表示红色发光纯度越高。当 $C_{Eu} = 0.01$ mol/L 时，$EuCl_3$ 水溶液的 IRP 值约为 0.395，Eu-alginate/PVA 水凝胶的 IRP 值约为 1.751，这是由于 Eu^{3+} 与 Na-alginate 大分子链上的羧基（—COOH）络合形成配位键，将 Eu^{3+} 周围部分的水分子驱逐出络合的核壳结构，从而提高了 Eu-alginate/PVA 水凝胶在 617 nm 处的发光强度。在 $EuCl_3$ 水溶液中，游离的 Eu^{3+} 与水分子配位，水分子中的羟基（—OH）能有效地猝灭 Eu^{3+} 的红色发射光，导致 $EuCl_3$ 水溶液的 IRP 值下降。当 $C_{Eu} = 0.8$ mol/L 时，Eu-alginate/PVA 水凝胶的 IRP 值降至 0.524，说明随着 C_{Eu} 的增大，水凝胶中游离的 Eu^{3+} 数量不断增加，从而影响 IRP 值的大小。

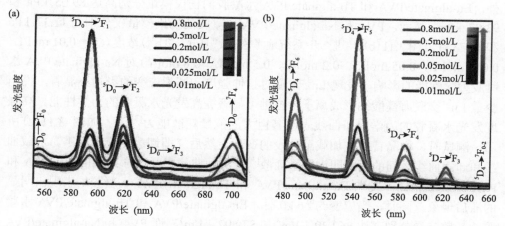

图 3.10　在不同 $LnCl_3$ 溶液中浸泡制备得到发光水凝胶 Eu-alginate/PVA 水凝胶(a) 和
Tb-alginate/PVA 水凝胶(b) 的发射光谱

将 Na-alginate/PVA 水凝胶前驱体浸泡在不同浓度的 $TbCl_3$ 溶液（$C_{Tb} = 0.01$ mol/L、0.025 mol/L、0.05 mol/L、0.2 mol/L、0.5 mol/L、0.8 mol/L）中交联得到 Tb-alginate/PVA 水凝胶，并在 369 nm 紫外光激发下检测发射光谱，探究水凝胶的发光特性。Tb-alginate/PVA 水凝胶与 $TbCl_3$ 水溶液具有相似的特征发射光谱，均显示一系列对应 $4f^8$ $^5D_4 \rightarrow {}^7F_{0-6}$ 的特征峰，表明 Tb^{3+} 在水凝胶中依然保持优异的发光性能，且发光强度随 Tb^{3+} 浓度的增大而上升。Tb-alginate/PVA 水凝胶的发光强度显著高于 $TbCl_3$ 水溶液的发光强度，表明 Ln^{3+}（Eu^{3+}、Tb^{3+}）与羧基（—COOH）之间的相互作用可增强 Ln-alginate/PVA 水凝胶的发光强度[Ln^{3+}-alginate/PVA 水凝胶的发光强度可由 Ln^{3+}（Eu^{3+}、Tb^{3+}）与羧基（—COOH）之间的相互作用得到增强]。此外，通

过选择合适的镧系离子可实现改变高强度发光水凝胶发光颜色的目的(通过掺杂不同种类的镧系元素,调控 Ln-alginate/PVA 水凝胶的发光行为)。

3.3.4　高强度发光水凝胶的力学性能

测试 Eu-alginate/PVA 水凝胶、Tb-alginate/PVA 水凝胶、Na-alginate/PVA 水凝胶和 PVA 水凝胶的拉伸和压缩性能并进行对比(图 3.11)。与 PVA 水凝胶相比,Eu^{3+} 和 Tb^{3+} 交联的发光水凝胶具有优异的力学性能。当 C_{Ln} = 0.01 mol/L 时,Eu-alginate/PVA 水凝胶和 Tb-alginate/PVA 水凝胶的拉伸断裂强度分别为 527.12 kPa 和 568.90 kPa,均高于 PVA 水凝胶(421.8 kPa)和 Na-alginate/PVA 水凝胶(280.0 kPa)。从应力-应变曲线可以看出,Eu-alginate/PVA 和 Tb-alginate/PVA 水凝胶均在应变约为 1.5 时发生屈服现象,然而,在 PVA 和 Na-alginate/PVA 水凝胶中均未观察到该现象[图 3.11(a)],结果表明高强度发光水凝胶表现出良好的塑性变形行为[31]。此外,Eu-alginate/PVA 和 Tb-alginate/PVA 水凝胶的杨氏模量分别高达 89.05 kPa 和 93.97 kPa,然而,PVA 和 Na-alginate/PVA 水凝胶的杨氏模量仅分别为 11.37 kPa 和 12.73 kPa[图 3.11(b)]。进一步系统地考察 Ln^{3+}(Eu^{3+}、Tb^{3+})浓度(C_{Ln}= 0.01 mol/L、0.025 mol/L、0.05 mol/L、0.2 mol/L、0.5 mol/L、0.8 mol/L)对 Na-alginate/PVA 水凝胶力学性能的影响,发现 Ln^{3+} 浓度对拉伸强度和断裂应变的影响不显著,说明少量 Ln^{3+} 交联海藻酸钠形成离子配位键可显著提高发光水凝胶的力学性能。高强度发光水凝胶的力学回滞曲线表明其巨大的能量耗散能力[31,55]。如图 3.11(c)所示,测试时,样品首先被加载至预设的变形,然后立即卸载至应力为零。加载曲线和卸载曲线之间的面积即为能量耗散[31],滞回曲线显示,与 Na-alginate/PVA 和 PVA 水凝胶相比,发光 Eu-alginate/PVA 和 Tb-alginate/PVA 水凝胶均表现出明显的滞后现象。同时,当应变约为 4.0 时,Eu-alginate/PVA 和 Tb-alginate/PVA 水凝胶的耗散能量分别高达 862.39 kJ/m³ 和 879.92 kJ/m³,而 PVA 和 Na-alginate/PVA 水凝胶的耗散能量仅分别为 45.79 kJ/m³ 和 164.02 kJ/m³[图 3.11(d)]。结果表明高强度发光水凝胶可以有效地耗散能量,该水凝胶的高耗散能量归因于牺牲键的能量耗散[30],在拉伸过程中,Ln^{3+} 交联的 Ln-alginate 大分子网络逐渐被破坏,而氢键交联的 PVA 网络结构仍保持相对完整,致使水凝胶表现出明显的滞后性和极小的永久变形。通过压缩实验进一步证实 Ln-alginate/PVA 水凝胶优异的力学性能。如图 3.11(e)和(f)所示,当压缩应变为 85%时,Eu-alginate/PVA 和 Tb-alginate/PVA 水凝胶压缩强度分别为 7.46 MPa 和 5.33 MPa,对应的杨氏模量分别为 31.8 kPa 和 29.25 kPa,明显高于 PVA 和 Na-alginate/PVA 水凝胶的压缩强度(0.57 MPa、1.26 MPa)和杨氏模量(1.75 kPa、6.43 kPa)。此外,Ln-alginate/PVA 水凝胶在大压缩应变(85%)下仍可快速恢复至原始形状。

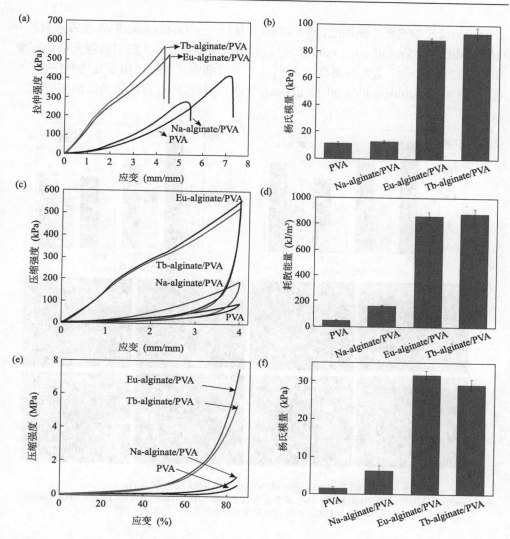

图 3.11　Eu-alginate/PVA、Tb-alginate/PVA、Na-alginate/PVA 和 PVA 水凝胶的力学性能
(a)拉伸应力-应变曲线；(b)拉伸杨氏模量；(c)拉伸加载卸载曲线；(d)耗散能量；(e)压缩应力-应变曲线；
(f)压缩杨氏模量($C_{Ln}=$ 0.01 mol/L)

3.3.5　高强度发光水凝胶的细胞毒性与抗菌活性

　　细胞毒性是体外筛选生物材料安全性的重要检测指标之一。制备发光水凝胶
的浸提液培养 NIH 3T3 成纤维细胞，并通过 MTT 法量化分析细胞活性。将 NIH 3T3
细胞在 Ln-alginate/PVA 水凝胶($C_{Ln}=$ 0.01 mol/L、0.05 mol/L、0.2 mol/L)浸提液中
培养，72 h 后的细胞活性均大于培养 24 h 时的活性，且均超过 100%，说明随培

养时间的延长细胞在不断增殖[图 3.12(a)和(b)]。在 Ln-alginate/PVA 水凝胶($C_{Ln} =$ 0.01 mol/L、0.05 mol/L、0.2 mol/L)浸提液培养细胞 72 h 后，细胞的荧光染色图像如图 3.12(c)所示，染色结果显示 95%以上为活细胞(绿色)，极少数为死细胞(红色)，表明 Eu-alginate/PVA 和 Tb-alginate/PVA 水凝胶均具有优异的细胞相容性。

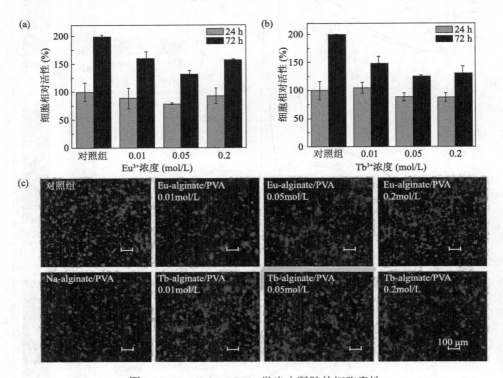

图 3.12　Ln-alginate/PVA 发光水凝胶的细胞毒性

Eu-alginate/PVA 水凝胶(a)和 Tb-alginate/PVA 水凝胶(b)浸提液培养 NIH 3T3 细胞 24 h 和 72 h 后的 MTT 实验结果；(c)不同水凝胶浸提液培养 NIH 3T3 细胞 72 h 后的死活染色图片，活细胞为绿色，死细胞为红色

　　水凝胶的抗菌性能是评价生物材料的重要指标之一。传统的生物材料通常缺乏抗菌性，需要额外添加抗菌药物，限制了应用范围[56,57]。本研究采用琼脂扩散法对 Eu-alginate/PVA 和 Tb-alginate/PVA 水凝胶进行抗菌活性测试，结果显示，在 37℃下孵育 24 h 后，Eu-alginate/PVA($C_{Eu} = 0.2$ mol/L)和 Tb-alginate/PVA 水凝胶($C_{Tb} = 0.2$ mol/L)对大肠杆菌(*E. coli*)和金黄色葡萄球菌(*S. aureus*)均出现约 9 mm 的抑菌圈，表明上述两种发光水凝胶可有效抑制大肠杆菌和金黄色葡萄菌[图 3.13(a)和(b)]。此外，在水凝胶中吸附的一些游离的 Ln^{3+}(Eu^{3+}、Tb^{3+})从水凝胶基质扩散到固体培养基，与其中的蛋白质组分(蛋白胨和牛肉浸膏粉)相互作用形成白色沉淀，导致固体培养基中抑菌圈呈白色。结果表明，Ln^{3+}(Eu^{3+}、Tb^{3+})

在提升该水凝胶抗菌活性中发挥了关键的作用。该水凝胶抑菌的原因是镧系元素通过破坏菌体形态，与细菌细胞膜等发生作用，影响菌体蛋白的活性，破坏菌体的生长，从而达到抑菌杀菌的效果。

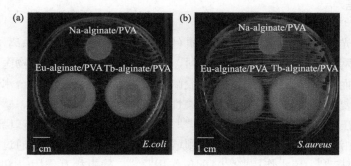

图 3.13　Na-alginate/PVA、Eu-alginate/PVA 和 Tb-alginate/PVA 水凝胶抗菌性能
大肠杆菌(*E. coli*)(a)和金黄色葡萄球菌(*S. aureus*)(b)的抗菌活性对照(C_{Ln}= 0.2 mol/L)

3.3.6　小结

具有优异抗菌活性和生物相容性的新型高强度发光水凝胶在生物医学等领域具有广阔的应用前景。本研究提出了一种制备具有抗菌活性和生物相容性的 Ln-alginate/PVA (Ln = Eu、Tb)高强度发光水凝胶的简便方法。采用生物相容性大分子作为基体材料，通过循环冷冻和离子交换法制备得到包含氢键和离子键双重物理交联作用的高强度发光 Ln-alginate/PVA 水凝胶。双重物理交联方式有效地避免了残余单体和交联剂等化学物质的潜在毒性，表现出良好的生物相容性。在该体系中，具有较低毒性和优异抗菌性能的 Ln^{3+}不仅作为发光体赋予水凝胶优异的发光性能，同时也作为离子交联剂与海藻酸钠大分子链相互作用形成物理牺牲键耗散能量，显著提升水凝胶的力学性能(0.6 MPa 拉伸强度、6 MPa 压缩强度、400%拉伸应变条件下，耗散能量为 900 kJ/m³)和快速自回复性能。通过光谱测试分析，镧系元素与海藻酸钠大分子间的相互作用不影响镧系元素的发光特性，且赋予水凝胶材料优异的发光性能。通过掺杂不同种类的镧系元素可调节 Ln-alginate/PVA 水凝胶的发光颜色，并可通过改变镧系元素的离子浓度调节水凝胶的发光行为和力学性能。此外，Ln-alginate/PVA 水凝胶表现出优异的细胞相容性，且对革兰氏阳性菌[金黄色葡萄球菌(*S. aureus*)]和革兰氏阴性菌[大肠杆菌(*E. coli*)]表现出优异的抗菌性。该研究为制备生物相容性多功能发光水凝胶材料提供了简便的新途径，有望进一步推动发光水凝胶材料在生物医学等领域中的广泛应用。

3.4　羧甲基纤维素发光自愈合水凝胶

3.4.1　引言

　　光致发光水凝胶是一类将发光物质(量子点[42]、碳点[58]和镧系离子[16,59]等)掺杂在高分子网络中构成的柔性发光材料,具有实时监控性,在生物医学等领域应用广泛。然而,大部分光致发光水凝胶缺乏自我修复能力。自愈合水凝胶是一类受损后可恢复原有结构和性能的智能柔性材料,具有多重响应性、感知性、适应性等优势,在生物医学(如组织黏合剂[60]、抗生物污染物质[61]和伤口敷料[62]等)和材料工程(如涂料[63]和密封剂[6]等)等领域具有广阔的应用前景。通过非共价相互作用(如氢键[64-66]、疏水作用[67,68]、配位作用[69,70]、静电相互作用[71]和主客体相互作用[72-74]等)或动态共价键相互作用(如苯基硼酸络合亚胺键[42,75-77]、亚胺键[78-80]、酰腙键[81-84]和二硫键[63,85]等)有望发展具有自愈合性能的发光水凝胶。

　　本节介绍了一种以天然大分子羧甲基纤维素为原料,绿色、低成本制备自愈合发光水凝胶的方法。羧甲基纤维素(carboxymethyl cellulose,CMC),是纤维素主链上带有羧甲基基团(—CH$_2$COO$^-$)的纤维素衍生物,是自然界中最丰富的绿色可再生资源之一,具有生物相容性、生物降解性、低成本、来源广泛等优点。基于CMC的水凝胶已被广泛应用于组织工程[78,86]、药物/细胞传递[87,88]、伤口敷料[89]、污水处理[90]等领域。

　　本节以CMC为原料,Al^{3+}为交联剂,柠檬酸发光衍生物(photoluminescent citric acid derivatives,PCAD)为光致发光体,制备得到的新型多功能自愈合发光水凝胶具备良好的力学性能、自愈合性能、发光性能,在密封剂、堵漏剂、组织黏合剂等方面具有广泛应用。

3.4.2　发光自愈合水凝胶的制备和凝胶化行为

　　新型多功能发光自愈合水凝胶制备过程分为两步。第一步是羧甲基纤维素溶液和PCAD的制备,即将CMC粉末溶解于去离子水得到6 wt%的透明状黏稠CMC水溶液,后将溶液平铺于模具中室温静置24 h。室温研磨无水柠檬酸和 N,N'-羰基二咪唑混合粉末得到深棕色黏稠PCAD混合物。第二步是交联制备羧甲基纤维素水凝胶,即将 PCAD/AlCl$_3$ 的混合溶液滴加至羧甲基纤维素溶液表面直至完全浸润,利用 Al^{3+} 与 CMC 和 PCAD 上羧基(—COOH)间的可逆离子配位作用,交联得到浅黄色透明羧甲基纤维素发光自愈合水凝胶(图 3.14)。

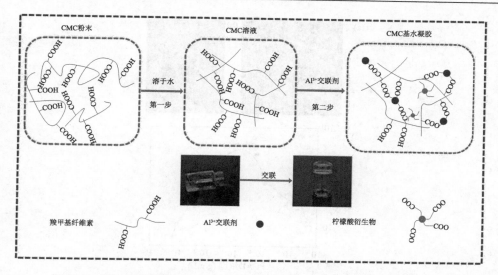

图 3.14　羧甲基纤维素发光自愈合水凝胶的制备机理示意图和水凝胶的照片

Fe^{3+} 的深黄棕色会掩盖水凝胶的光致发光颜色，以 Fe^{3+} 为交联剂的羧甲基纤维素基自愈合水凝胶无法观察到发光现象。同等条件下 Ca^{2+}、Sr^{2+} 或 Ba^{2+} 不能使羧甲基纤维素溶液成胶，这是由于二价离子与羧甲基纤维素大分子链上的羧基相互作用较弱，难以形成交联网络。因此，最终选用 Al^{3+} 作交联剂。进一步调节 CMC、PCAD 和 $AlCl_3$ 的浓度，优化羧甲基纤维素水凝胶的发光和自愈合性能，但应保证羧甲基纤维素溶液的浓度不低于 6 wt%，避免大分子链含量太低无法形成交联网络。但是，羧甲基纤维素溶液的浓度高于 6 wt% 时，溶液黏度大，难以形成均匀的水凝胶，所以将羧甲基纤维素溶液的浓度固定为 6 wt%。此外，当 $AlCl_3$、PCAD 浓度较高时，Al^{3+} 易与 CMC 大分子链上的羧基（CMC—COO^-）生成 $Al_m(CMC)_n$ 白色沉淀，荧光物质聚集出现荧光猝灭现象（图 3.15）。

进一步探究羧甲基纤维素发光自愈合水凝胶的成胶机理和自愈合性能，分别将 PCAD 溶液、柠檬酸溶液、$AlCl_3$ 溶液、PCAD/$AlCl_3$ 混合溶液滴加到浓度为 4 wt% 的 CMC 溶液中，观察成胶现象及测试水凝胶的发光和自愈合性能。从图 3.16 可以看出，在 CMC 溶液表面滴加 PCAD 溶液后静置 24 h，虽然浅黄色透明溶液能在紫外环境下发光，但是溶液流动性强，不能成胶；在 CMC 溶液表面滴加 $AlCl_3$ 溶液后静置 24 h，形成的乳白色不透明凝胶较脆且易脱水，无发光和自愈合性能；将柠檬酸溶液滴加到 CMC 溶液表面后静置 24 h，溶液既不成胶也无发光性能；只有将 PCAD/$AlCl_3$ 混合溶液滴加到 CMC 溶液表面后静置 24 h 得到的透明浅棕黄色水凝胶，才能同时具有优异的发光性能和自愈合性能。

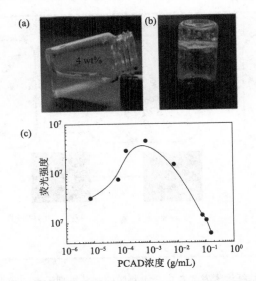

图 3.15　不同浓度羧甲基纤维素溶液的凝胶化图片和不同柠檬酸发光衍生物浓度的荧光强度
(a) 当羧甲基纤维素溶液浓度为 4 wt% 时，无法凝胶化；(b) 当羧甲基纤维素溶液浓度为 8 wt% 时，无法去除气泡；(c) 当柠檬酸发光衍生物浓度高于 10^{-3} g/mL 时，荧光强度明显降低

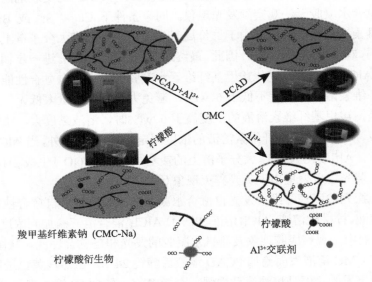

图 3.16　羧甲基纤维素水凝胶的自愈合发光机理示意图

　　上述现象表明，Al^{3+} 与 CMC 大分子链上的羧基（—COOH）间的离子配位作用使 CMC 大分子链间交联成胶，但较强的离子配位作用会导致水凝胶脆性大，弹性小，降低力学性能。当向 CMC 溶液中滴加 PCAD/AlCl₃ 混合溶液后，PCAD 上的羧基与 Al^{3+} 产生相互作用，减少了 Al^{3+} 与羧甲基纤维素上羧基之间的离子配位键，使羧甲基纤维素水凝胶同时具备自愈合和发光性能。因此，该发光自愈合

水凝胶的成胶机理如下：当 PCAD/AlCl$_3$ 混合溶液滴加到 CMC 溶液表面时，Al^{3+} 与 PCAD 逐渐扩散进入羧甲基纤维素溶液中，CMC 及 PCAD 上的羧基（—COOH）均与 Al^{3+} 通过离子配位作用形成[Al(COO)$_3$]金属配位复合物。在该体系中，Al^{3+} 充当 CMC 大分子链间的物理交联剂，而 PCAD 则扮演荧光发光剂和自愈合诱导剂的角色。由于 PCAD 的加入能够适当减弱 Al^{3+} 与 CMC 大分子链之间的离子配位作用，增强了离子配位作用的动态可逆性，减弱了 CMC 大分子之间的相互作用，分子链的流动性增加，赋予羧甲基纤维素水凝胶优异的自愈合性能。

3.4.3　发光自愈合水凝胶的力学性能

羧甲基纤维素发光自愈合水凝胶具有优异的力学性能，可任意弯曲缠绕。通过对不同总浓度 PCAD/AlCl$_3$ 溶液（C_t = 10 wt%、15 wt%、20 wt% 和 25 wt%）浸泡后的羧甲基纤维素发光自愈合水凝胶进行力学测试，发现 PCAD/AlCl$_3$ 溶液总浓度（C_t）显著影响该发光自愈合水凝胶的力学性能[图 3.17(a)]。随着 C_t 从 10 wt% 增加到 25 wt%，水凝胶内部分子链间的交联密度逐渐增大、不均匀性增强，凝胶的透明度逐渐降低，变成不透明乳白色；当 C_t 低于 10 wt% 时，水凝胶内部网络可供交联的羧基数量少，交联密度低，无法成胶；当 C_t 高于 25 wt% 时，水凝胶网络交联密度过高，溶液黏度大，水凝胶呈乳白色且脆性高、易断裂。

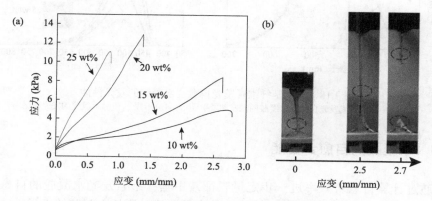

图 3.17　羧甲基纤维素发光自愈合水凝胶的力学性能
(a)羧甲基纤维素发光自愈合水凝胶的拉伸应力-应变曲线；(b)水凝胶的拉伸照片

因此，当 C_t 浓度处于 15 wt%～20 wt% 时，该水凝胶具有良好的力学性能。C_t 为 10 wt% 和 15 wt% 时，样品可以拉至原长的 2.5 倍以上；而 C_t 为 20 wt% 和 25 wt% 时，样品拉伸性能相对较低，只能拉伸至原长的 1.5 倍和 0.8 倍。当 C_t 从 10 wt% 逐渐增大到 25 wt% 时，水凝胶的拉伸强度从 5.08 kPa 逐渐增加至 12.9 kPa，杨氏模量从 3.0 kPa 增加至 16.8 kPa，但是，当 C_t 进一步增大至 25 wt%时，拉伸强度开始下降，拉伸应变从 2.8 逐渐降低至 0.86。随着 C_t 增大，羧甲基纤维素水凝胶内部的大分子链间交联位点增多，三维网络的交联密度增大，但网络变形能力减弱，所以该水凝胶的脆性高，易断裂。

3.4.4 水凝胶的发光性能

采用稳态光谱仪测量羧甲基纤维素发光自愈合水凝胶的光致发光性能。图 3.18（a）为羧甲基纤维素发光自愈合水凝胶的发光图谱。显著区别于白光环境下的浅黄色，该水凝胶在紫外环境下发出明显的蓝绿色荧光，发射峰和激发峰分别位于 483 nm 和 381 nm 处，与 PCAD 的发射峰和吸收峰相同，证明了两者具有相同的光致发光行为。伴随 C_t 的增大，水凝胶的透明度逐渐下降，荧光测试仪可接收的激发光子数减小，荧光发射强度减弱[图 3.18（b）]。

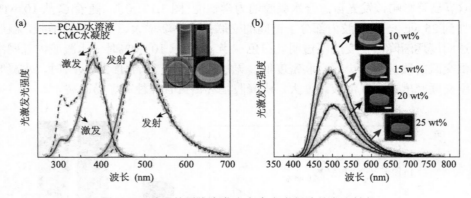

图 3.18 羧甲基纤维素发光自愈合水凝胶的发光性能
(a)羧甲基纤维素发光自愈合水凝胶的激发和发射图谱；(b)不同 C_t 值时水凝胶的发光图谱

3.4.5 水凝胶的自愈合性能

通过计算自愈合效率进一步定量表征羧甲基纤维素发光水凝胶的自愈合能力。自愈合效率（HE）是指愈合后水凝胶的力学性能与原始水凝胶的力学性能的比值。因此，断裂强度的自愈合效率（HE_s）是愈合后水凝胶样品的拉伸断裂强度（S_h）与原始水凝胶样品的拉伸断裂强度（S_i）的比值，即 $HE_s=S_h/S_i$，同样，伸长率的自愈合效率（HE_l）是指愈合后水凝胶样品的拉伸断裂伸长率（L_h）与原始水凝胶样品的拉伸断裂伸长率（L_i）的比值，即 $HE_l=L_h/L_i$。探究愈合时间对羧甲基纤维素发光自愈合水凝胶自愈合效率的影响，以 $C_t=15$ wt%的水凝胶为例，原始水凝胶的断裂强度和伸长率分别为 8.5 kPa 和 2.6，切开愈合 12 h 后的水凝胶样品的断裂强度和伸长率分别为 4.2 kPa 和 2.2，计算得到 HE_s 为 49.4%，HE_l 为 84.6%。当愈合时间延长至 24 h 后，愈合后水凝胶样品的断裂强度和伸长率分别为 7.8 kPa 和 2.5，与原始水凝胶的力学性能极为相近，计算得到 HE_s 为 91.8%，HE_l 为 96.2%[图 3.19(a)]。

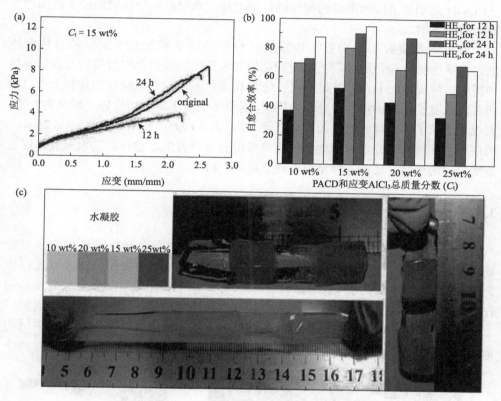

图 3.19　羧甲基纤维素发光水凝胶的自愈合性能

(a) 羧甲基纤维素发光水凝胶在不同时间愈合前和愈合后的应力-应变曲线；(b) 水凝胶断裂强度和断裂伸长率的自愈合效率；(c) 室温放置 24 h 后的自愈合水凝胶的拉伸性能

探究 C_t 值对羧甲基纤维素发光自愈合水凝胶自愈合效率的影响。从图 3.19(b)可以观察到，当 C_t 值为 15 wt%时，HE_s 和 HE_l 值均比 C_t 值为 10 wt%、20 wt%和25 wt%的值高。从水凝胶交联网络中分子链的动态行为和离子配位键的数量对水凝胶自愈合性能产生的影响进行分析。当 C_t 值较低时，Al^{3+} 交联剂较少，Al^{3+} 与羧甲基纤维素大分子链和 PCAD 上的羧基之间形成的离子配位键较少，导致水凝胶自愈合效率降低。当 C_t 太高时，虽然 Al^{3+} 与羧甲基纤维素大分子链和 PCAD 上羧基形成的离子配位键的数量增多，但大分子链的运动因为过高的交联密度而受阻，使断面间相互缠绕的大分子链的扩散速率降低，进而导致水凝胶的自愈合效率降低。因此，通过 C_t 值调节羧甲基纤维素水凝胶网络的离子配位键数量和大分子链的迁移速率，可调控水凝胶的自愈合效率。随着愈合时间的增加，不同 C_t 值（C_t = 15 wt%、20 wt%、25 wt%）水凝胶的断裂强度和断裂伸长率的自愈合效率（HE_s 和 HE_l）均明显提高，因为随着愈合时间的增加，羧甲基纤维素大分子链上的 —COOH 基团与 Al^{3+} 间形成的配位键数量增加，水凝胶断裂接触面分子链间相互缠绕的概率增大。

通过对水凝胶切片染色和拼接观察羧甲基纤维素发光水凝胶的自愈合性能，将罗丹明 B 染色的淡粉色水凝胶切片和未染色的浅黄色水凝胶切片在培养皿中拼接后静置 20 min，可以观察到罗丹明 B 染色的淡粉色水凝胶切片和未染色的浅黄色水凝胶切片拼接处的分界线模糊，两块半圆状水凝胶切片完全融合为一体，宏观上展示了该水凝胶优异的自愈合能力。C_t 为 10 wt%、15 wt%、20 wt%、25 wt% 的羧甲基纤维素发光水凝胶均表现出良好的自愈合性能，愈合后的水凝胶不仅能承受自身的质量，还能拉伸至原长的 2 倍[图 3.19(c)]。

3.4.6　水凝胶黏结和密封性能

除了自愈合性、可塑性、可拉伸性和发光性能之外，羧甲基纤维素水凝胶还具有优异的黏附性能，能够粘贴到玻璃、塑料和软组织表面，该水凝胶可作为密封剂和治疗胃穿孔的组织黏合剂。将羧甲基纤维素发光自愈合水凝胶粘贴在有洞的塑料管上[图 3.20(a)]，或者是作为封口膜缠绕在密封不严的玻璃瓶口上[图 3.20(b)]，均可快速阻止溶液泄漏，展示了该水凝胶在密封剂应用领域的潜力。

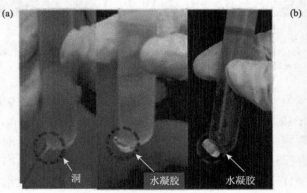

图 3.20　羧甲基纤维素发光自愈合水凝胶的应用

羧甲基纤维素发光自愈合水凝胶作为堵漏剂(a)和密封剂(b)的照片

为了开发该水凝胶在组织黏合剂领域的潜能，将黏附在新鲜猪胃壁表面的一块水凝胶用手术刀切成两部分，并浸泡在胃酸模拟液（pH=1.2，37℃）中，在无外界刺激的条件下静置 20 min 后，水凝胶可自愈合。此外，浸泡过水凝胶的胃酸模拟液仍为透明无色，在紫外灯下无荧光现象，表明 PCAD 并未扩散到胃酸模拟液中。愈合后的水凝胶仍牢固地附着在胃黏膜上，当向胃黏膜施加扭转应力时，愈合后的水凝胶随着胃的变形而变形但不会脱落，表明该水凝胶附加在胃壁上的黏附力足够承受组织形变［图 3.21（a）］。此外，在紫外光下可以监测到粘贴在胃壁上的羧甲基纤维素发光自愈合水凝胶的位置［图 3.21（b）］，有助于实现植入式水凝胶生物医学材料在体内的实时监测。上述结果表明，该发光自愈合水凝胶可以稳定存在于胃酸环境中，有望作为治疗胃穿孔的组织黏合剂。

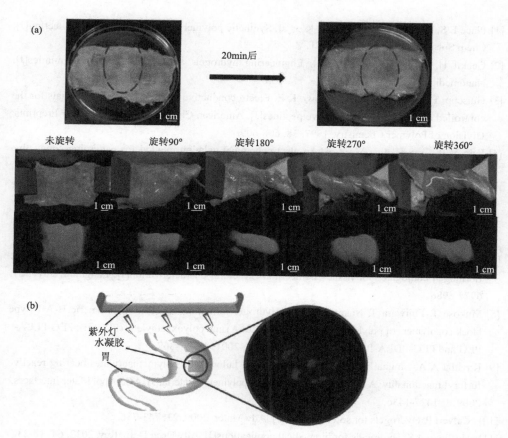

图 3.21　羧甲基纤维素发光自愈合水凝胶作为组织黏合剂
（a）将羧甲基纤维素发光自愈合水凝胶贴在猪胃黏膜表面，并将其浸泡在模拟胃酸的溶液（pH=1.2，37℃）中测试其稳定性，施加扭转力测试其黏附性和柔韧性；（b）在紫外灯下跟踪监测水凝胶的示意图和在胃组织上观测到的水凝胶发光图片

3.4.7　小结

　　本研究利用固相反应制备了具有优异发光性能、生物相容性好的柠檬酸类衍生物，以天然大分子羧甲基纤维素为水凝胶基体，Al^{3+}为交联剂，柠檬酸衍生物为光致发光体，利用 Al^{3+} 与羧甲基纤维素大分子链和柠檬酸衍生物上羧基间可逆的离子配位作用，制备得到羧甲基纤维素发光自愈合水凝胶。该发光水凝胶具有良好的自愈合性能、力学性能和黏附性能，可作为密封剂和组织黏合剂，在生物医学领域和材料工程等领域具有广泛的应用前景。

参 考 文 献

[1] Place E S, George J H, Williams C K, et al. Synthetic polymer scaffolds for tissue engineering[J]. Chem Soc Rev, 2009, 38: 1139-1151.

[2] Geckil H, Xu F, Zhang X, et al. Engineering hydrogels as extracellular matrix mimics[J]. Nanomedicine, 2010, 5: 469-484.

[3] Guiseppi Elie A, Wilson A M, Brown K E. Electroconductive hydrogels: Novel materials for the controlled electrorelease of bioactive peptides[J]. American Chemical Society, Polymer Preprints, Division of Polymer Chemistry, 1997, 38: 608-609.

[4] Feig V R, Tran H, Lee M, et al. An electrochemical gelation method for patterning conductive PEDOT: PSS hydrogels[J]. Adv Mate, 2019, 31: 1902869.

[5] Xu F, Wu C A, Rengarajan V, et al. Three-dimensional magnetic assembly of microscale hydrogels[J]. Adv Mater, 2011, 23: 4254-4260.

[6] Liu Y, Hsu S. Synthesis and biomedical applications of self-healing hydrogels[J]. Frontiers in Chemistry, 2018, 6: 449.

[7] Frisman I, Shachaf Y, Seliktar D, et al. Stimulus-responsive hydrogels made from biosynthetic fibrinogen conjugates for tissue engineering: Structural characterization[J]. Langmuir, 2011, 27: 6977-6986.

[8] Mukose T, Fujiwara T, Nakano J, et al. Hydrogel formation between enantiomeric B-A-B-type block copolymers of polylactides (PLLA or PDLA: A) and polyoxyethylene (PEG: B); PEG-PLLA-PEG and PEG-PDLA-PEG [J]. Macromol Biosci, 2004, 4: 361-367.

[9] Kavitha A A, Singha N K. "Click chemistry" in tailor-made polymethacrylates bearing reactive furfuryl functionality: A new class of self-healing polymeric material[J]. ACS Appl Mater Interfaces, 2009, 1: 1427-1436.

[10] Calvert P. Hydrogels for soft machines[J]. Adv Mater, 2009, 21: 743-756.

[11] Hoffman A S. Hydrogels for biomedical applications[J]. Adv Drug Deliv Rev, 2012, 64: 18-23.

[12] Slaughter B V, Khurshid S S, Fisher O Z, et al. Hydrogels in regenerative medicine[J]. Adv Mater, 2009, 21: 3307-3329.

[13] Vermonden T, Censi R, Hennink W E. Hydrogels for protein delivery[J]. Chem Rev, 2012, 112:

2853-2888.

[14] Heo Y J, Shibata H, Okitsu T, et al. Long-term *in vivo* glucose monitoring using fluorescent hydrogel fibers[J]. Proc Natl Acad Sci USA, 2011, 108: 13399-13403.

[15] 曾海波, 杨少安, 陈咏梅. 发光自愈合凝胶研究进展[J]. 科学通报, 2012, 57: 3014.

[16] Wang M X, Yang C H, Liu Z Q, et al. Tough photoluminescent hydrogels doped with lanthanide[J]. Macromol Rapid Commun, 2015, 36: 465-471.

[17] Qiao Y, Lin Y, Zhang S, et al. Lanthanide-containing photoluminescent materials: From hybrid hydrogel to inorganic nanotubes[J]. Chemistry, 2011, 17: 5180-5187.

[18] Liu F, Carlos L D, Ferreira R A, et al. Photoluminescent porous alginate hybrid materials containing lanthanide ions[J]. Biomacromolecules, 2008, 9: 1945-1950.

[19] Yang J, Zhang Y, Gautam S, et al. Development of aliphatic biodegradable photoluminescent polymers[J]. Proc Natl Acad Sci USA, 2009, 106: 10086-10091.

[20] Zhou G, Wong W Y, Suo S. Recent progress and current challenges in phosphorescent white organic light-emitting diodes (woleds)[J]. J Photochem Photobiol C, 2010, 11: 133-156.

[21] Sheridan C, Krishna Y, Williams R, et al. Transplantation in the treatment of age-related macular degeneration: Past, present and future directions[J]. Exp Rev Ophthalmol, 2007, 2: 497-511.

[22] Singh S, Woerly S, McLaughlin B J. Natural and artificial substrates for retinal pigment epithelial monolayer transplantation[J]. Biomaterials, 2001, 22: 3337-3343.

[23] Nagata I, Okamoto Y. Investigation on ion binding in synthetic polyelectrolyte solutions using rare earth metal fluorescence probes[J]. Macromolecules, 1983, 16: 749-753.

[24] Gong J P, Katsuyama Y, Kurokawa T, et al. Double-network hydrogels with extremely high mechanical strength[J]. Adv Mater, 2003, 15: 1155-1158.

[25] Liang S, Yu Q M, Yin H, et al. Ultrathin tough double network hydrogels showing adjustable muscle-like isometric force generation triggered by solvent[J]. Chem Commun, 2009: 7518-7520.

[26] Chen Y M, Gong J P, Tanaka M, et al. Tuning of cell proliferation on tough gels by critical charge effect[J]. J Biomed Mater Res A, 2009, 88: 74-83.

[27] Tamesue S, Ohtani M, Yamada K, et al. Linear versus dendritic molecular binders for hydrogel network formation with clay nanosheets: Studies with aba triblock copolyethers carrying guanidinium ion pendants[J]. J Am Chem Soc, 2013, 135: 15650-15655.

[28] Wu C J, Gaharwar A K, Chan B K, et al. Mechanically tough pluronic F127/laponite nanocomposite hydrogels from covalently and physically cross-linked networks[J]. Macromolecules, 2011, 44: 8215-8224.

[29] Xia L W, Xie R, Ju X J, et al. Nano-structured smart hydrogels with rapid response and high elasticity[J]. Nat Commun, 2013, 4: 2226.

[30] Sun J Y, Zhao X, Illeperuma W R, et al. Highly stretchable and tough hydrogels[J]. Nature, 2012, 489: 133-136.

[31] Yang C H, Wang M X, Haider H, et al. Strengthening alginate/polyacrylamide hydrogels using various multivalent cations[J]. ACS Appl Mater Interfaces, 2013, 5: 10418-10422.

[32] Sakai T, Akagi Y, Matsunaga T, et al. Highly elastic and deformable hydrogel formed from

tetra-arm polymers[J]. Macromol Rapid Commun, 2010, 31: 1954-1959.

[33] Kamata H, Akagi Y, Kayasuga Kariya Y, et al. "Nonswellable" hydrogel without mechanical hysteresis[J]. Science, 2014, 343: 873-875.

[34] Yadav R S, Dutta R K, Kumar M, et al. Improved color purity in nano-size Eu^{3+}-doped YBO_3 red phosphor[J]. J Lumin, 2009, 129: 1078-1082.

[35] Carlos L D, Messaddeq Y, Brito H F, et al. Full-color phosphors from europium (Ⅲ)‐based organosilicates[J]. Adv Mate, 2000, 12: 594-598.

[36] Smirnov V A, Sukhadolski G A, Philippova O E, et al. Use of luminescence of europium ions for the study of the interaction of polyelectrolyte hydrogels with multivalent cations[J]. J Phys Chem B, 1999, 103: 7621-7626.

[37] Keshavarz M, Tan B, Venkatakrishnan K. Multiplex photoluminescent silicon nanoprobe for diagnostic bioimaging and intracellular analysis[J]. Adv Sci, 2018, 5: 1700548.

[38] Wei Z, Yang J H, Zhou J, et al. Self-healing gels based on constitutional dynamic chemistry and their potential applications[J]. Chem Soc Rev, 2014, 43: 8114-8131.

[39] Venkatesh V, Kumaran M D B, Saravanan R K, et al. Luminescent silver-purine double helicate: synthesis, self-assembly and antibacterial action[J]. Chem Plus Chem, 2016, 81: 1266-1271.

[40] Fan D, Fei X, Tian J, et al. Synthesis and investigation of a novel luminous hydrogel[J]. Polym Chem, 2016, 7: 3766-3772.

[41] Zhang C, Liu C, Xue X, et al. Salt-responsive self-assembly of luminescent hydrogel with intrinsic gelation-enhanced emission[J]. ACS Appl Mater Interfaces, 2014, 6: 757-762.

[42] Kharlampieva E, Kozlovskaya V, Zavgorodnya O, et al. pH-responsive photoluminescent LBL hydrogels with confined quantum dots[J]. Soft Matter, 2010, 6: 800-807.

[43] Qin X, Zhao F, Liu Y, et al. Frontal photopolymerization synthesis of multilayer hydrogels with high mechanical strength[J]. Eur polym J, 2011, 47: 1903-1911.

[44] Jiang Y, Yang X, Ma C, et al. Photoluminescent smart hydrogels with reversible and linear thermoresponses[J]. Small, 2010, 6: 2673-2677.

[45] Hong W, Chen Y, Feng X, et al. Full-color CO_2 gas sensing by an inverse opal photonic hydrogel[J]. Chem Commun, 2013, 49: 8229-8231.

[46] Medintz I L, Uyeda H T, Goldman E R, et al. Quantum dot bioconjugates for imaging, labelling and sensing[J]. Nat Mater, 2005, 4: 435-446.

[47] Chang C, Peng J, Zhang L, et al. Strongly fluorescent hydrogels with quantum dots embedded in cellulose matrices[J]. J Mater Chem, 2009, 19: 7771-7776.

[48] Marpu S, Hu Z, Omary M A. Brightly phosphorescent, environmentally responsive hydrogels containing a water-soluble three-coordinate gold(Ⅰ)complex[J]. Langmuir, 2010, 26: 15523-15531.

[49] Li Z, Wei Z, Xu F, et al. Novel phosphorescent hydrogels based on an Ir(Ⅲ) metal complex[J]. Macromol Rapid Commun, 2012, 33: 1191-1196.

[50] Chen B, Lu J J, Yang C H, et al. Highly stretchable and transparent ionogels as nonvolatile conductors for dielectric elastomer transducers[J]. ACS Appl Mater Interfaces, 2014, 6: 7840-7845.

[51] Guiseppi Elie A. Electroconductive hydrogels: Synthesis, characterization and biomedical

applications[J]. Biomaterials, 2010, 31: 2701-2716.

[52] Kotanen C N, Wilson A N, Dong C, et al. The effect of the physicochemical properties of bioactive electroconductive hydrogels on the growth and proliferation of attachment dependent cells[J]. Biomaterials, 2013, 34: 6318-6327.

[53] Algar W R, Wegner D, Huston A L, et al. Quantum dots as simultaneous acceptors and donors in time-gated forster resonance energy transfer relays: Characterization and biosensing[J]. J Am Chem Soc, 2012, 134: 1876-1891.

[54] Park W, Kim M J, Choe Y, et al. Highly photoluminescent superparamagnetic silica composites for on-site biosensors[J]. J Mater Chem B, 2014, 2: 1938-1944.

[55] Gong J P. Materials both tough and soft[J]. Science, 2014, 344: 161-162.

[56] Dong R, Zhao X, Guo B, et al. Self-healing conductive injectable hydrogels with antibacterial activity as cell delivery carrier for cardiac cell therapy[J]. ACS Appl Mater Interfaces, 2016, 8: 17138-17150.

[57] Guo J, Wang W, Hu J, et al. Synthesis and characterization of anti-bacterial and anti-fungal citrate-based mussel-inspired bioadhesives[J]. Biomaterials, 2016, 85: 204-217.

[58] Cayuela A, Kennedy S R, Soriano M L, et al. Fluorescent carbon dot-molecular salt hydrogels[J]. Chem Sci, 2015, 6: 6139-6146.

[59] Wang Z, Fan X, He M, et al. Construction of cellulose-phosphor hybrid hydrogels and their application for bioimaging[J]. J Mater Chem B, 2014, 2: 7559-7566.

[60] Phadke A, Zhang C, Arman B, et al. Rapid self-healing hydrogels[J]. Proc Natl Acad Sci USA, 2012, 109: 4383-4388.

[61] Li L, Yan B, Yang J, et al. Novel mussel-inspired injectable self-healing hydrogel with anti-biofouling property[J]. Adv Mater, 2015, 27: 1294-1299.

[62] Ghobril C, Charoen K, Rodriguez E K, et al. A dendritic thioester hydrogel based on thiol-thioester exchange as a dissolvable sealant system for wound closure[J]. Angew Chem Int Ed, 2013, 52: 14070-14074.

[63] Canadell J, Goossens H, Klumperman B. Self-healing materials based on disulfide links[J]. Macromolecules, 2011, 44: 2536-2541.

[64] Cui J, Campo A. Multivalent h-bonds for self-healing hydrogels[J]. Chem Commun, 2012, 48: 9302-9304.

[65] Liu J, Song G, He C, et al Self-healing in tough graphene oxide composite hydrogels[J]. Macromol Rapid Commun, 2013, 34: 1002-1007.

[66] Zhang H, Xia H, Zhao Y. Poly(vinyl alcohol) hydrogel can autonomously self-heal[J]. ACS Macro Lett, 2012, 1: 1233-1236.

[67] Chen Q, Zhu L, Chen H, et al. A novel design strategy for fully physically linked double network hydrogels with tough, fatigue resistant, and self-healing properties[J]. Adv Funct Mater, 2015, 25: 1598-1607.

[68] Tuncaboylu D C, Sahin M, Argun A, et al. Dynamics and large strain behavior of self-healing hydrogels with and without surfactants[J]. Macromolecules, 2012, 45: 1991-2000.

[69] Krogsgaard M, Behrens M A, Pedersen J S, et al. Self-healing mussel-inspired

multi-pH-responsive hydrogels[J]. Biomacromolecules, 2013, 14: 297-301.

[70] Wei Z, He J, Liang T, et al. Autonomous self-healing of poly(acrylic acid) hydrogels induced by the migration of ferric ions[J]. Polym Chem, 2013, 4: 4601-4605.

[71] Bai T, Liu S, Sun F, et al. Zwitterionic fusion in hydrogels and spontaneous and time-independent self-healing under physiological conditions[J]. Biomaterials, 2014, 35: 3926-3933.

[72] Kakuta T, Takashima Y, Nakahata M, et al. Preorganized hydrogel: Self-healing properties of supramolecular hydrogels formed by polymerization of host-guest-monomers that contain cyclodextrins and hydrophobic guest groups[J]. Adv Mater, 2013, 25: 2849-2853.

[73] Nakahata M, Takashima Y, Yamaguchi H, et al. Redox-responsive self-healing materials formed from host-guest polymers[J]. Nat Commun, 2011, 2: 511.

[74] Zhang M, Xu D, Yan X, et al. Self-healing supramolecular gels formed by crown ether based host-guest interactions[J]. Angew Chem Int Ed, 2012, 51: 7011-7015.

[75] Jay J I, Langheinrich K, Hanson M C, et al. Unequal stoichiometry between crosslinking moieties affects the properties of transient networks formed by dynamic covalent crosslinks[J]. Soft Matter, 2011, 7: 5826-5835.

[76] Roberts M C, Hanson M C, Massey A P, et al. Dynamically restructuring hydrogel networks formed with reversible covalent crosslinks[J]. Adv Mater, 2007, 19: 2503-2507.

[77] Roberts M C, Mahalingam A, Hanson M C, et al. Chemorheology of phenylboronate-salicylhydroxamate cross-linked hydrogel networks with a sulfonated polymer backbone[J]. Macromolecules, 2008, 41: 8832-8840.

[78] Ogushi Y, Sakai S, Kawakami K. Synthesis of enzymatically-gellable carboxymethylcellulose for biomedical applications[J]. J Biosci Bioeng, 2007, 104: 30-33.

[79] Yang B, Zhang Y, Zhang X, et al. Facilely prepared inexpensive and biocompatible self-healing hydrogel: A new injectable cell therapy carrier[J]. Polym Chem, 2012, 3: 3235-3238.

[80] Zhang Y, Yang B, Zhang X, et al. A magnetic self-healing hydrogel[J]. Chem Commun, 2012, 48: 9305-9307.

[81] Deng G, Li F, Yu H, et al. Dynamic hydrogels with an environmental adaptive self-healing ability and dual responsive sol-gel transitions[J]. ACS Macro Lett, 2012, 1: 275-279.

[82] Deng G, Tang C, Li F, et al. Covalent cross-linked polymer gels with reversible sol-gel transition and self-healing properties[J]. Macromolecules, 2010, 43: 1191-1194.

[83] Liu F, Li F, Deng G, et al. Rheological images of dynamic covalent polymer networks and mechanisms behind mechanical and self-healing properties[J]. Macromolecules, 2012, 45: 1636-1645.

[84] Wei Z, Yang J H, Liu Z Q, et al. Novel biocompatible polysaccharide-based self-healing hydrogel[J]. Adv Funct Mater, 2015, 25: 1352-1359.

[85] Yoon J A, Kamada J, Koynov K, et al. Self-healing polymer films based on thiol-disulfide exchange reactions and self-healing kinetics measured using atomic force microscopy[J]. Macromolecules, 2012, 45: 142-149.

[86] Reza A T, Nicoll S B. Characterization of novel photocrosslinked carboxymethylcellulose

hydrogels for encapsulation of nucleus pulposus cells[J]. Acta Biomater, 2010, 6: 179-186.

[87] Chang C, Zhang L. Cellulose-based hydrogels: Present status and application prospects[J]. Carbohydr Polym, 2011, 84: 40-53.

[88] Orelma H, Teerinen T, Johansson L S, et al. CMC-modified cellulose biointerface for antibody conjugation[J]. Biomacromolecules, 2012, 13: 1051-1058.

[89] Li D, Ye Y, Li D, et al. Biological properties of dialdehyde carboxymethyl cellulose crosslinked gelatin-PEG composite hydrogel fibers for wound dressings[J]. Carbohydr polym, 2016, 137: 508-514.

[90] Yang S, Fu S, Liu H, et al. Hydrogel beads based on carboxymethyl cellulose for removal heavy metal ions[J]. J Appl Polym Sci, 2011, 119: 1204-1210.

第 4 章　高强度水凝胶及柔性器件

4.1　基于配位/化学作用交联的高强度水凝胶

4.1.1　引言

优异的力学性能是推动水凝胶广泛应用的前提条件，然而，大多数水凝胶强度低、韧性差，极大地限制了应用范围。为了进一步拓展水凝胶在高力学性能要求领域中的应用，如人工软骨、软机器和柔性器件等，提高水凝胶承受反复形变的能力，增强断裂强度、韧性、能量耗散、可回复性、抗疲劳等机械性能亟待解决。

水凝胶力学性能的强化策略与机理，如双网络结构、拓扑结构、自组装、疏水缔合、纳米增强、高分子链结晶等不断发展[1-7]。相比于化学交联网络，基于离子交联的动态物理网络在受到外力时能更有效地耗散能量。因此，基于配位/化学复合交联的水凝胶表现出优异的机械性能。例如，由钙离子交联的海藻酸(Ca-alginate)和化学交联的聚丙烯酰胺(PAAm)构成的 Ca-alginate/PAAm 水凝胶表现出优异的力学性能[8,9]。该水凝胶通过一步法制备而成，即将海藻酸钠、高分子单体、交联剂、引发剂、低溶解度盐(如 $CaSO_4$ 等)在水溶液中混合均匀，引发自由基聚合成胶，形成化学交联网络，与此同时，二价钙离子(Ca^{2+})与海藻酸钠高分子链之间发生配位作用，形成物理交联网络。然而，低溶解度盐解离出来的二价离子数量有限，无法满足海藻酸钠大分子链上丰富羧酸根的配位需求，因此，难以充分发挥该复合水凝胶力学性能的强化潜能。此外，若使用高溶解度盐，如 $CaCl_2$、$BaCl_2$ 和 $AlCl_3$ 等，海藻酸钠大分子易与快速解离的多价离子发生配位作用，迅速交联，造成水凝胶三维网络结构不均匀，导致水凝胶力学性能减弱。针对上述问题，"后交联法"制备配位/化学作用复合交联水凝胶的增强策略可实现不同种类的高价阳离子均匀交联海藻酸钠大分子，从而达到增强复合水凝胶力学性能的目的。该体系中高价离子配位与化学交联网络协同增强，有效耗散能量，显著提高水凝胶的机械性能。

4.1.2　离子交联水凝胶网络结构及凝胶化机理

水凝胶网络结构的均匀性是保证优异力学性能的基础，基于先化学交联、后物理交联的"后交联法"制备水凝胶的优势在于采用浸泡方式形成的配位键可均匀交联海藻酸大分子，与化学交联发挥协同增强作用，进而有效提高水凝胶的力学性能。图 4.1(a)是"后交联法"制备高强度水凝胶的流程示意图。首先制备 Na-alginate/PAAm 水凝胶前驱体，即将海藻酸钠大分子粉末和丙烯酰胺单体按照一定质量比溶解在去离子水中，将交联剂 N, N'-亚甲基双丙烯酰胺(MBAA)、热引发剂过硫酸铵(APS)和促进剂四甲基乙二胺(TEMED)按一定比例依次溶解在上述溶液中，将混合均匀的溶液倒入玻璃模具中，自由基引发聚合得到 Na-alginate/PAAm 水凝胶前驱体。其中未被交联的 Na-alginate 大分子被均匀分散、贯穿于化学交联的 PAAm 网络中。海藻酸钠是线性大分子，含有 α-L-古洛糖醛酸(G 单元)和 β-D-甘露糖醛酸(M 单元)两种重复单元，海藻酸钠大分子可以被多价阳离子交联形成物理交联网络结构[10-12]。将上一步制备得到的 Na-alginate/PAAm 水凝胶前驱体浸泡在二价或三价阳离子水溶液中，如钙离子(Ca^{2+})、锶离子(Sr^{2+})、钡离子(Ba^{2+})、铝离子(Al^{3+})、铁离子(Fe^{3+})等，可制备得到高价阳离子化学交联的复合水凝胶。在浸泡过程中，高价阳离子在外部浸泡溶液与水凝胶内部离子浓度差的驱动下，从溶液扩散进入水凝胶内部，与海藻酸钠大分子链上的羧酸根基团相互作用形成物理交联网络结构，最终得到基于配位/化学作用交联的高强度水凝胶。高价阳离子在水凝胶前驱体中扩散所需时间可由式(4.1)计算得到。

$$t = \frac{4}{\pi^2} \frac{H^2}{D} \tag{4.1}$$

其中，H 是水凝胶厚度的一半(双面扩散)；D 是离子在水中的扩散系数。例如，对于 Ca^{2+} 而言，由于水凝胶网络尺寸远大于离子直径(小于 1 nm)，因此，可以假设离子在水凝胶中的扩散系数与在水溶液中的扩散系数相同，约为 10^{-9} m²/s。由式(4.1)可以看出，试样越厚，所需浸泡时间越长。当水凝胶前驱体厚度为 2 mm时，离子从试样表面扩散到中心所需要的时间约为 0.1 h。考虑到离子扩散的完全性与均匀性，延长浸泡时间，以便保证离子充分扩散进入水凝胶前驱体中，有效交联海藻酸钠大分子。不同高价阳离子交联制备的水凝胶如图 4.1(b)所示。水凝胶的高度透明性表明网络结构的均匀性，其中，Fe^{3+} 导致 Fe-alginate/PAAm 水凝胶呈现黄褐色。在该"后交联法"策略的第一步，Na-alginate/PAAm 水凝胶前驱体中自由运动的海藻酸钠大分子均匀地分散在化学交联的 PAAm 三维网络中，在第二步浸泡过程中，高价阳离子从外部溶液扩散到水凝胶前驱体内部，逐渐与海藻酸大分子链上的羧酸根基团相互作用，形成均匀的物理交联网络，有效提高水凝胶的综合力学性能。然而，采用一步法和高溶解度盐制备水凝胶时，高价阳离子与海藻酸大分子迅速交联，难以保证物理交联网络的均匀性，从而导致水凝胶力学性能下降。

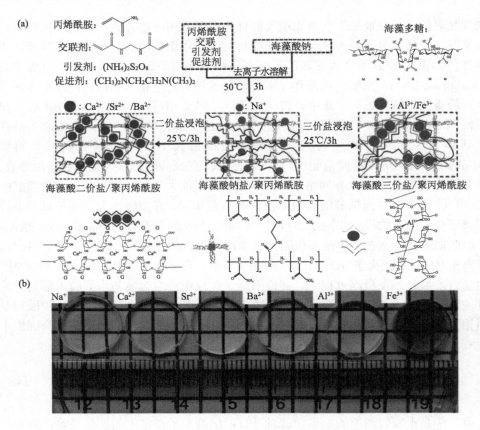

图 4.1　"后交联法"制备高强度 alginate/PAAm 水凝胶
(a)成胶示意图；(b)水凝胶试样照片

4.1.3　离子种类对水凝胶力学性能的影响

在组织工程和生物医疗领域中，由 Ca^{2+}、Sr^{2+}、Ba^{2+} 或 Al^{3+} 交联的海藻酸水凝胶已被广泛用于细胞三维包埋、药物缓释等方面[13,14]，其中不同种类的高价态阳离子对海藻酸大分子的交联具有很强的选择性[9]。例如，Ca^{2+} 易与 GG 单元和 GM 单元相互作用，Ba^{2+} 更倾向与 GG 单元和 MM 单元相互作用，而 Sr^{2+} 只与 GG 单元相互作用，这种选择性与离子半径和价态相关，进而影响交联后水凝胶的力学性能[10]。

高价阳离子种类也显著影响 alginate/PAAm 水凝胶的力学性能。如图 4.2 所示，相比于一价 Na^+ 和二价 Ca^{2+}、Sr^{2+}、Ba^{2+}，三价阳离子（Fe^{3+}、Al^{3+}）交联的水凝胶力学性能（断裂强度和弹性模量）均有显著提高。当阳离子的价态相同时，离子半径越大，交联网络越致密，水凝胶的力学强度则越高。例如，Al^{3+} 和 Fe^{3+} 交联水凝胶的断裂强度平均值分别高达 939.1 kPa 和 942.5 kPa[图 4.2(a)]，杨氏模量分别高达 169.0 kPa 和 252.2 kPa[图 4.2(b)]。由于一价阳离子(Na^+)不能交联海藻酸钠网络，相应的水凝胶力学强度最低，Na-alginate/PAAm 水凝胶前驱体的断裂强度和杨氏模量仅为 116.2 kPa 和 3.8 kPa。

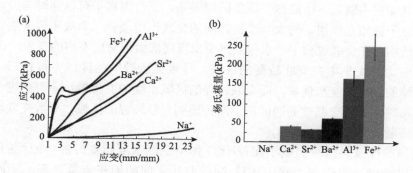

图 4.2 一价(Na^+)、二价(Ca^{2+}、Sr^{2+}、Ba^{2+})和三价(Al^{3+}、Fe^{3+})阳离子交联
alginate/PAAm 水凝胶
(a)应力-应变曲线；(b)杨氏模量

海藻酸钠水凝胶的力学强度取决于多价阳离子与海藻酸钠大分子链上不同比例的 GM、MM 和 GG 单元之间的相互作用。分子动力学与 ^{13}C 核磁共振研究均表明，多价阳离子的价态和离子半径均影响与海藻酸钠大分子链之间的相互作用，其中价态的影响更为显著[10]。二价阳离子与海藻酸钠大分子链间的相互作用遵循 "egg-box" 模型。在该模型中，二价阳离子与两条海藻酸钠大分子链上的羧酸根基团产生库仑力，其与电荷的距离平方成反比；重复单元间组成具有螯合结构 "egg-box" 模型，中间的腔体被二价阳离子占据，形成二维结构相互作用[15]。当二价阳离子的离子半径增大时，其在 "egg-box" 中占据的空间增大，与海藻酸钠大分子间的库仑力增大，交联作用增强，从而提高水凝胶的力学强度。上述理论解释与实验测试相吻合，由于 Ba^{2+} 的离子半径 1.35 Å 比 Ca^{2+} 的离子半径 1.0 Å 大[15]，因此 Ba^{2+} 交联水凝胶比 Ca^{2+} 交联水凝胶力学强度高。与二价阳离子相比，三价阳离子可以同时与三条海藻酸钠大分子链相互作用，产生更强的交联作用。因此，尽管 Al^{3+}(0.051 Å)和 Fe^{3+}(0.064 Å)的离子半径比二价阳离子 Ca^{2+}(1.0 Å)、Sr^{2+}(0.127 Å)和 Ba^{2+}(1.35 Å)的离子半径小，但对应水凝胶的力学强度显著提高。

进一步分析图 4.2(a)的应力-应变曲线发现，三价阳离子(Al^{3+}、Fe^{3+})交联水凝胶被拉伸至约 3 倍时，样品出现明显的屈服现象，离子半径较大的 Ba^{2+} 交联的水凝胶在拉伸约 7 倍时出现较弱的屈服现象，然而，离子半径较小的二价阳离子（Ca^{2+}和 Sr^{2+}）交联的水凝胶并未出现屈服现象。当出现屈服现象时，水凝胶应力在屈服点出现峰值，然后略微降低。以 Al^{3+}交联的 Al-alginate/PAAm 水凝胶为例，在初始变形较小的阶段，样品均匀变形，试样的截面尺寸随着拉伸增大而均匀减小。然而，在达到屈服点后出现颈缩，继续保持拉伸变形，颈缩区域逐渐扩大，但试样并非发生断裂。造成这一现象的原因是，三价阳离子可以同时与多条海藻酸钠大分子链相互作用，与大分子链之间的交联作用较强，形成了致密的三维交联网络结构。在交联过程中，水凝胶难免出现局部微观交联不均的现象，在拉伸初期，应力首先集中在交联较弱的区域，导致交联较弱的区域先被拉开，出现局部颈缩的非均匀变形现象，而交联较强的区域承受的变形较小，直到进一步发生大变形时，力从交联较弱的区域逐渐传递到交联较强的区域，导致交联较强的区域被逐渐破坏。

　　优异的能量耗散机制赋予配位/化学作用交联水凝胶良好的机械性能，能量耗散可以通过计算迟滞曲线中加载-卸载曲线之间的面积定量表征。不同种类离子交联 alginate/PAAm 水凝胶的迟滞曲线如图 4.3 所示。可以看出，Na-alginate/PAAm 水凝胶具有微量的能量耗散，相比于化学交联 PAAm 弹性网络，该样品中海藻酸钠大分子链间相互缠绕分散在 PAAm 水凝胶网络中，在拉伸过程中，解开海藻酸钠大分子链之间的缠绕起到能量耗散作用。高价阳离子交联 alginate/PAAm 水凝胶表现出明显的能量耗散现象，这是海藻酸钠大分子链之间紧密交联的破坏和大分子链缠绕解除间的协同作用，其中前者起主要作用。对于多价阳离子交联的水凝胶，当卸载前试样的拉伸率为 800%时，Ca-alginate/PAAm、Sr-alginate/PAAm、Ba-alginate/PAAm、Al-alginate/PAAm、Fe-alginate/PAAm 的耗散能量呈逐渐增长的趋势，分别为 588.1 kJ/m³、784.2 kJ/m³、1231.8 kJ/m³、2107.1 kJ/m³ 和 2159.4 kJ/m³。该结果表明不同种类多价阳离子交联的 alginate/PAAm 水凝胶耗散能量的变化规律与前述力学拉伸性能的规律一致，在价态相同时，离子半径越大，水凝胶耗散能量的能力越强，三价阳离子交联水凝胶比二价阳离子交联水凝胶具有更强的能量耗散。海藻酸钠大分子链在多价阳离子的作用下交联，形成了类似于拉链的结构，在拉伸载荷的作用下，破坏海藻酸钠大分子链与高价阳离子之间的相互作用需外力做功，从而产生能量耗散。由于高价离子交联海藻酸钠网络是可逆动态物理交联网络，大分子链与高价阳离子之间的相互作用被破坏后，在一定条件下具有可回复性能。高价阳离子交联 alginate/PAAm 水凝胶优异的能量耗散性能，除源于配位交联点之外，海藻酸钠大分子链缠绕与化学交联 PAAm 网络也起到了协同作用。

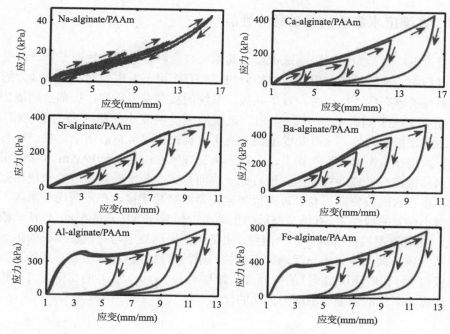

图 4.3　一价（Na$^+$）、二价（Ca^{2+}、Sr^{2+}、Ba^{2+}）和三价（Al^{3+}、Fe^{3+}）离子交联
alginate/PAAm 水凝胶的迟滞曲线

　　上述结果说明"后交联法"制备的多价阳离子交联 alginate/PAAm 水凝胶具有优异的机械性能，气球充气实验进一步展示了该水凝胶优异的延展性和韧性。如图 4.4 所示，将一片 Ca-alginate/PAAm 水凝胶覆盖于塑料导管一端，然后在另一端通过气泵充气。在该充气过程中，水凝胶不断膨胀，形成透明的水凝胶气球。水凝胶膨胀时变形不均匀，在水凝胶气球的顶端产生最大形变，厚度最小，展示了优异的延展性能。用手握住的密封处，在承受握力避免漏气的情况下，水凝胶虽然被严重挤压、折叠，但并未发生破裂，展示出优异的机械性能。

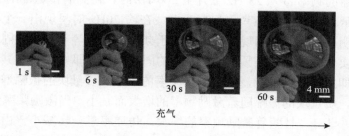

图 4.4　水凝胶充气实验

4.1.4 高强度水凝胶的振动缓冲性能

受迫振动实验通常用来测试橡胶或其他聚合物材料的缓冲性能[16,17]。在受迫振动过程中，振动系统在周期性的外力(驱动力)作用下发生振动，当驱动力的频率与系统的固有频率接近时，发生共振，系统的振动变得剧烈，振幅急剧增加。当激励频率大于固有频率的 $\sqrt{2}$ 倍时，系统的振动幅度小于驱动力的振动幅度，从而达到减振的目的。水凝胶受迫振动的实验装置如图 4.5(a)所示，将一块有机玻璃板固定在激振器的振动棒上，再将一块长方体 Ca-alginate/PAAm 水凝胶用强力胶水粘接在有机玻璃板表面，最后把一块面积大小与水凝胶相近的铁块用强力胶水粘接在水凝胶表面。有机玻璃板与激振器直接相连接，在不考虑胶水等因素引入微小误差的前提下，有机玻璃板的振动可近似看作激振器的振动(包括振幅和频率)，因此水凝胶可等效为一个阻尼。质量块的振动频率与有机玻璃板的振动频率保持一致，振幅的大小与激励频率相关。用两台红外位移传感器分别测量有机玻璃板(1 号)和质量块(2 号)的振幅，分别为 A_1 和 A_2，A_2 与 A_1 的比值定义为传递率，即振动系统的振幅与驱动力振幅的比值。

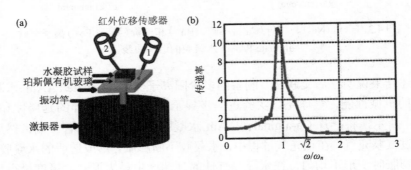

图 4.5　受迫振动实验
(a)装置示意图；(b)幅频响应曲线

当激振器的频率 ω 从 25 Hz 上升至 200 Hz 时，得到的传递率-激励频率曲线如图 4.6 所示。首先，传递率-激励频率曲线在约 70Hz 时呈现出一个非常明显的共振峰，说明在该频率下出现了共振。由于共振频率约等于系统的固有频率，因此，可以由实验测试的共振频率获得系统的固有频率，即 70 Hz。其次，在初始低频区域，即共振峰的左侧，随着激励频率的增大，质量块的振幅增大，而在共振峰的右侧，质量块的振幅随着激励频率的增大而减小。当激励频率约为 100 Hz 时，传递率小于 1，且随着激励频率的增大，传递率进一步减小。由振动理论可知，当激励频率大于振动系统固有频率的 $\sqrt{2}$ 倍时，传递率小于 1，即达到减振目的。由于在实验中很难直接捕捉到传递率恰好等于 1 时的激励频率，因此采用线

性插值的方法近似确定系统的固有频率。在传递率-激励频率曲线上取传递率等于
1 时的临近两点，其中一点为(85，3.888)，另一点为(100，0.86)。设激励频率等
于系统固有频率时的坐标点为(x，1)，则由线性插值可得式(4.2)：

$$\frac{3.888-1}{85-x}=\frac{1-0.86}{x-100} \tag{4.2}$$

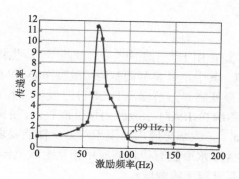

图 4.6　受迫振动的传递率-激励频率曲线

由式(4.2)计算可得 x 约等于 99。在水凝胶减振系统中，水凝胶开始起到减振
作用时的频率约为固有频率的 $\sqrt{2}$ 倍，即 70 Hz，与实验测得的共振峰处的激励频
率一致。

以 70 Hz 作为水凝胶振动系统的固有频率，将传递率-激励频率曲线中的横坐
标除以 70，即可得到幅频响应曲线[图 4.5(b)]。这是一个典型的振动系统受迫振
动实验，结果表明高价阳离子交联高强度 alginate/PAAm 水凝胶具有作为振动缓
冲材料的应用潜力。

4.1.5　小结

通过"后交联法"制备得到高价阳离子交联高强度水凝胶，改变多价阳离子
的价态和离子半径，可显著调节水凝胶的力学性能。在阳离子的价态(二价)相同
时，半径越大，水凝胶的力学强度越高。其内在机理为：半径越大的阳离子与海
藻酸钠大分子链上羧酸根基团的负电中心之间的距离越近，两者之间的配位作用
越强，从而增强交联效率，提升水凝胶的力学性能。相比于离子半径，阳离子的
价态对水凝胶力学强度的影响更加显著。其中，三价阳离子在三维空间上可同时
与多条海藻酸钠大分子链相互作用，而二价阳离子最多只能同时与两条海藻酸钠
大分子链相互作用，因此，与二价阳离子相比，三价阳离子交联的水凝胶具有更
紧密的三维交联网络结构，从而更显著提高力学性能。基于该方法，在水中稳定

存在的高价阳离子有望实现力学性能优异水凝胶的设计与制备。充气实验和受迫振动实验展示了水凝胶优异的延展性、韧性和振动缓冲性能，其优异的能量耗散可有效抵抗载荷冲击，有望在特殊应用场合充当缓冲材料。

4.2　高强度温敏水凝胶及柔性驱动器

4.2.1　引言

温敏智能水凝胶广泛应用于人工肌肉[18,19]、载药[20,21]、生物组织工程[22,23]、传感器及驱动器[24,25]等领域。其中，聚 N-异丙基丙烯酰胺[poly（N-isopropylacrylamide），PNIPAM]水凝胶可在最低临界溶解温度（LCST）时发生体积相转变，是一类典型的温敏水凝胶。但是，传统 PNIPAM 水凝胶力学性能较弱，杨氏模量约为 10 kPa[26]，断裂强度仅约为 5 kPa[27]，大部分应用局限于对力学性能要求较低的领域。因此，设计制备高强度 PNIPAM 水凝胶有望将其应用拓宽至软机器人、柔性驱动器等对水凝胶材料力学性能要求较高的领域。

受高强度 alginate/PAAm 水凝胶的启发[8,28]，利用"后交联法"将离子配位交联海藻酸钠网络与化学交联 PNIPAM 网络互穿，发展了一种简便制备高强度温敏水凝胶的方法（图 4.7）。首先，将 NIPAM 单体、海藻酸钠大分子、光引发剂（α-酮戊二

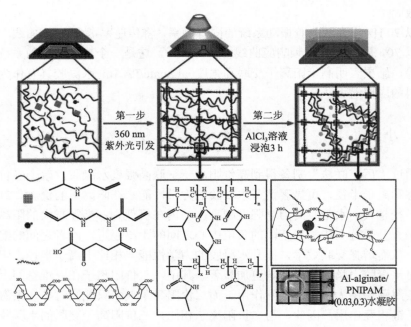

图 4.7　Al-alginate/PNIPAM 水凝胶的制备过程与网络结构示意图

酸)、交联剂(MBAA)按一定比例溶解在去离子水中,将上述溶液倒入模具中,在紫外光下引发聚合,得到 Na-alginate/PNIPAM 水凝胶前驱体。然后,将该水凝胶前驱体浸泡在一定浓度的 AlCl₃ 溶液中,在该过程中,Al^{3+} 将前驱体中的 Na^+ 置换出来,并与海藻酸大分子链发生交联,得到 Al-alginate/PNIPAM 水凝胶。与纯 PNIPAM 或者 Na-alginate/PNIPAM 水凝胶相比,Al^{3+}交联 Al-alginate/PNIPAM 水凝胶的力学强度和杨氏模量均可提高一个数量级。改变 AlCl₃ 浓度可实现水凝胶 LCST 在 22.5~32℃范围内的调节。此外,设计制备由(Na-alginate/PNIPAM)/(Al-alginate/PNIPAM)水凝胶构筑的双层悬臂梁和柔性机械手结构,在较低温度驱动下(30℃),悬臂梁的弯曲角可达 140°,柔性机械手可完成水下抓取动作。在提高水凝胶力学性能的同时,通过降低 LCST,可实现 PNIPAM 高强度水凝胶柔性器件在更低温度下的运行。该高强度温敏水凝胶有望拓展应用于柔性驱动器、机器人、自折叠结构等领域[29-31]。

4.2.2　网络结构对力学性能的影响

在互穿网络水凝胶中,两种网络交联密度显著影响水凝胶的力学性能。通过调节网络的交联密度,可优化高强度水凝胶的力学性能。首先调节 PNIPAM 网络的交联密度,固定 Al^{3+} 浓度为 0.3 mol/L,调节交联剂 MBAA 的浓度从 0.01 mol%逐渐增大至 0.08 mol%,制备得到一系列 Al-alginate/PNIPAM(x, 0.3)水凝胶,其中 x 代表交联剂的摩尔分数,$x = 0.01$ mol%、0.03 mol%、0.06 mol%、0.08 mol%。单轴拉伸测试结果表明,PNIPAM 交联密度显著影响水凝胶的力学性能[图 4.8(a)]。当 MBAA 浓度为 0.03 mol%时,Al-alginate/PNIPAM(0.03, 0.3)水凝胶力学性能最强,断裂强度为 322 kPa,杨氏模量为 185 kPa,断裂应变约为 9.0。然而,当 MBAA 浓度低于或者高于 0.03 mol%时,水凝胶力学性能均有所降低。这是由于交联密度过低导致 PNIPAM 网络疏松而无法承受应力;相反,若交联密度过高,PNIPAM 网络交联过于紧密且不均匀,导致水凝胶的延展性降低且无法承受较大的变形。因此,交联密度适中的 PNIPAM 水凝胶网络具有最佳的弹性和柔韧性,是保证 Al-alginate/PNIPAM 高力学性能的前提。

其次,对 Al-alginate 网络的交联密度进行优化。根据前面所得结论,将 MBAA 浓度设为 0.03 mol%时,浸泡液中 Al^{3+}的浓度(y)从 0.1 mol/L 逐渐增加至 0.7 mol/L,制备出一系列 Al-alginate/PNIPAM(0.03, y)水凝胶,其中 $y = 0.1$ mol/L、0.3 mol/L、0.5 mol/L、0.7 mol/L。单轴拉伸测试结果表明,随着 Al^{3+} 浓度增大,水凝胶的断裂应变逐渐增大,而断裂强度逐渐降低[图 4.8(b)]。当 Al^{3+}浓度适中时,理想情况下 Al^{3+}与海藻酸钠大分子链上的三个羧酸根配位交联,然而当 Al^{3+}浓度过大时,大量 Al^{3+}抢夺数量有限的羧酸根,从而导致单个 Al^{3+}可能只与两个羧酸根配位,甚至出现一个 Al³⁺ 仅与一个羧酸根配位的情况。因此，适中的 Al³⁺ 和羧酸根比例，使海藻酸钠水凝胶网络具有最佳的交联密度，从而有效提高水凝胶的力学性能。

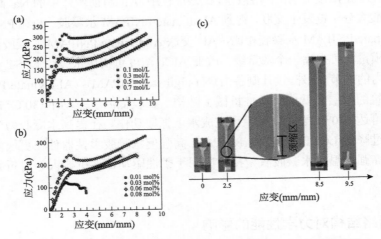

图 4.8　不同因素对 Al-alginate/PNIPAM 水凝胶拉伸力学性能的影响
(a) 交联剂 MBAA 浓度；(b) Al³⁺ 浓度；(c) Al-alginate/PNIPAM (0.03，0.3) 水凝胶拉伸至不同应变时对应的样品照片

此外，当 Al-alginate/PNIPAM 水凝胶的拉伸应变达到约 2.5 倍时，不同交联密度水凝胶的应力-应变曲线上均会出现明显屈服点[图 4.8 (a) 和 (b)]。分析拉伸过程中采集的照片发现[图 4.8 (c)]，当拉伸至约 2.5 倍时，水凝胶样品出现颈缩现象，随着拉伸倍率的持续增大，样品发生不均匀形变，导致颈缩部分沿轴向逐渐扩大，直至断裂。从互穿网络水凝胶中两种交联网络功能的角度分析并解释这一现象，在该水凝胶中，Al-alginate 网络由大量配位键紧密交联，而 PNIPAM 网络则由极少量的共价键交联。在形变初始阶段，Al-alginate 网络中的大分子链随着形变的增大，由原来的卷曲状态逐渐被拉伸，该区域属于弹性形变区域。当形变继续增大，超出 Al-alginate 网络弹性形变范围时，网络中的配位键发生断裂，导致应力降低，产生了应力-应变曲线中屈服点和照片中显示的颈缩现象。此时，交联密度低的 PNIPAM 网络仍处于弹性形变区域，随着形变持续增大，直至超出 PNIPAM 网络的弹性形变范围时，水凝胶发生断裂失效。

该水凝胶也展现出优异的抗压缩性能。与纯 PNIPAM 水凝胶和 Na-alginate/PNIPAM 水凝胶相比，Al-alginate/PNIPAM 水凝胶力学强度和可回复性能显著提高。当压缩应变为 95% 时，Al-alginate/PNIPAM (0.03，0.3) 水凝胶的压缩断裂强度保持在 6.3 MPa，然而单层网络 PNIPAM 水凝胶压缩断裂强度仅为 0.65 MPa，两者相差约 10 倍[图 4.9 (a)]。对压缩应变为 80% 的 Al-alginate/PNIPAM (0.03，0.3) 水凝胶进行循环加载-卸载实验，水凝胶的耗散能量高达 1610 kJ/m³ [图 4.9 (b)]。

Al^{3+}通过配位作用与海藻酸钠大分子链上的羧酸根基团发生可逆的物理相互作用，在发生压缩变形时，Al^{3+}与—COO$^-$形成的配位键作为牺牲键大量断裂，耗散能量，随着形变量的增大，断裂的牺牲键增多，耗散的能量增多。在该体系中，化学交联、物理交联、高分子链之间的缠绕三种方式的协同作用提高了水凝胶的力学性能，且水凝胶在承受大变形之后可以恢复至原始状态[图 4.9(c)]，表现出优异的可回复性能。

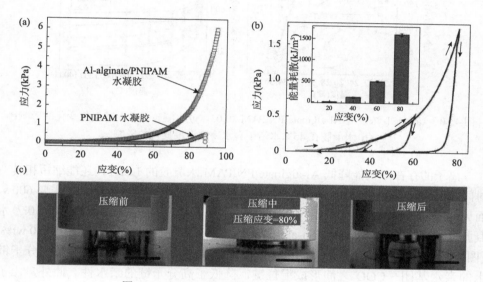

图 4.9　Al-alginate/PNIPAM(0.03，0.3)水凝胶
(a)压缩应力-应变曲线；(b)循环加载-卸载力学曲线(插入图为能量耗散)；
(c)压缩前及回复后的宏观照片(标尺：10mm)

4.2.3　离子浓度对温敏性能的影响

互穿网络水凝胶 Al-alginate/PNIPAM 表现出优异的温度敏感性。通过测量不同温度条件下一系列 Al-alginate/PNIPAM(0.03，y)水凝胶的含水率发现，随着温度升高，水凝胶含水率均在某个临界温度点显著下降，此时，因高分子网络中的 PNIPAAm 分子链发生相转变而增强了疏水性能，水分子大量脱离，使凝胶体积发生收缩。通过上述相转变过程，可确定水凝胶的 LCST。水凝胶的 LCST 与 AlCl$_3$ 溶液浓度密切相关，未浸泡 AlCl$_3$ 溶液时，Al-alginate/PNIPAM(0.03，0)水凝胶的 LCST 与 PNIPAM 水凝胶几乎相同，约为 32℃。当浸泡 AlCl$_3$ 溶液后，Al-alginate/PNIPAM(0.03，y)水凝胶的 LCST 随着 AlCl$_3$ 溶液浓度的增大而逐渐降低，当 AlCl$_3$ 溶液浓度由 0.1 mol/L 增大至 0.7 mol/L 时，水凝胶的 LCST 由 32℃线性降低至 22.5℃[图 4.10(a)]。上述结果表明通过渗透压作用进入水凝胶网络中的离子(Al^{3+}

和 Cl⁻)可降低水凝胶的 LCST，并且离子浓度越大，效果越明显。当 AlCl₃ 溶液浓度为 0.7 mol/L 时，水凝胶的 LCST 降低约 10℃，达到 22.5℃，表明在室温条件下即可触发 Al-alginate/PNIPAM (0.03，0.7) 水凝胶的相转变。

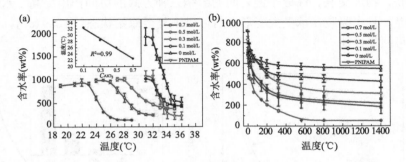

图 4.10　(a) AlCl₃ 浓度对 Al-alginate/PNIPAM (0.03，y) 水凝胶含水率随温度变化的影响；
(b) 水凝胶在 45℃水浴中含水率随温度变化的影响

离子的存在不仅能降低 Al-alginate/PNIPAM 水凝胶的 LCST，还能缩短相转变时间，增加失水量。例如，PNIPAM 水凝胶在 45℃失水达到平衡时总共需要 600 s，而 Al-alginate/PNIPAM 水凝胶只需 300 s。此外，Al-alginate/PNIPAM (0.03，0.7) 水凝胶失水率为 650 wt%，而 Na-alginate/PNIPAM 水凝胶的失水率降低至 350 wt% [图 4.10 (b)]。这是由于 Al-alginate/PNIPAM 水凝胶中 Al³⁺与海藻酸钠大分子链上的亲水基团—COO⁻之间形成配位键，降低了高分子链的亲水性。此外，由于 PNIPAM 高分子链溶解在水中时，水分子与酰胺基团之间的氢键作用形成高度有序的水化壳层，而溶液中的盐可以极化水分子并促进水化壳层的坍塌，从而暴露出 PNIPAM 的疏水性基团，使 PNIPAM 更容易转变为疏水状态。因此，负载大量 Al³⁺的 Al-alginate/PNIPAM 水凝胶表现出失水速度快且失水量多的特性。

4.2.4　温敏高强度水凝胶柔性驱动器

基于上述水凝胶的温敏特性及优异的机械性能，可设计制备由低温敏感性水凝胶 [Al-alginate/PNIPAM (0.03，0.7)] 和高温敏感性水凝胶 (Na-alginate/PNIPAM) 构成的双层结构悬臂梁温度驱动器，其尺寸为 25 mm × 6.8 mm × 2 mm (长×宽×高) [图 4.11 (a)]。由于双层结构中三价离子交联 Al-alginate/PNIPAM 水凝胶的 LCST 为 22.5℃，低于 Na-alginate/PNIPAM 的 LCST (32℃)，当温度高于 22.5℃时，Al-alginate/PNIPAM 水凝胶的失水率高于 Na-alginate/PNIPAM，驱动悬臂梁向低 LCST 的 Al-alginate/PNIPAM 水凝胶的一侧弯曲，其弯曲角度定义为∠AOB。

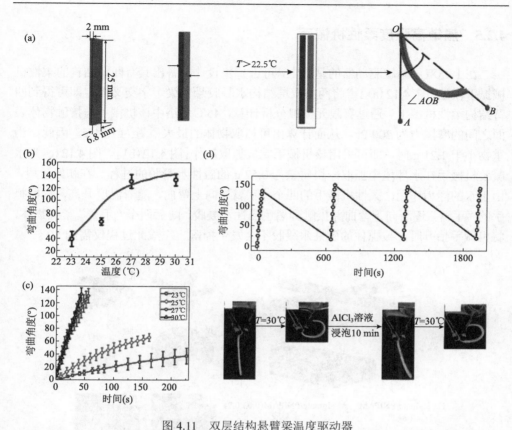

图 4.11　双层结构悬臂梁温度驱动器

(a)结构示意图及工作原理示意图；(b)最大弯曲角度随温度的变化；(c)不同温度条件下弯曲角度随时间的变化；
(d)重复驱动时弯曲角度随时间变化及驱动过程照片

　　不同温度对悬臂梁驱动器的驱动行为的影响如图 4.11(b)所示，通过测量不同温度下双层悬臂梁的最大弯曲角度可知，弯曲角度随着温度的升高而增大，由于 Al-alginate/PNIPAM(0.03，0.7)水凝胶的相转变温度在 22.52~27℃之间，当温度从 22.5℃升高到 27℃时，弯曲角度的上升幅度较大，可在 50 s 时达到最大弯曲角度(140°)。然而，当温度上升到 30℃时，弯曲角度的上升幅度显著减小。这是由于当温度低于 27℃时，Al-alginate/PNIPAM(0.03，0.7)水凝胶的溶胀能力逐渐下降，当温度高于 27℃时，其溶胀行为达到平衡，因此双层驱动器的弯曲角度变化不显著[图 4.11(c)]。此外，该驱动器的弯曲过程具有可逆性，图 4.11(d)展示了悬臂梁在 30℃水浴中浸泡 40 s 后发生约 140°的弯曲，然后将处于弯曲状态的悬臂梁浸泡在 0.7 mol/L AlCl₃溶液中 10 min 后可逐渐恢复其原始平展状态，该过程可多次循环。

4.2.5　温敏高强度柔性机械手

在上述双层温敏驱动器的基础上,可进一步设计制备出具有四臂结构的柔性机械抓手模型[图 4.12(a)]。将两条双层结构水凝胶悬臂梁十字交叉固定即可得到四臂结构柔性机械手。通过有限元模拟分析计算,45℃水浴中该机械手与接触物体表面之间的摩擦力为 200 Pa,从而计算出可抓取物体的最大质量为 1.21 g。因此,当重物小于 1.21 g 时,即可采用该机械手完成抓取动作[图 4.12(b)]。图 4.12(c)为水凝胶机械手在水环境中抓取一块质量为 0.52 g 的磁性水凝胶的过程。在初始阶段,由于水的浮力作用,柔性机械手的四个"手臂"向上弯曲,随着温度升高,机械抓手的"手臂"逐渐向下弯曲并接触到黑色磁性水凝胶,随后四个"手臂"紧握物体,将机械手抬升时,被抓住的磁性水凝胶不会发生掉落,完成此过程仅需约 50 s。

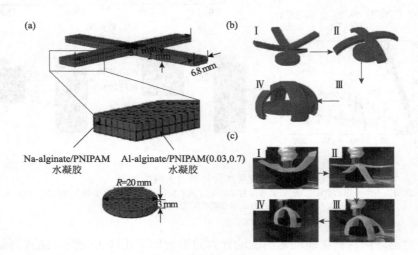

图 4.12　温敏高强度水凝胶柔性机械手
(a)结构和尺寸; (b)有限元模拟; (c)在水中抓取物体过程照片

4.2.6　小结

采用"后交联法"制备了互穿网络结构 Al-alginate/PNIPAM 高强度温敏水凝胶,其中配位键交联 Al-alginate,化学键交联 PNIPAM。调节水凝胶双层网络的交联密度,优化得到力学性能最优的温敏高强度水凝胶,拉伸断裂强度为 322 kPa,杨氏模量为 185 kPa,可拉伸至约原始长度的 9 倍。该水凝胶具有优异的形状回复性能,当被压缩至原始高度的 80%,卸载应力后仍能回复原始形状。通过调节水凝胶网络中 $AlCl_3$ 浓度,制备得到可控调节 LCST 的温敏高强度水凝胶。随着 $AlCl_3$ 浓度从 0.1 mol/L 增大至 0.7 mol/L,水凝胶的 LCST 从 32℃线性降低至 22.5℃,

实现了在室温条件下能够发生相转变和驱动的高强度温敏水凝胶。该研究有望将 PNIPAM 温敏水凝胶的应用范围由温度在 32℃以上的生物组织工程领域推广至室温条件下的工程应用领域。进一步利用水凝胶 LCST 的差异，可设计制备具有双层结构的温度响应型水凝胶驱动器。

4.3　磁性抗撕裂高强度水凝胶

4.3.1　引言

作为一种同时具有磁性和黏弹性的柔性智能材料[32-37]，磁性水凝胶具有独特的快速响应性、远程驱动性、时空操控性等优异性能，引起了研究者的广泛关注[38-44]。大多数磁性水凝胶力学性能较弱[45,46]，局限于药物递送与释放[47,48]、肿瘤热疗[49]、3D 细胞培养[50]、酶固定[51]等对力学性能要求不高的领域。

提高磁性水凝胶的力学性能，有望拓展其应用范围，如磁性软体机器人、人造肌肉、流体控制、微型器件、远程磁控系统等领域。此外，虽然磁性水凝胶的力学性能可强化提升，但是，当产生裂纹或者缺口时，力学性能易于急剧下降，磁性水凝胶抗撕裂性能还有待提高。

本研究提出了一种同时具有磁性、缺口不敏感、抗撕裂、高强度性能的水凝胶制备方法，将海藻酸钠包覆的 Fe_3O_4 纳米粒子均匀分散在 alginate/PAAm 互穿高分子网络中，得到了兼具高强度和抗撕裂性能的 Fe_3O_4@Fe-alginate/PAAm 水凝胶。磁性水凝胶中 Fe_3O_4 纳米粒子表面包覆海藻酸钠大分子的策略，对设计制备磁性、高强度、缺口不敏感、抗撕裂水凝胶至关重要。Fe_3O_4 纳米粒子表面包覆的海藻酸钠大分子具有双重作用：即海藻酸钠大分子链上羧基基团之间的静电排斥作用，将磁性纳米粒子均匀分散在水凝胶基质中；同时 Fe_3O_4 纳米粒子表面铁离子与海藻酸钠羧基之间的相互作用，使纳米粒子稳定分布在高分子网络之中。该磁性水凝胶不仅具有高断裂能，而且表现出优异的缺口不敏感性。悬臂梁弯曲驱动器和导管模拟实验证实了该磁性水凝胶具有优异的力学性能和磁驱动特性。该研究提出了一种普适性磁性高强度水凝胶的制备方法，可拓展应用于其他高强度水凝胶体系中，有望在智能磁性柔性材料中发挥重要作用。

4.3.2　磁性纳米粒子的合成

采用共沉淀法在碱性介质中合成 Fe_3O_4 磁性纳米粒子。将 $FeCl_2·4H_2O$ 和 $FeCl_3·9H_2O$（Fe^{2+}与 Fe^{3+}的摩尔比为 0.55：1）溶解在去离子水中，加入氢氧化钠溶液，在 60℃下制备得到黑色磁性纳米粒子。然后，将一定量的海藻酸钠溶液添加到磁性纳米粒子的悬浮液中，在 60℃下剧烈搅拌 30 min，在氮气环境下缓慢搅拌 1 h，得到海藻酸盐包覆的纳米粒子磁流体（Fe_3O_4@Fe-alginate）。使用海藻酸钠大分子包覆 Fe_3O_4 纳米粒子，有利于磁性纳米粒子在水凝胶基质中均匀、稳定分散。

4.3.3　磁性抗撕裂高强度水凝胶的制备

通过两步法制备高强度磁性 Fe_3O_4@ Fe-alginate/PAAm 水凝胶[图 4.13（a）]。第一步，将 AAm 单体和海藻酸钠大分子粉末溶解在含有一定比例 Fe_3O_4@Fe-alginate 纳米粒子的悬浮液中，调节水凝胶中 Fe_3O_4@Fe-alginate 纳米粒子的浓度分别为 1.0 wt%、2.0 wt%、3.0 wt%、4.0 wt%、5.0 wt%、10.0 wt% 和 20.0 wt%。将含有 Fe_3O_4 纳米粒子、海藻酸钠大分子和 AAm 单体的溶液缓慢搅拌 1 h，得到均匀的悬浮液[图 4.13（b）]。第二步，将一定量交联剂（MBAA）、热引发剂（APS）和促进剂（TEMED）溶解于上述悬浮液中，将悬浮液转移到玻璃模具中，在 50℃水浴中加热 6 h 引发 AAm 单体聚合成胶，制备得到 Fe_3O_4@Fe-alginate/PAAm 水凝胶前驱体。将该前驱体在 $Fe(NO_3)_3$ 水溶液中浸泡 6 h，在此过程中，$Fe(NO_3)_3$ 溶液中的 Fe^{3+} 扩散到水凝胶基质中与海藻酸钠大分子交联，从而制备得到稳定的高强度 Fe_3O_4@Fe-alginate/PAAm 水凝胶体系[图 4.13（c）]。

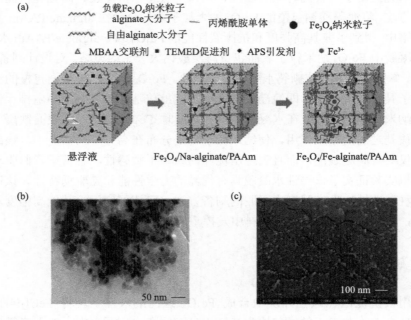

图 4.13　高强度 Fe_3O_4@Fe-alginate/PAAm 水凝胶

(a)制备流程图；(b)水凝胶中纳米粒子 TEM 照片；(c)水凝胶中纳米粒子 SEM 照片

4.3.4　水凝胶的抗撕裂性能

通过改变包埋在水凝胶中的纳米粒子含量，发现磁性纳米粒子含量在 1.0 wt%～5.0 wt% 时，Fe_3O_4@Fe-alginate/PAAm 磁性水凝胶表现出优异的缺口不敏感性。例如，负载 5.0 wt% 磁性纳米粒子水凝胶样品可拉伸至其原始长度的 11 倍仍未见断裂 [图 4.14(a)]。即使在该样品的中心预制 10 mm 的裂缝，断裂应变高达 8.8，并且在经受大形变后，裂缝仅发生钝化而未见断裂 [图 4.14(b)]。为了进一步证明缺口的不敏感性，在样品的单侧边缘预制切口，对水凝胶进行大应变拉伸，其同样表现出优异的缺口不敏感性，拉伸至 3 倍后卸载载荷，样品可恢复到原来的长度，并且缺口的开裂程度很小 [图 4.14(c)]。同样，在样品的两侧边缘对称预制多个切口，水凝胶仍然可以承受较大的形变，在被拉伸 2 倍时，切口虽然会发生一定变形，但未见裂纹扩展 [图 4.14(d)]，表明其具有优异的抗撕裂性能。

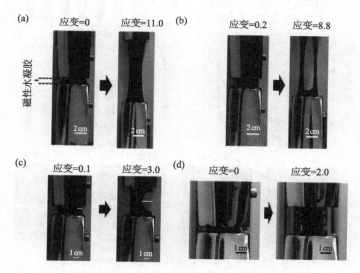

图 4.14　磁性高强度水凝胶的抗撕裂性能

(a) 完整试样的拉伸；(b) 中心预置缺口试样的拉伸；(c) 单侧边缘预置缺口试样的拉伸；(d) 预置多缺口试样的拉伸

4.3.5　纳米粒子含量对力学性能的影响

当 Fe_3O_4 磁性纳米粒子的含量在 1.0 wt%～20.0 wt% 范围内变化时，磁性水凝胶样品拉伸曲线均出现明显的屈服现象 [图 4.15(a)]，这种高强度水凝胶典型的力学特征在磁性水凝胶中鲜见报道。拉伸测试结果表明，Fe_3O_4 纳米粒子的含量显著影响磁性水凝胶的拉伸强度和断裂应变。以 1.0 wt% 和 20.0 wt%Fe_3O_4 纳米粒子含量为例，1.0 wt% 样品的断裂应变和拉伸强度分别为 12.4 和 0.915 MPa；20.0 wt%

样品的断裂应变和拉伸强度分别为 3.1 和 0.201 MPa。但是，Fe_3O_4 纳米粒子的含量对拉伸模量影响不显著，均保持在 200 kPa 左右［图 4.15(b)］。此外，该磁性水凝胶也展现出优异的抗压缩性能，图 4.15(c)为压缩实验结果，固定磁性水凝胶的最大压缩应变为 0.9 时，Fe_3O_4 纳米粒子含量为 1.0 wt%、5.0 wt%和 10.0 wt%样品的抗压强度为 3.1～5.6 MPa，当纳米粒子含量上升至 10 wt%～20 wt%时，压缩模量降低至约 200 kPa［图 4.15(d)］，并且在承受 90%压缩变形后仍可恢复至其原始状态［图 4.15(e)］。

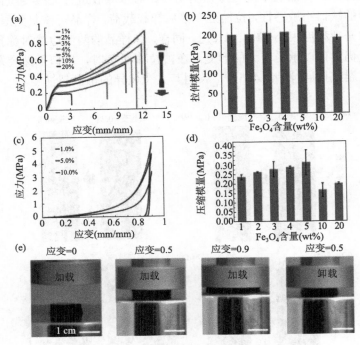

图 4.15　纳米粒子含量对磁性水凝胶力学性能的影响
(a)拉伸应力-应变曲线；(b)拉伸模量；(c)压缩应力-应变曲线；(d)压缩模量；(e)压缩可回复照片

　　根据回滞曲线可计算磁性水凝胶的能量耗散，在拉伸-卸载过程中，加载曲线与卸载曲线之间围成的面积为拉伸循环过程中的能量耗散。图 4.16(a)展示了磁性水凝胶的拉伸-卸载测试结果，当 Fe_3O_4 纳米粒子含量为 1.0 wt%～5.0 wt%时，磁性水凝胶的最大应变高达 9.0，当含量增加到 10.0 wt%时，最大应变降低至 6.0，进一步将含量增加至 20.0 wt%时，最大应变大幅度降低至 3.0。虽然该磁性纳米复合水凝胶的拉伸断裂能随着 Fe_3O_4 纳米粒子质量分数的增加而降低，但是仍保持在较高范围(1550.5～2814.0 J/m^2)，当纳米粒子含量为 1.0 wt%～4.0 wt%时，拉伸过程能量耗散高达 2.3～3.4 MJ/m^3［图 4.16(b)］。

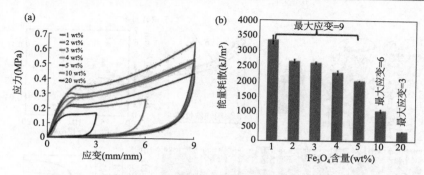

图 4.16 纳米粒子含量对磁性水凝胶循环拉伸力学性能的影响
(a)回滞曲线；(b)能量耗散

磁性水凝胶的力学性能随纳米粒子含量增加而下降的现象由以下原因造成。磁性纳米粒子在高分子网络中的掺杂形成不均匀体系，由于刚性纳米粒子与柔性高分子链之间形成大量界面，这些较弱的界面间相互作用较弱，在纳米复合水凝胶中产生缺陷。当施加外力时，易在缺陷处引起应力集中产生裂纹，裂纹传播导致水凝胶在加载过程中失效，尤其当纳米粒子含量较高时这种现象更加明显。因此，随着 Fe_3O_4 纳米粒子含量增加，拉伸强度和拉伸应变均相应下降[28]。为了克服上述由掺杂纳米粒子而引起水凝胶力学性能降低的缺点，该体系提出的"后交联法"策略，即在 Fe_3O_4 纳米粒子表面修饰海藻酸钠大分子，使其均匀分散在高分子网络中，通过 Fe_3O_4 纳米粒子表面和浸泡溶液中的铁离子与海藻酸钠大分子充分交联，显著提高了磁性水凝胶的力学性能，并赋予其优异的抗撕裂性能。

4.3.6 磁学性能及悬臂梁驱动器

悬臂梁弯曲驱动的磁响应性实验展示磁性水凝胶作为柔性驱动器的潜能（图 4.17）。圆柱状悬臂梁在 NdFeB 永磁合金的驱动下发生形变，通过测量圆柱体尖端倾斜位移和曲率半径表征磁驱动性能，其中尖端倾斜位移由水凝胶从磁铁脱离的位置而确定[图 4.17(a)]。水凝胶饱和磁化强度随着 Fe_3O_4 纳米粒子质量分数的增加而增大[图 4.17(b)]，悬臂梁的尖端倾斜位移和曲率均随着 Fe_3O_4 纳米粒子的质量分数增加而增大[图 4.17(c)]。如果掺杂具有较高饱和磁化强度的纳米粒子，或者进一步提高磁性纳米粒子的掺杂量，可进一步提高磁性驱动性能[52]。然而，平衡磁性水凝胶纳米复合材料的力学性能及饱和磁化强度是具有挑战性的。虽然水凝胶的磁性随纳米粒子含量增加而上升，但是，相应的力学性能受到限制[53]。在该体系中，磁性纳米粒子含量最高可达到 20.0 wt%，此时，水凝胶的饱和磁化强度达到最高[图 4.17(d)]，尽管负载高含量磁性纳米粒子水凝胶的力学性能有所降低，但仍然高于绝大多数磁性水凝胶体系[54]。

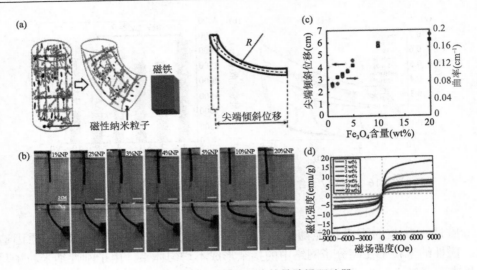

图 4.17　基于磁性水凝胶的悬臂梁驱动器

(a)尖端倾斜位移和曲率测量示意图；(b)负载不同含量纳米粒磁性水凝胶驱动响应照片；(c)尖端倾斜位移和曲率；
(d)水凝胶的磁滞曲线；1 Oe=79.5775A/m

4.3.7　磁性水凝胶导管

　　磁导航心血管介入医疗是以磁导航技术和微创血管介入治疗为基础，诊断与治疗心脑血管疾病的智能微创介入方法。与传统的人工插管介入不同，磁导航心血管介入医疗可通过三维磁定位技术控制磁性导管在人体血管内快速行进和精确定位，安全到达常规介入手术难以到达的复杂病变部位。该智能介入方式为复杂病变部位的治疗提供了远程操作的可能。目前，由金属或合金制成的永磁体广泛用于磁性导管端头的制备[55,56]。传统刚性金属磁性材料在迂回曲折的血管中游走时，高硬度、高密度、高摩擦的磁体不可避免地与血管管腔内壁表面柔软的细胞接触产生摩擦，易造成细胞受损，进而诱发手术出血、血栓形成以及术后管腔再狭窄等并发症。因此，柔性、低摩擦和顺应性优良的高强度磁性水凝胶在磁导航心血管介入治疗系统中具有重大应用前景。

　　以磁性导管为例，采用管状高强度水凝胶模拟软组织如血管和肠道，可展示一种磁导管导航系统模型(图 4.18)。将棒状磁性水凝胶置于透明管状水凝胶中，非接触远程移动钕铁硼永磁体引导磁性水凝胶在导管中的移动。永磁体沿着水凝胶管向前移动时，管中的磁性水凝胶在永磁体的引导下亦在管内同步移动。当磁性水凝胶从管的一端移动至另一端后，可在磁力作用下从管中脱离并吸附在永磁体上。在磁场远程操控下，低摩擦性能有助于磁性水凝胶在管道中顺畅移动，降低与软组织之间的摩擦力，避免损伤血管表面的细胞或软组织，进而有望降低血栓形成、穿孔或手术出血等造成的潜在风险。上述优异性能拓展了磁性高强度抗撕裂水凝胶在医疗器械中的应用[57]。

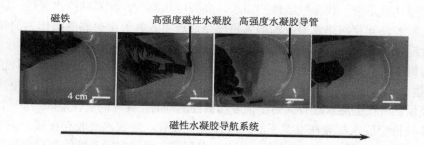

图 4.18　磁性水凝胶导管导航展示(将圆柱形磁性水凝胶置于管状高强度水凝胶中，使用磁铁远程引导)

4.3.8　小结

通过在磁性纳米粒子表面修饰海藻酸钠大分子，将纳米粒子均匀掺杂到水凝胶网络中，制备得到同时具有磁性、缺口不敏感、抗撕裂、高强度性能的水凝胶，并实现了在磁场下的驱动。掺杂 1.0 wt%～20.0 wt%海藻酸钠包覆 Fe_3O_4 纳米粒子的磁性水凝胶，表现出了优异的高力学性能，拉伸强度为 200～1000 kPa，可承受 3.0～11.0 的断裂应变，压缩应力 3.1～5.6 MPa，断裂能高达 1550～2800 J/m²。此外，该磁性水凝胶展现出优异的抗撕裂性能，含有预制缺口的样品可拉伸至原始长度的 9.0 倍而不出现断裂。悬臂梁弯曲驱动和磁导管模拟实验展示了该磁性水凝胶作为柔性机器人在临床智能医疗器械系统中的潜在应用价值。

4.4　高强度导电水凝胶及柔性传感器

4.4.1　引言

具有优异机械性能(韧性、可拉伸性、自回复性能等)、导电性和透明度的多功能柔性导电材料推动了柔性电子器件的发展[58-63]。在大变形的同时保持稳定导电性能的可拉伸导电材料，在新一代便携式、可穿戴电子设备的柔性电路、可拉伸显示器和能量存储等设备中具有重要意义[64-68]。然而，目前用于电子导体的材料，如金属、碳基材料、导电聚合物等，具有模量高、拉伸性低、变形时伴随导电性劣化等缺陷，难以满足新一代可拉伸柔性电子产品的需求[69-71]。

作为一种新型固态离子导体，水凝胶具有高透明度、性能易调控、生物相容性良好等优点[60,62,69,72-74]，在柔性电子领域引起了广泛关注。优异的力学性能是确保水凝胶柔性电子器件寿命与功能稳定的关键，其中，高强度、韧性和自回复性能与柔性电子器件的性能密切相关。因此，亟需设计具有上述优异综合力学性能的高强度水凝胶以期满足新一代柔性器件的需求。高强度水凝胶，如双网络水凝胶、四臂聚合物水凝胶及互穿网络水凝胶的增强机理是通过引入共价键交联网络作为消耗能量的牺牲键[75-78]。虽然引入共价键交联网络结构是提高水凝胶力学性能的有效方法，但是共价键的不可逆性牺牲了水凝胶的力学回复性能。与共价交联相比，非共价交联（如氢键、疏水相互作用和离子相互作用等）具有可逆性，可逆交联结构有望通过有效的能量耗散在提高水凝胶的力学强度和韧性的同时，提升回复性能[79-81]。然而，大多数非共价交联水凝胶在室温下的回复性能不显著，导致水凝胶存在残余应变高、形变回复不充分或耗时较长[80,82-85]。因此，发展具有优异自回复性能和稳定导电率的高强度水凝胶对设计性能稳定和长寿命柔性电子器件具有十分重要的意义。

　　针对上述问题，本节介绍一种基于氢键交联的高强度、快速自回复、非共价键水凝胶，在硫酸溶液中通过自由基聚合和冷冻/解冻过程制备得到硫酸（H_2SO_4）-聚丙烯酸（PAA）/聚乙烯醇（PVA）（H_2SO_4-PAA/PVA，SPP）水凝胶。其中硫酸起到双重作用，即抑制 PAA 链上羧基的解离以便在水凝胶中形成更多的氢键，同时提供导电离子，增强水凝胶的导电性。体系中丰富的氢键交联作用赋予水凝胶优异的综合力学性能，包括强度、韧性、快速自回复性能等。基于上述优异性能，该 SPP 水凝胶展示了作为可拉伸离子导线和柔性压力传感器应用的潜能，有望扩大水凝胶在柔性电子领域中的应用。

4.4.2　高强度导电水凝胶的设计制备

　　通过自由基聚合和冷冻/解冻过程两步制备了基于氢键的 SPP 水凝胶。首先，将 PVA 聚合物、单体 AA 和光引发剂 α-酮戊二酸依次溶解在硫酸水溶液中，得到均匀透明混合液。将上述溶液转移到玻璃模具中，经光引发自由基聚合反应得到 SPP 水凝胶前驱体。调节 AA 与 PVA 质量比（R）和高分子含量（W_s）可优化水凝胶的性能。前驱体中的单体 AA 聚合生成 PAA 高分子链，由于该水凝胶体系中无共价键交联点，所以生成的 PAA 高分子链与 PVA 高分子链之间通过氢键作用相互缠绕，形成具有松散网络结构的物理水凝胶。再将水凝胶前驱体在–20℃下冷冻/解冻至室温后得到高强度水凝胶[（图 4.19(a)]。以水为溶剂的对照组 H_2O-PAA/PVA（WPP）水凝胶的制备方法参考以硫酸溶液为溶剂的 SPP 水凝胶制备而成。即对于 WPP 水凝胶而言，其他原材料不变，只是溶剂以去离子水替代硫酸水溶液，制备工艺均与 SPP 水凝胶相同。

　　在该水凝胶体系中，冷冻/解冻处理过程可有效促进高分子链间氢键的形成，显著提高水凝胶的力学性能。以 SPP（$W_s = 30\ \text{wt}\%$，$R = 9 : 1$）水凝胶为例，在

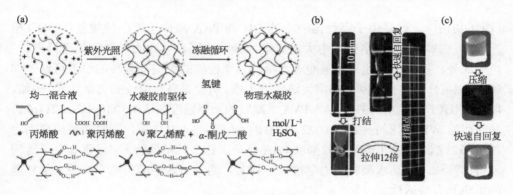

图 4.19　SPP 水凝胶
(a)制备过程；(b)拉伸性能展示；(c)压缩性能展示

打结状态下，可承受拉伸至初始长度 12 倍变形，卸载后可立即恢复至原始状态
[图 4.19(b)]。此外，该水凝胶也表现出优异的抗压自回复性能，在压缩形变高达
80%下，卸载后可快速恢复至原始状态[图 4.19(c)]。

　　将水凝胶浸泡在不同 pH 环境(1 mol/L H_2SO_4、去离子水、1 mol/L NaOH 和
2 mol/L NaOH)的水溶液中，测试各样品力学性能和尺寸变化，验证硫酸对 SPP
水凝胶力学性能的增强作用。当浸泡液的环境从酸性变为碱性时，水凝胶发生严
重溶胀[图 4.20(a)]，且断裂强度从 3.0 MPa[图 4.20(b)]显著降低至 0.014 MPa

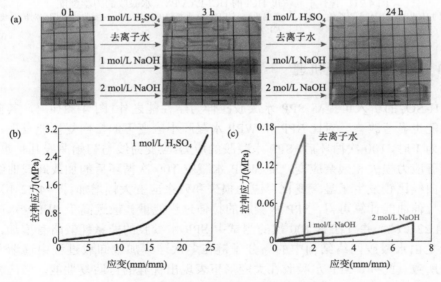

图 4.20　pH 对 SPP 水凝胶的影响
(a)不同 pH 环境下的照片；(b)1 mol/L H_2SO_4 溶液中的拉伸性能；
(c)去离子水、1 mol/L NaOH 和 2 mol/L NaOH 中的拉伸性能

[图 4.20(c)]。这是由于碱性溶液中的 OH⁻ 与 PAA 高分子链上的羧基(COO⁻)相互作用，破坏凝胶网络结构中大量氢键，凝胶溶胀，导致力学性能显著降低。

　　此外，探究了其他种类强酸对水凝胶力学性能的影响，强酸的引入可通过抑制 PAA 高分子链上羧基的解离促进氢键形成，从而提高水凝胶的力学性能。例如，以盐酸(HCl)为溶剂的 HCl-PAA/PVA 水凝胶的断裂强度高达 1.5 MPa[图 4.21(a)]，是对照组 WPP 水凝胶强度(0.022 MPa)的 68 倍[图 4.21(b)]，同时断裂应变高达约 19.0。这说明 HCl 也可有效抑制 PAA 高分子链上羧基的解离，促进高分子链间氢键的形成，提高水凝胶的力学性能。综上，通过引入强酸提高水凝胶力学性能的策略具有普适性。

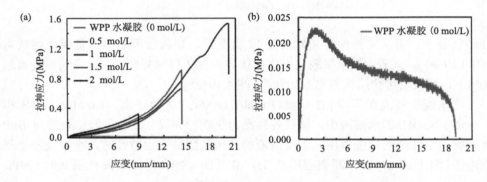

图 4.21　含有不同浓度 HCl 的 HCl-PAA/PVA 水凝胶的力学性能
(a)不同 HCl-PAA/PVA 水凝胶的拉伸应力-应变曲线；(b)WPP 水凝胶的拉伸应力-应变曲线(a 图中对应曲线的放大，$W_s = 30$ wt%，$R = 9 : 1$)

4.4.3　自回复性能及机理

　　H_2SO_4 的引入可提高 SPP 水凝胶拉伸力学性能之外[图 4.22(a)]，其自回复性能也显著改善。对比 SPP 和 WPP 水凝胶小应变下的自回复性能发现，当应变为 1 时，100 次循环后，SPP 水凝胶的应力-应变曲线与初始曲线几乎重合，无显著应力损失和残余应变；而 WPP 水凝胶 100 次循环后的加载卸载曲线与初始曲线比较发生了显著变化，应力损失和残余应变大幅增加[图 4.22(b)]。根据拉伸曲线计算可得，SPP 水凝胶的拉伸过程能量耗散远高于 WPP 水凝胶[图 4.22(c)]，并且在第 100 次的测试中 SPP 水凝胶的能量耗散略有增加，这可能是由水凝胶网络结构中的高分子链在多次连续加载卸载过程中逐渐发生取向所致。此外，SPP 水凝胶在大变形下表现出优异的自回复性能，当应变增加到 20 时，在没有任何外界刺激的情况下，该水凝胶在 10 min 内即可完全恢复到初始状态[图 4.22(d)]。

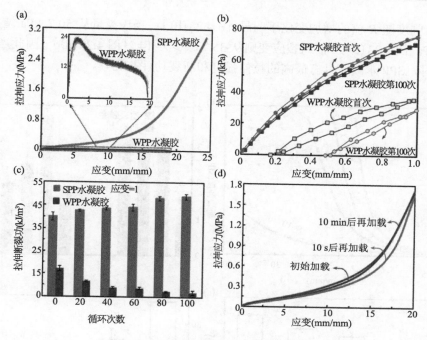

图 4.22 SPP 和 WPP 水凝胶的力学性能

(a)拉伸应力-应变曲线;(b)第 1 次和 100 次下的拉伸应力-应变曲线;(c)拉伸断裂功;
(d)室温下 SPP 水凝胶不同恢复时间的加载曲线

该水凝胶优异的力学性能机理分析如下:在 SPP 水凝胶体系中,H_2SO_4 为强酸,PAA 为弱酸,H_2SO_4 可抑制 PAA 高分子链上羧基的解离,从而形成更多的氢键交联点,故 SPP 水凝胶比 WPP 水凝胶具有更多的可逆氢键。因此,高分子交联网络结构中具有丰富可逆氢键的 SPP 水凝胶呈现出优异的断裂强度和快速自回复性能。通过尿素(氢键破坏试剂)溶液浸泡实验,进一步证明了强酸可有效促进 SPP 水凝胶中氢键的稳定性。SPP 水凝胶则只有轻微溶胀,然而 WPP 水凝胶全部溶解在尿素溶液中,说明强酸有利于 WPP 水凝胶形成更稳定的网络结构。

4.4.4 水凝胶的力学性能优化

研究不同 AA 与 PVA 质量比(R)和高分子含量(W_s)对 SPP 水凝胶拉伸性能的影响,优化力学性能。如图 4.23 所示,加入 PVA 显著提高了 SPP 水凝胶的断裂强度和杨氏模量[图 4.23(b)和(c)],但断裂应变有所降低。具体变化为,当 R 从 10:0 变化到 2:1 时,该水凝胶的断裂强度先从 0.89 MPa 急剧增加到 3.1 MPa,

此后，强度随 R 值的增加变化不明显[图 4.23（b）]；杨氏模量从 50.7 kPa 增加到 87.7 kPa[图 4.23（c）]，而断裂应变则从 35.7 减少为 14.2[图 4.23（d）]。因此当 $R =$ 9∶1 时，SPP 水凝胶具有最高的拉伸强度和断裂功（图 4.24）。

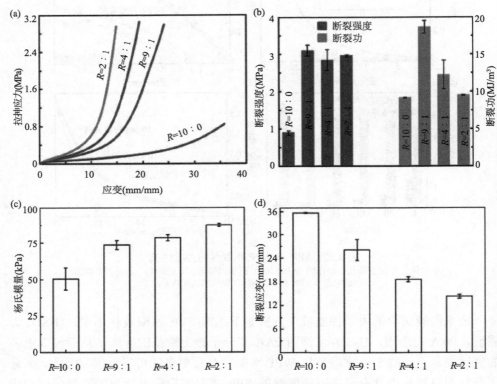

图 4.23　R 值对 SPP 水凝胶拉伸性能的影响

（a）应力-应变曲线；（b）断裂强度；（c）杨氏模量；（d）断裂应变

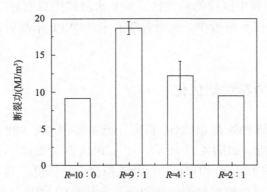

图 4.24　R 值对 SPP 水凝胶断裂功的影响

选取 $R=9:1$ 为 AA 与 PVA 的最佳质量比，比较不同 W_s 时，SPP 水凝胶的拉伸力学性能（图 4.25）。从应力-应变曲线可知，$W_s=30$ wt%时，拉伸应力（3.1 MPa）高于 $W_s=20$ wt%（1.5 MPa）和 $W_s=40$ wt%（1.7 MPa）试样［图 4.25（a）］。杨氏模量随 W_s 的增加而上升［图 4.25（b）］，但断裂应变呈下降趋势［图 4.25（c）］。根据应力-应变曲线计算可得，$W_s=30$ wt%时，SPP 水凝胶呈现出最大断裂功（18.7 MJ/m^3）和断裂强度（3.1 MPa）［图 4.25（d）］。

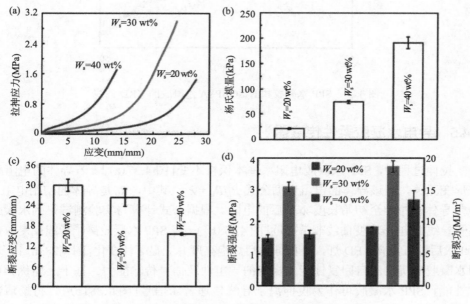

图 4.25　W_s 值对 SPP 水凝胶拉伸力学性能的影响
(a)应力-应变曲线；(b)杨氏模量；(c)断裂应变；(d)断裂强度和断裂功

SPP 水凝胶优异的力学性能取决于以下两个因素：H$_2$SO$_4$ 可有效抑制聚丙烯酸高分子链上羧基的解离，促进水凝胶网络结构中氢键的形成；同时，引入 PVA 增加水凝胶网络结构中氢键的数量。SPP 水凝胶中 PVA 含量较少，且被均匀分散在含大量 PAA 高分子链的凝胶网络中，因此在该凝胶中，PVA 高分子链自身难以形成结晶。SPP 水凝胶与 H$_2$SO$_4$-PVA 水凝胶的 XRD 表征测试证实了这一观点（图 4.26）。SPP 水凝胶在 $2\theta=27°$（P$_2$）和 43°（P$_3$）处表现出两个水的衍射峰，而 H$_2$SO$_4$-PVA 水凝胶除了上述两个峰之外，在 $2\theta=10.5°$（P$_1$）产生了 PVA 的晶体衍射峰，但是，P$_1$ 峰在 SPP 水凝胶中并未出现，这说明 SPP 水凝胶体系中的 PVA 高分子链没有产生结晶，因此 SPP 水凝胶优异的力学性能与 PVA 结晶的形成无关，而与 PVA 和 PAA 充分的氢键交联作用有关。

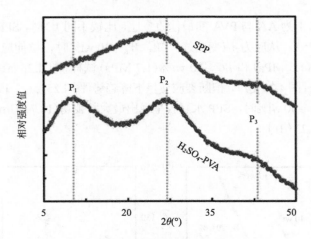

图 4.26　SPP 水凝胶和 H₂SO₄-PVA 水凝胶的 XRD 曲线

4.4.5　导电水凝胶柔性传感器

　　拉伸过程中，SPP 水凝胶电阻率基本保持不变[图 4.27(a)]。若导体的电阻率与形变无关，则该导体的电阻遵循公式 $R_\lambda/R_0 = \lambda^2$。其中，$R_0$ 是导体的初始电阻，R_λ 是导体被拉伸至初始长度 λ 倍后的电阻。根据公式计算与实验测试得到水凝胶离子导线的电阻-应变曲线非常接近[图 4.27(b)]。将 SPP 水凝胶离子导线反复拉伸100 次后仍可点亮 LED 灯，且拉伸前后灯泡亮度并无显著性变化[图 4.28(a)]，表明水凝胶有优良的自回复性能、稳定的导电性及信号传输能力。基于上述优异电学性能，SPP 水凝胶可作为拉伸离子导线传递音乐信号[图 4.28(b)]。将扬声器的导线切断，用长条形水凝胶将其连接[图 4.28(c)]。计算机播放音乐信号，通过

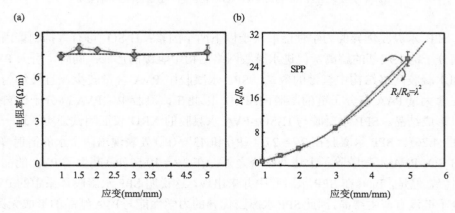

图 4.27　拉伸应变下 SPP 水凝胶的电学性能
(a)电阻率；(b)R_λ/R_0 的实验值与计算值

离子导体传输到扬声器，拉伸过程中麦克风可正常播放音乐[图 4.28(d)]，且人耳辨别的音色与常规导线传输的音频几乎没有差异，说明该水凝胶在被反复拉伸的过程中表现出稳定的导电性。

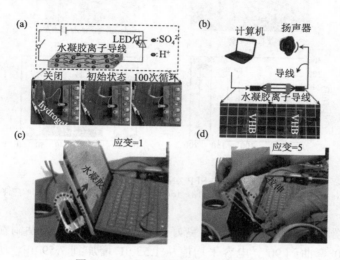

图 4.28　SPP 水凝胶可拉伸离子导线
(a)离子导体点亮 LED 灯；(b)音乐传输电路示意图和离子导体照片；(c)离子导线与麦克风连接；
(d)离子导线拉伸过程中麦克风可正常播放音乐

基于该水凝胶优异的力学和电学性能，设计了电容式压力传感器，结构和工作机理如下。将水凝胶放置在平板铝(Al)和半球形微结构的 Al 电极之间[图 4.29(a)]，Al 电极表面设计的半球形微结构用于提供可变的接触面积。当施加偏置电压时，水凝胶表面的电荷离子被吸引到半球形微结构电极附近，这层离子与电极板的相反电荷构成双电层(EDL)电容[图 4.29(b)]。由于该双电层的厚度通常在几纳米到几百纳米之间(德拜长度)，远小于介电电容器中两个平行电极之间的距离，所以其电容值要比同等电极面积的介电电容器高 3～5 个数量级，有助于器件的信号采集。

SPP 水凝胶器件的初始电容计 C_0，当施加压力时，水凝胶与半球形 Al 电极的接触面积增加，导致器件的电容值增大。在静压状态下，压力传感器初始电容 C_0 为 26 nF，器件响应性能随着静压压力的增加而提高。当压力从 0.71 kPa 增加到 2.47 kPa，器件的电容从 153.6 nF 增加到 325.9 nF[图 4.29(c)]。传感器电容的增加源于在外力作用下，具有半球形微结构的铝电极和水凝胶接触面积越大，外力越高，则器件的信号强度越大。由于该水凝胶的快速自回复性能和良好的导电性，外力卸载后，传感器的电容值可快速恢复到初始值。该水凝胶器件的灵敏度高达 121.1 nF/kPa。

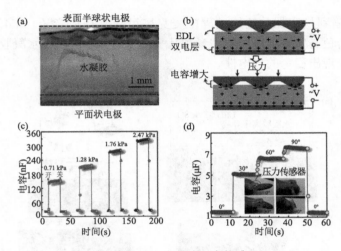

图 4.29　SPP 水凝胶压力传感器

(a)结构与形貌；(b)双电层示意图；(c)静态压力响应性；(d)动态压力响应性

　　该传感器对动态压力也表现出良好的响应性，将水凝胶贴附在手指表面，随着手指从 0°弯曲到 90°，电容平均值从 1.53 μF 增加到 7.59 μF，动态压力下的电容(1.53 μF)比静态压力下(26 nF)增加两个数量级。连续弯曲 10 个循环后，响应信号并无显著差异，且可快速恢复至初始状态[图 4.29(d)]，展示了 SPP 水凝胶动态下的快速自回复性能和良好的压力-电容响应性。

　　在柔性电子设备中，封装是一种常见的处理措施，通常使用聚乙烯等抗酸性柔性材料对水凝胶进行封装处理。由于使用 SPP 水凝胶存在化学腐蚀和水分挥发等问题，实验中使用聚乙烯薄膜对该水凝胶传感器进行封装，稳定性和寿命均得到显著改善。对比封装前后水凝胶样品的含水率随时间的变化，放置 24 h 后封装含水率基本保持不变，而未封装样品的含水率显著下降至 31 wt%(图 4.30)。

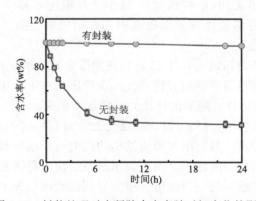

图 4.30　封装处理对水凝胶含水率随时间变化的影响

4.4.6　小结

　　本节介绍了两步法制备基于氢键交联 SPP 水凝胶的策略和增强机理。少量 PVA 均匀分散到含 H_2SO_4 的 AA 溶液中，通过自由基聚合得到水凝胶前驱体，将该前驱体进行冷冻/解冻处理得到高强度水凝胶。该方法巧妙利用强酸抑制弱酸电离的原则，通过 H_2SO_4 抑制 PAA 高分子链上羧基解离以便在水凝胶体系中形成更多的氢键，同时提供离子赋予水凝胶导电性。此外，冷冻/解冻处理过程进一步促进了水凝胶网络结构中氢键的形成，形成丰富、可逆的物理交联点。氢键的动态可逆性不但显著提升了水凝胶的力学性能，且表现出优异的自回复性能。基于 SPP 水凝胶优异的力学和导电性能，设计了可拉伸离子导线和电容型压力传感器，其对静态和动态压力载荷都表现出优异的信号响应。鉴于水凝胶快速的自回复性能，在外力卸载后，柔性器件的力学和电学特性可快速恢复到初始状态。综上，SPP 水凝胶有望应用于高性能柔性传感器件。

参 考 文 献

[1] Gong J P, Katsuyama Y, Kurokawa T, et al. Double-network hydrogels with extremely high mechanical strength[J]. Adv Mater, 2003, 15: 1155-1158.

[2] Webber R E, Creton C, Brown H R, et al. Large strain hysteresis and mullins effect of tough double-network hydrogels[J]. Macromolecules, 2007, 40: 2919-2927.

[3] Fei X, Lin J, Wang J, et al. Synthesis and mechanical strength of a novel double network nanocomposite hydrogel with core-shell structure[J]. Polym Adv Technol, 2012, 23: 736-741.

[4] Okumura Y, Ito K. The polyrotaxane gel: A topological gel by figure-of-eight cross-links[J]. Adv Mater, 2001, 13: 485-487.

[5] Ito K. Novel cross-linking concept of polymer network: Synthesis, structure, and properties of slide-ring gels with freely movable junctions[J]. Polym J, 2007, 39: 489-499.

[6] Haraguchi K, Takehisa T. Nanocomposite hydrogels: A unique organic-inorganic network structure with extraordinary mechanical, optical, and swelling/de-swelling properties[J]. Adv Mater, 2002, 14: 1120-1124.

[7] Lin L, Liu M, Chen L, et al. Bio-inspired hierarchical macromolecule-nanoclay hydrogels for robust underwater superoleophobicity[J]. Adv Mater, 2010, 22: 4826-4830.

[8] Sun J Y, Zhao X, Illeperuma W R, et al. Highly stretchable and tough hydrogels[J]. Nature, 2012, 489: 133-136.

[9] Darnell M C, Sun J Y, Mehta M, et al. Performance and biocompatibility of extremely tough alginate/polyacrylamide hydrogels[J]. Biomaterials, 2013, 34: 8042-8048.

[10] Mørch Ý A, Donati I, Strand B L, et al. Effect of Ca^{2+}, Ba^{2+}, and Sr^{2+} on alginate microbeads[J]. Biomacromolecules, 2006, 7: 1471-1480.

[11] Kong H J, Wong E, Mooney D J. Independent control of rigidity and toughness of polymeric hydrogels[J]. Macromolecules, 2003, 36: 4582-4588.

[12] Baumberger T, Ronsin O. Cooperative effect of stress and ion displacement on the dynamics of cross-link unzipping and rupture of alginate gels[J]. Biomacromolecules, 2010, 11: 1571-1578.

[13] Kuo C K, Ma P X. Ionically crosslinked alginate hydrogels as scaffolds for tissue engineering: Part 1. Structure, gelation rate and mechanical properties[J]. Biomaterials, 2001, 22: 511-521.

[14] Shapiro L, Cohen S. Novel alginate sponges for cell culture and transplantation[J]. Biomaterials, 1997, 18: 583-590.

[15] DeRamos C, Irwin A, Nauss J, et al. ^{13}C NMR and molecular modeling studies of alginic acid binding with alkaline earth and lanthanide metal ions[J]. Inorg Chim Acta, 1997, 256: 69-75.

[16] Na Y H, Tanaka Y, Kawauchi Y, et al. Necking phenomenon of double-network gels[J]. Macromolecules, 2006, 39: 4641-4645.

[17] Henderson K J, Zhou T C, Otim K J, et al. Ionically cross-linked triblock copolymer hydrogels with high strength[J]. Macromolecules, 2010, 43: 6193-6201.

[18] Liu Z, Calvert P. Multilayer hydrogels as muscle-like actuators[J]. Adv Mater, 2000, 12: 288-291.

[19] Brochu P, Pei Q. Dielectric elastomers for actuators and artificial muscles//Rasmussen L. Electroactivity in Polymeric Materials[M]. Boston: Springer Inc., 2012.

[20] Hamidi M, Azadi A, Rafiei P. Hydrogel nanoparticles in drug delivery[J]. Adv Drug Deliver Rev, 2008, 60: 1638-1649.

[21] Qiu Y, Park K. Environment-sensitive hydrogels for drug delivery[J]. Adv Drug Deliver Rev, 2001, 53: 321-339.

[22] Seliktar D. Designing cell-compatible hydrogels for biomedical applications[J]. Science, 2012, 336: 1124-1128.

[23] Stuart M A C, Huck W T, Genzer J, et al. Emerging applications of stimuli-responsive polymer materials[J]. Nat Mater, 2010, 9: 101-113.

[24] Wang E, Desai M S, Lee S W. Light-controlled graphene-elastin composite hydrogel actuators[J]. Nano Lett, 2013, 13: 2826-2830.

[25] Ilievski F, Mazzeo A D, Shepherd R F, et al. Soft robotics for chemists[J]. Angew Chem, 2011, 123: 1930-1935.

[26] Haraguchi K, Takehisa T, Fan S. Effects of clay content on the properties of nanocomposite hydrogels composed of poly(N-isopropylacrylamide) and clay[J]. Macromolecules, 2002, 35: 10162-10171.

[27] Zhang X Z, Wu D Q, Chu C C. Synthesis, characterization and controlled drug release of thermosensitive IPN-PNIPAAm hydrogels[J]. Biomaterials, 2004, 25: 3793-3805.

[28] Yang C H, Wang M X, Haider H, et al. Strengthening alginate/polyacrylamide hydrogels using various multivalent cations[J]. ACS Appl Mater Interfaces, 2013, 5: 10418-10422.

[29] Guvendiren M, Yang S, Burdick J A. Swelling-induced surface patterns in hydrogels with gradient crosslinking density[J]. Adv Funct Mater, 2009, 19: 3038-3045.

[30] Sharon E. Swell approaches for changing polymer shapes[J]. Science, 2012, 335: 1179-1180.

[31] Kim J, Hanna J A, Byun M, et al. Designing responsive buckled surfaces by halftone gel lithography[J]. Science, 2012, 335: 1201-1205.

[32] Lattermann G, Krekhova M. Thermoreversible ferrogels[J]. Macromol Rapid Commun, 2006, 27: 1373-1379.

[33] Szabó D, Czakó N I, Zrínyi M, et al. Magnetic and mössbauer studies of magnetite-loaded polyvinyl alcohol hydrogels[J]. J Colloid Interface Sci, 2000, 221: 166-172.

[34] Lin G, Chang S, Kuo C H, et al. Free swelling and confined smart hydrogels for applications in chemomechanical sensors for physiological monitoring[J]. Sensor Actuat B: Chem, 2009, 136: 186-195.

[35] Zhang Y, Wang Y, Wang H, et al. Super-elastic magnetic structural color hydrogels[J]. Small, 2019,15: e1902198.

[36] Hu X, Nian G, Liang X, et al. Adhesive tough magnetic hydrogels with high Fe_3O_4 content[J]. ACS Appl Mater Interfaces, 2019, 11: 10292-10300.

[37] Jalili N A, Muscarello M, Gaharwar A K. Nanoengineered thermoresponsive magnetic hydrogels for biomedical applications[J]. Bioeng Transl Med, 2016 ,1: 297-305.

[38] Liu Z, Wang H, Li B, et al. Biocompatible magnetic cellulose-chitosan hybrid gel microspheres reconstituted from ionic liquids for enzyme immobilization[J]. J Mater Chem, 2012, 22: 15085-15091.

[39] Hernández R, Zamora M V, Sibaja B M, et al. Influence of iron oxide nanoparticles on the rheological properties of hybrid chitosan ferrogels[J]. J Colloid Interface Sci, 2009, 339: 53-59.

[40] Messing R, Frickel N, Belkoura L, et al. Cobalt ferrite nanoparticles as multifunctional cross-linkers in PAAm ferrohydrogels[J]. Macromolecules, 2011, 44: 2990-2999.

[41] Varga Z, Filipcsei G, Zrínyi M. Magnetic field sensitive functional elastomers with tuneable elastic modulus[J]. Polymer, 2006, 47: 227-233.

[42] Li Y, Huang G, Zhang X, et al. Engineering cell alignment *in vitro*[J]. Biotechnol Adv, 2014, 32: 347-365.

[43] Xu F, Wu C M, Rengarajan V, et al. Three-dimensional magnetic assembly of microscale hydrogels[J]. Adv Mater, 2011, 23: 4254.

[44] Zhou Y, Sharma N, Deshmukh P, et al. Hierarchically structured free-standing hydrogels with liquid crystalline domains and magnetic nanoparticles as dual physical cross-linkers[J]. J Am Chem Soc, 2012, 134: 1630-1641.

[45] Gao Y, Wei Z, Li F, et al. Synthesis of a morphology controllable Fe_3O_4 nanoparticle/hydrogel magnetic nanocomposite inspired by magnetotactic bacteria and its application in H_2O_2 detection[J]. Green Chem, 2014, 16: 1255-1261.

[46] Wang Y, Dong A, Yuan Z, et al. Fabrication and characterization of temperature-, pH- and magnetic-field-sensitive organic/inorganic hybrid poly(ethylene glycol)-based hydrogels[J]. Colloid Surface A, 2012, 415: 68-75.

[47] Haider H, Yang C H, Zheng W J, et al. Exceptionally tough and notch-insensitive magnetic hydrogels[J]. Soft Matter, 2015, 11: 8253-8261.

[48] Zhang Y, Sun Y, Yang X, et al. Injectable *in situ* forming hybrid iron oxide-hyaluronic acid

hydrogel for magnetic resonance imaging and drug delivery[J]. Macromol Biosci, 2014, 14: 1249-1259.

[49] Lao L, Ramanujan R. Magnetic and hydrogel composite materials for hyperthermia application[J]. J Mater Sci Mater Med, 2004, 15: 1061-1064.

[50] Souza G R, Molina J R, Raphael R M, et al. Three-dimensional tissue culture based on magnetic cell levitation[J]. Nat Nanotechnol, 2010, 5: 291-296.

[51] Bayramoglu G, Altintas B, Arica M Y. Immobilization of glucoamylase onto polyaniline-grafted magnetic hydrogel via adsorption and adsorption/cross-linking[J]. Appl Microbiol Biotechnol, 2013, 97: 1149-1159.

[52] Chaubey G S, Barcena C, Poudyal N, et al. Synthesis and stabilization of FeCo nanoparticles[J]. J Am Chem Soc, 2007, 129: 7214-7215.

[53] Yang Y, Urban M W. Self-healing polymeric materials[J]. Chem Soc Rev, 2013, 42: 7446-7467.

[54] Ghosh S, Cai T. Controlled actuation of alternating magnetic field-sensitive tunable hydrogels[J]. J Phys D: Appl Phys, 2010, 43: 415504.

[55] Muller L, Saeed M, Wilson M W, et al. Remote control catheter navigation: Options for guidance under MRI[J]. J Cardiovasc Magn Reson, 2012, 14: 1-9.

[56] Swain P, Toor A, Volke F, et al. Remote magnetic manipulation of a wireless capsule endoscope in the esophagus and stomach of humans[J]. Gastrointest Endosc, 2010, 71: 1290-1293.

[57] Gong J, Higa M, Iwasaki Y, et al. Friction of gels[J]. J Phys Chem B, 1997, 101: 5487-5489.

[58] Chen Y, Lu B, Chen Y, et al. Breathable and stretchable temperature sensors inspired by skin[J]. Sci Rep, 2015, 5: 1-11.

[59] Hammock M L, Chortos A, Tee B C K, et al. 25th anniversary article: The evolution of electronic skin (e-skin): a brief history, design considerations, and recent progress[J]. Adv Mater, 2013, 25: 5997-6038.

[60] Keplinger C, Sun J Y, Foo C C, et al. Stretchable, transparent, ionic conductors[J]. Science, 2013, 341: 984-987.

[61] Chen B, Lu J J, Yang C H, et al. Highly stretchable and transparent ionogels as nonvolatile conductors for dielectric elastomer transducers[J]. ACS Appl Mater Interfaces, 2014, 6: 7840-7845.

[62] Yang C H, Chen B, Lu J J, et al. Ionic cable[J]. Extr Mech Lett, 2015, 3: 59-65.

[63] Weng W, Chen P, He S, et al. Smart electronic textiles[J]. Angew Chem Int Ed, 2016, 55: 6140-6169.

[64] Chortos A, Liu J, Bao Z. Pursuing prosthetic electronic skin[J]. Nat Mater, 2016, 15: 937-950.

[65] Sekitani T, Nakajima H, Maeda H, et al. Stretchable active-matrix organic light-emitting diode display using printable elastic conductors[J]. Nat Mater, 2009, 8: 494-499.

[66] Wang X, Shi G. Flexible graphene devices related to energy conversion and storage[J]. Energ Environ Sci, 2015, 8: 790-823.

[67] Park S, Wang G, Cho B, et al. Flexible molecular-scale electronic devices[J]. Nat Nanotechnol, 2012, 7: 438-442.

[68] Gelinck G H, Huitema H E A, Veenendaal E, et al. Flexible active-matrix displays and shift

registers based on solution-processed organic transistors[J]. Nat Mater, 2004, 3: 106-110.

[69] Zeng W, Shu L, Li Q, et al. Fiber-based wearable electronics: a review of materials, fabrication, devices, and applications[J]. Adv Mater, 2014, 26: 5310-5336.

[70] Fan X, Chu Z, Chen L, et al. Fibrous flexible solid-type dye-sensitized solar cells without transparent conducting oxide[J]. Appl Phys Lett, 2008, 92: 113510.

[71] Le V T, Kim H, Ghosh A, et al. Coaxial fiber supercapacitor using all-carbon material electrodes[J]. ACS Nano, 2013, 7: 5940-5947.

[72] Sun J Y, Keplinger C, Whitesides G M, et al. Ionic skin[J]. Adv Mater, 2014, 26: 7608-7614.

[73] Wirthl D, Pichler R, Drack M, et al. Instant tough bonding of hydrogels for soft machines and electronics[J]. Sci Adv, 2017, 3: e1700053.

[74] Lin S, Yuk H, Zhang T, et al. Stretchable hydrogel electronics and devices[J]. Adv Mater, 2016, 28: 4497-4505.

[75] Kamata H, Akagi Y, Kayasuga K Y, et al. "Nonswellable" hydrogel without mechanical hysteresis[J]. Science, 2014, 343: 873-875.

[76] Gong J P, Katsuyama Y, Kurokawa T, et al. Double-network hydrogels with extremely high mechanical strength[J]. Adv Mater, 2003, 15: 1155-1158.

[77] Jeon O, Shin J Y, Marks R, et al. Highly elastic and tough interpenetrating polymer network-structured hybrid hydrogels for cyclic mechanical loading-enhanced tissue engineering[J]. Chem Mater, 2017, 29: 8425-8432.

[78] Ozawa F, Okitsu T, Takeuchi S. Improvement in the mechanical properties of cell-laden hydrogel microfibers using interpenetrating polymer networks[J]. ACS Biomater Sci Eng, 2017, 3: 392-398.

[79] Zhang H J, Sun T L, Zhang A K, et al. Tough physical double-network hydrogels based on amphiphilic triblock copolymers[J]. Adv Mater, 2016, 28: 4884-4890.

[80] Jeon I, Cui J, Illeperuma W R, et al. Extremely stretchable and fast self-healing hydrogels[J]. Adv Mater, 2016, 28: 4678-4683.

[81] Azevedo S, Costa A M, Andersen A, et al. Bioinspired ultratough hydrogel with fast recovery, self-healing, injectability and cytocompatibility[J]. Adv Mater, 2017, 29: 1700759.

[82] Chen Q, Zhu L, Chen H, et al. A novel design strategy for fully physically linked double network hydrogels with tough, fatigue resistant, and self-healing properties[J]. Adv Funct Mater, 2015, 25: 1598-1607.

[83] Sun J Y, Zhao X, Illeperuma W R, et al. Highly stretchable and tough hydrogels[J]. Nature, 2012, 489: 133-136.

[84] Sun T L, Kurokawa T, Kuroda S, et al. Physical hydrogels composed of polyampholytes demonstrate high toughness and viscoelasticity[J]. Nat Mater, 2013, 12: 932-937.

[85] You J, Xie S, Cao J, et al. Quaternized chitosan/poly(acrylic acid) polyelectrolyte complex hydrogels with tough, self-recovery, and tunable mechanical properties[J]. Macromolecules, 2016, 49: 1049-1059.

第5章 纳米复合水凝胶的可控制备及应用

5.1 负载八面体纳米粒子的磁性水凝胶

5.1.1 引言

Fe$_3$O$_4$ 纳米粒子因固有的类过氧化物酶活性而在生物技术和环境保护等领域发挥着重要作用[1]。作为一种无机纳米人工酶，Fe$_3$O$_4$ 纳米粒子具有优于天然酶(如辣根过氧化物酶)的优势，例如，在酸性和高温环境下仍然可以保持较高的催化活性、可重复利用、价格低廉等。Fe$_3$O$_4$ 磁性纳米粒子的催化活性与形貌密切相关，形貌调控可有效提高催化活性[2]。已报道了多种形貌 Fe$_3$O$_4$ 纳米粒子结构，如零维(纳米球、纳米八面体、纳米立方体)、一维(纳米棒、纳米线、纳米管)和二维(纳米环、纳米片、纳米三棱镜)纳米结构等[3-5]。但是，常规制备可控形貌 Fe$_3$O$_4$ 纳米粒子方法，如水热法、溶剂热法和热分解法等，均涉及使用污染环境的有机溶剂、表面活性剂等反应原料，并且反应条件严苛，涉及高温、高压、制备过程烦琐等，严重阻碍了形貌可控 Fe$_3$O$_4$ 纳米粒子的大批量制备和广泛实际应用[6,7]。

因此，亟需发展环境友好、绿色制备形貌可控 Fe$_3$O$_4$ 纳米粒子的方法。在水凝胶三维网络结构中原位合成形貌可控 Fe$_3$O$_4$ 纳米粒子是解决上述问题的有效策略。水凝胶的亲水网络结构提供了有利于小分子扩散和运输的微环境，可以作为调控纳米粒子形貌的微反应器，并充当固定纳米粒子的载体，从而达到在控制纳米粒子形貌的同时，解决纳米粒子易团聚的问题[8]，有利于构建具有高催化活性、稳定性、可回收等优势的纳米复合水凝胶体系。本节的主要内容为通过简便、温和的共沉淀反应，以聚 2-丙烯酰胺-2-甲基丙磺酸钠(PNaAMPS)水凝胶基体为微反应器，调节水凝胶的体电荷密度和网孔尺寸，实现负载形貌可控 Fe$_3$O$_4$ 纳米粒子磁性复合水凝胶的制备，并应用于 H$_2$O$_2$ 检测。该研究发展了在水相环境中原位合成形貌可控 Fe$_3$O$_4$ 纳米粒子的绿色制备方法，为推动形貌可控 Fe$_3$O$_4$ 纳米粒子的广泛应用奠定了基础。

5.1.2 八面体 Fe$_3$O$_4$ 纳米晶体的原位合成及表征

图 5.1 是水凝胶基体中原位合成磁性纳米粒子的过程示意图。首先将不同交

联剂浓度(C)的 PNaAMPS 水凝胶浸泡在溶解二价铁离子(Fe^{2+})和三价铁离子(Fe^{3+})的水溶液中($[Fe^{2+}]/[Fe^{3+}]=11:1$),得到负载铁离子的橙色半透明水凝胶,随后浸泡在 NaOH(0.5 mol/L)水溶液中,通过温和的原位共沉淀反应(50℃),诱导磁性纳米晶体的成核和生长,最终得到负载磁性纳米粒子的黑色不透明复合水凝胶。

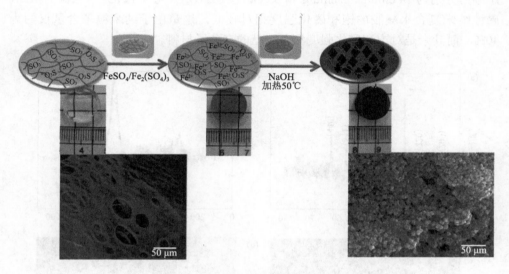

图 5.1　水凝胶中原位合成磁性纳米粒子的过程和样品照片

　　分析负载磁性纳米粒子 10 mol% PNaAMPS 水凝胶的性能。磁性纳米粒子水凝胶的 X 射线衍射(X-ray diffraction,XRD)图谱显示,衍射峰的位置和相对强度与具有反尖晶石型面心立方结构的 Fe_3O_4 晶体(JCPDS5958559-0416)相匹配[图 5.2(a)]。然而,γ-Fe_2O_3 也拥有与 Fe_3O_4 类似的 X 射线衍射图谱,为了进一步证实在水凝胶中原位合成的纳米粒子是 Fe_3O_4 而不是 γ-Fe_2O_3,通过拉曼光谱表征分析产物的晶体结构[9]。纳米晶体的拉曼光谱显示在 670 cm^{-1} 处的强峰图[5.2(b)],明显不同于 γ-Fe_2O_3 的三个宽峰(350 cm^{-1}、500 cm^{-1} 和 700 cm^{-1})[10]。基于上述结果,可以确定在 PNaAMPS 水凝胶中原位合成的纳米晶体是 Fe_3O_4,而不是 γ-Fe_2O_3。此外,利用扫描电子显微镜(scanning electron microscope,SEM)观察到在水凝胶中原位生成的几乎全部是八面体磁性纳米粒子,并且这些纳米粒子的形貌和尺寸高度均一[图 5.2(c)],通过透射电子显微镜(transmission electron microscope,TEM)清晰观测单个八面体磁性纳米粒子的典型几何结构,并确定边长(153 nm)[图 5.2(d)],利用高分辨透射电子显微镜(high resolution transmission

electron microscope，HRTEM）进一步观测到八面体磁性纳米粒子的晶面间距为
0.482 nm［图 5.2（e）］，符合面心立方结构 Fe_3O_4 晶体中 {111} 晶面族的晶面间距，
进而证实了八面体 Fe_3O_4 纳米粒子表面暴露的晶面族为 {111} 晶面族。

　　通过振动样品磁强计测试了负载八面体 Fe_3O_4 纳米粒子复合水凝胶的磁学性
能。磁滞曲线表明该复合水凝胶具有铁磁性，其饱和磁化强度、剩余磁化强度和
矫顽力分别为 14 emu/g、2 emu/g 和 83 Oe［图 5.2（f）］。与纯 Fe_3O_4 纳米粒子相比，
磁性纳米复合水凝胶的饱和磁化强度相对较低，这是由于纳米粒子含量仅约为
40%，而其余是对饱和磁化强度没有贡献的高分子材料。

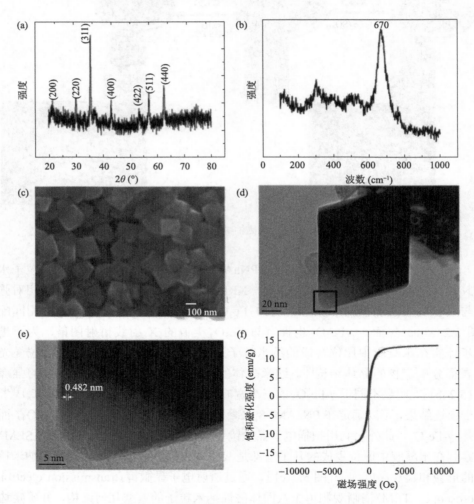

图 5.2　负载八面体 Fe_3O_4 纳米粒子复合水凝胶
（a）XRD 图谱；（b）拉曼光谱；（c）SEM 图像；（d）TEM 图像；（e）HRTEM 图像；（f）磁滞曲线

5.1.3　磁性纳米粒子的形貌调控机理

探究交联密度调控水凝胶中原位合成的 Fe_3O_4 纳米粒子形貌发现，当交联剂浓度为 1 mol% 时，合成得到平均粒径约 65 nm 的不规则形貌 Fe_3O_4 纳米粒子；当交联剂浓度增加至 4 mol% 时，Fe_3O_4 纳米粒子开始各向异性生长，其中八面体形貌的纳米粒子约占 20%，边长约为 117 nm；当交联剂浓度上升至 10 mol% 时，纳米粒子几乎均呈现出规则的八面体形貌，平均粒径为 153 nm［图 5.2（d）］，表明该交联剂浓度显著加强了 Fe_3O_4 纳米粒子的各向异性生长。但是，当将交联剂浓度持续增加到 15 mol% 时，Fe_3O_4 纳米粒子的各向异性生长现象完全消失，转变为粒径约为 99 nm 的球状颗粒。上述结果清楚地表明，水凝胶的交联剂浓度对调控 Fe_3O_4 纳米粒子形貌起着至关重要的作用。当交联剂浓度为 10 mol% 时，PNaAMPS 水凝胶网络可提供最适合 Fe_3O_4 纳米粒子各向异性生长的微环境，导致在三维网络结构中生成大量规则八面体形貌的纳米晶体。

水凝胶网络微环境影响无机纳米粒子生长的因素可概括为两个主要方面：一方面是高分子链上功能性官能团的影响，另一方面是高分子三维网络的空间约束作用[11-13]。研究表明，在驱磁细菌体内，6 号特殊磁小体膜蛋白（magnetosome membrane specific 6，Mms6）中带负电荷的 C 端亲水性区域可促进磁小体囊泡内铁离子的吸收与富集，形成高浓度铁离子微环境，有利于驱磁细菌体内八面体磁性纳米晶体的原位合成[14]。此外，方解石晶体的八面体形貌与带负电荷的磺酸根基团（—SO_3H）的浓度密切相关[15]。受到上述研究启发，推测 PNaAMPS 水凝胶中的—SO_3H 基团能够显著影响 Fe_3O_4 纳米粒子的八面体形貌。

交联剂浓度对原位生长 Fe_3O_4 纳米粒子形貌的调控机理分析如下。带负电荷的—SO_3H 基团是 PNaAMPS 高分子链上唯一的带电基团，因此，水凝胶的体电荷密度（ρ_e），即单位空间内的带电量，可以表征水凝胶中分布在高分子链上—SO_3H 基团的局部浓度。此外，水凝胶的网孔尺寸可以表征三维网络的空间约束作用程度。当交联剂浓度增加时，减小网孔尺寸，提高—SO_3H 基团的局部浓度。通过式（5.1）可计算 PNaAMPS 水凝胶的体电荷密度[16]：

$$\rho_e = \frac{10^6 N_A}{q M_w} \tag{5.1}$$

其中，N_A 是阿伏伽德罗常数；M_w 是高分子链重复单元的分子量（229.04）；q 是水凝胶的溶胀率。计算得到 PNaAMPS 水凝胶的体电荷密度为 $\rho_e = 2.63\ q^{-1}\ nm^{-3}$。$q$ 是水凝胶在纯水中溶胀平衡时的质量（w_{wet}）与完全干燥时质量（w_{dry}）的百分比[16]：

$$q = \frac{w_{wet}}{w_{dry}} \times 100\% \qquad (5.2)$$

在磁性纳米复合水凝胶中，需要扣除 Fe_3O_4 纳米粒子的质量，因此，复合水凝胶的溶胀率可修正为

$$q = \frac{w_{wet} - w_{Fe_3O_4}}{w_{dry} - w_{Fe_3O_4}} \times 100\% \qquad (5.3)$$

热重分析可以确定磁性纳米复合水凝胶中 Fe_3O_4 纳米粒子的负载量。如图 5.3 所示，复合水凝胶的温度-质量曲线出现两个明显的质量下降峰，第一个峰出现在 100℃左右，表明水凝胶中的水分开始蒸发，第二个峰出现在 370℃左右，显示水凝胶中的高分子开始分解，且最终在 800℃时达到稳定，此时曲线上的平台对应的质量百分比为 Fe_3O_4 纳米粒子的负载量。对于交联剂浓度为 1 mol%、4 mol%、10 mol% 和 15 mol% 的磁性纳米复合水凝胶，Fe_3O_4 纳米粒子的负载量分别为 68.21%、57.63%、43.56% 和 42.70%。将上述数值分别代入式(5.3)和式(5.1)中，计算得到相应磁性纳米复合水凝胶的溶胀率 q 分别为 328.75、52.16、22.74 和 16.01，ρ_e 分别为 0.008 nm^{-3}、0.050 nm^{-3}、0.116 nm^{-3} 和 0.164 nm^{-3}，表明单位空间内磺酸根基团的浓度随水凝胶交联密度的增加而增大。

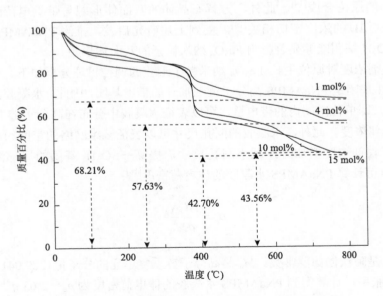

图 5.3　不同交联剂浓度时磁性纳米复合水凝胶的热重曲线

当高分子链在纯水中达到溶胀平衡而完全伸展时，强聚电解质水凝胶的网孔尺寸(ξ)约等于两个相邻交联点间高分子链的长度。假设 PNaAMPS 水凝胶的网格为立方体，则网孔尺寸可估算为

$$\xi = \sqrt{\frac{3}{b\rho_e}} \tag{5.4}$$

其中，b 是沿高分子链轴向分布的两个电荷基团之间的距离(0.255 nm)。根据式(5.1)和式(5.4)，对于交联剂浓度分别为 1 mol%、4 mol%、10 mol% 和 15 mol% 的 PNaAMPS 水凝胶，计算得到相应的网孔尺寸为 38.3 nm、15.3 nm、10.1 nm 和 8.5 nm，表现出随交联剂浓度增加而明显下降的趋势(表 5.1)。根据上述结果可知，水凝胶中的负电荷微环境和网孔尺寸对调控 Fe_3O_4 纳米粒子形貌起着至关重要的作用。当交联密度为 10 mol% 时，水凝胶的体电荷密度(ρ_e)和网孔尺寸(ξ)分别为 0.116 nm^{-3} 和 10.1 nm，PNaAMPS 水凝胶可提供最有利于原位生长八面体 Fe_3O_4 纳米晶体的微环境。在趋磁细菌(*M. magnetotacticum*)体内包裹 Fe_3O_4 纳米晶体的磁小体约为 15.0 nm，与交联密度为 4 mol% 和 10 mol% 水凝胶的网孔尺寸 15.3 nm 和 10.1 nm 十分接近。在上述讨论的基础上，进一步分析了 10 mol% PNaAMPS 水凝胶中生成大量八面体 Fe_3O_4 纳米晶体的机理。当交联剂浓度从 1 mol%、4 mol% 增加至 10 mol% 时，随着水凝胶体电荷密度的增加，Fe_3O_4 纳米晶体从各向同性生长逐渐转变为各向异性生长趋势，并最终形成八面体形貌。众所周知，晶体中 {100} 和 {111} 两晶面族生长速率的竞争决定了最终生成的面心立方晶体的形态。晶面的生长对周围的微环境高度敏感，当外部微环境促进 {100} 晶面族生长，而抑制 {111} 晶面族生长时，则有利于形成八面体形貌[17]。与驱磁细菌体内磁小体内吸收富集铁离子的 Mms6 蛋白类似，水凝胶中局部高密度—SO_3H 基团提供了有利于铁离子高度富集的微环境，减慢了 Fe_3O_4 晶体 {111} 晶面族的生长速率，最终形成八面体 Fe_3O_4 晶体。

表 5.1　磁性纳米复合水凝胶交联剂浓度对 Fe_3O_4 纳米粒子形貌的影响

C (mol%)	q	Fe_3O_4 负载量 (%)	ρ_e (nm^{-3})	ξ (nm)	Fe_3O_4 形貌/尺寸 (nm)
1	328.75	68.21	0.008	38.3	不规则/65
4	52.16	57.63	0.050	15.3	八面体/17
10	22.74	43.56	0.116	10.1	八面体/153
15	16.01	42.70	0.164	8.5	球状/99

注：C 为交联剂浓度；q 为溶胀率；ρ_e 为体电荷密度；ξ 为网孔尺寸。

　　在系列 poly(NaAMPS-*co*-DMAAm)共聚水凝胶中原位合成磁性纳米粒子,进一步证实了水凝胶体电荷密度和网孔尺寸对原位生长的 Fe$_3$O$_4$ 纳米粒子形貌和尺寸的影响。中性 DMAAm 与 NaAMPS 结构类似但不含磺酸根基团,改变单体NaAMPS 与 DMAAm 的比例和交联剂浓度可分别制备系列不同体电荷密度和网孔尺寸的共聚水凝胶。图 5.4 为不同比例($R = 5:5$、$6:4$、$7:3$、$8:2$、$9:1$)和交联剂浓度($C = 10$ mol%、15 mol%)共聚水凝胶中磁性纳米粒子的形貌演变过程。

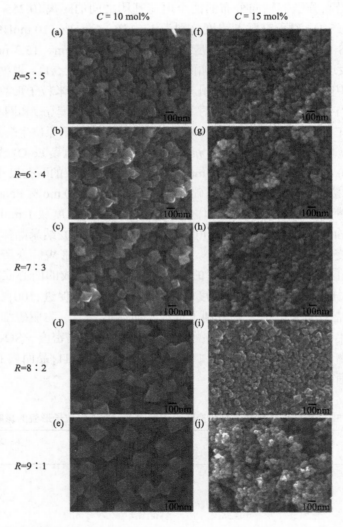

图 5.4　不同交联剂浓度(C)及单体比例(R)共聚水凝胶中原位生成的
Fe$_3$O$_4$ 纳米粒子的 SEM 照片

在 10 mol%共聚水凝胶中，当 R 从 5：5 上升至 9：1 时，随着体电荷密度增加，相应水凝胶中八面体 Fe_3O_4 纳米粒子的数量和形貌的规则性逐步增加。最终，当 R 增大至 9：1 时，所有纳米粒子均表现为规则的八面体形貌[图 5.4(a~e)]。结果表明，当交联剂浓度为 10 mol%时，随着水凝胶体电荷密度的上升，共聚水凝胶中 Fe_3O_4 纳米粒子的各向异性生长趋势增强。但是，当交联剂浓度提高至 15 mol%时，水凝胶中合成的全部为球状纳米颗粒，八面体 Fe_3O_4 纳米粒子完全消失，且该现象不依赖于体电荷密度的变化[图 5.4(f~j)]。如前所述，随着交联剂浓度增加，水凝胶三维网络结构中磺酸根基团密度增大，有望促进八面体 Fe_3O_4 纳米粒子的生成，而与此同时，不断减小的网孔尺寸逐渐抑制了纳米粒子的各向异性生长。当交联剂浓度为 10 mol%时，电荷密度（ρ_e）是决定水凝胶中晶体生长的主要因素，高电荷密度有利于形成八面体 Fe_3O_4 纳米粒子；但是，当交联剂浓度升高至 15 mol%时，水凝胶网孔尺寸减小，有限的空间结构成为阻碍晶体生长的决定性因素，而不再依赖于体电荷密度的变化。

5.1.4　磁性纳米水凝胶的催化性能及 H_2O_2 检测

作为一种人工辣根过氧化物酶，Fe_3O_4 纳米粒子具有催化 H_2O_2 的能力，从而赋予磁性纳米复合水凝胶相应的催化性能。通过检测磁性纳米复合水凝胶对 H_2O_2 的催化性能，验证包埋在高分子水凝胶三维网络中的 Fe_3O_4 纳米粒子的催化活性。催化剂的活性与含量密切相关，通过热重分析表征交联剂浓度 1 mol%、4 mol%、10 mol%和 15 mol%水凝胶中磁性粒子的含量值分别为 68.21%、57.63%、43.56%和 42.70%。利用上述数据可保证在测试催化活性时不同交联剂浓度磁性纳米复合水凝胶中 Fe_3O_4 纳米粒子含量相等。选用与 Fe_3O_4 纳米粒子具有高亲和性的 3,3′,5,5′-四甲基联苯胺(3,3′,5,5′-tetramethylbenzidine,TMB)(816 mmol/L)作为催化底物,在 H_2O_2 溶液(530 mmol/L)中进行反应,检测催化性能[图 5.5(a)]。由紫外-可见吸收光谱曲线可以看出，未加入磁性纳米复合水凝胶时，TMB 和 H_2O_2 无色混合溶液在 450~800 nm 范围内的吸收非常小，可以忽略不计。当加入不同交联密度磁性纳米复合水凝胶时(Fe_3O_4 纳米粒子含量为 25 μg)，混合溶液发生蓝色显色反应[图 5.5(a)]，并均在 650 nm 处出现相似的最大特征吸收峰[图 5.5(b)]，表明该复合水凝胶可继承 Fe_3O_4 纳米粒子的 H_2O_2 催化性能。此外，反应完成后，便于将磁性纳米复合水凝胶从溶液中取出，表明该磁性纳米复合材料易于有效回收及重复利用。

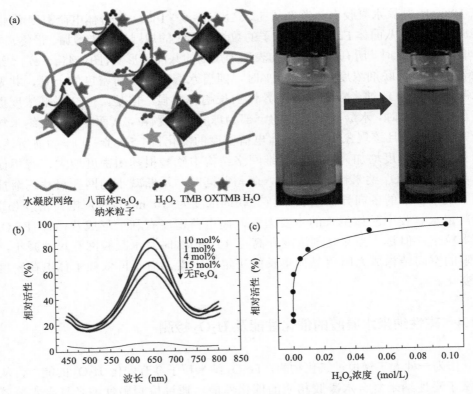

图 5.5　(a)磁性纳米复合水凝胶的 H_2O_2 催化活性原理示意图及蓝色显色反应；(b)紫外-可见吸收光谱检测催化性能；(c)负载八面体 Fe_3O_4 纳米粒子复合水凝胶的 H_2O_2 浓度响应曲线

高分子网络中 Fe_3O_4 纳米粒子的尺寸和形貌显著影响磁性纳米复合水凝胶的催化性能。一方面，较小尺寸的纳米粒子具有较大的比表面积而产生较高的催化活性；另一方面，不同纳米粒子形貌导致晶体表面暴露不同能量的晶面，从而影响催化活性。不同交联密度的磁性纳米复合水凝胶由于负载不同形貌的 Fe_3O_4 纳米粒子而表现出截然不同的催化性能[图 5.5(b)]。由于负载规则八面体 Fe_3O_4 纳米粒子，交联密度为 10 mol%的磁性纳米复合水凝胶表现出最高的催化活性，与 1 mol%磁性纳米复合水凝胶的催化活性相当。尽管后者负载的 Fe_3O_4 纳米粒子形貌不规则，但尺寸小（65 nm），比表面积大，从而赋予该水凝胶较高的催化活性。当交联密度为 4 mol%时，八面体 Fe_3O_4 纳米粒子约占总纳米粒子数量的 20%，而交联密度为 15 mol%时，所有纳米粒子都演变为球状，因此，4 mol%磁性纳米复合水凝胶的催化活性略高于 15 mol%磁性纳米复合水凝胶。此外，4 mol%与 15 mol%磁性纳米复合水凝胶的催化活性均低于 1 mol%和 10 mol%磁性纳米复合水凝胶。尽管 10 mol%和 15 mol%磁性纳米复合水凝胶中负载的 Fe_3O_4 纳米粒子具有相近的平均粒径，但表现出显著不同的催化性能，说明催化活性与 Fe_3O_4 纳米粒子的形貌密切相关。由于负载八面体 Fe_3O_4 纳米粒子的复合水凝胶表现出良好的催化活性，进而将 10 mol%磁性纳米复合水凝胶用于检测 H_2O_2 浓度($5 \times 10^{-6} \sim 0.1$ mol/L)。结果显示，催化反应中测定的最大特征吸收峰强度随着 H_2O_2 浓度的增加而上升，被检测到的特征吸收峰最小强度对应 H_2O_2 的最低浓度(5×10^{-6} mol/L)[图 5.5(c)]。

5.1.5 小结

在带负电荷的 PNaAMPS 水凝胶中通过简便、温和的原位共沉淀反应合成了均匀分布的 Fe_3O_4 纳米粒子，并通过调节水凝胶的交联密度改变高分子三维网络的内部微环境，成功调控原位生长的 Fe_3O_4 纳米粒子的形貌及尺寸。当水凝胶的交联剂浓度为 10 mol%时，可以获得形貌和尺寸高度均一、规则的八面体 Fe_3O_4 纳米粒子。进一步探讨了水凝胶网络内部微环境，即体电荷密度和高分子网络尺寸，对 Fe_3O_4 纳米粒子的形貌调控机理。交联密度增加时，水凝胶网络微环境中的体电荷密度增大，有利于促进 Fe_3O_4 纳米粒子的各向异性生长，形成八面体形貌；与此同时，水凝胶高分子三维网络的尺寸减小，空间束缚作用增强，抑制 Fe_3O_4 纳米粒子的各向异性生长，不利于形成规则八面体形貌。水凝胶的体电荷密度和网络尺寸的共同作用导致特定微环境下八面体 Fe_3O_4 纳米粒子的产生。在 H_2O_2 检测的应用中，负载八面体 Fe_3O_4 纳米粒子的复合水凝胶具有最优的催化活性，并表现出高灵敏性，H_2O_2 的检测浓度低至 5×10^{-6} mol/L。

5.2 负载一维磁性纳米粒子的复合水凝胶

5.2.1 引言

Fe_3O_4 纳米粒子具有催化性能稳定、环境友好及经济适用等优势，在生物医药、环境保护、信息传输等领域应用广泛[18]。在有机染料处理方面，Fe_3O_4 纳米粒子在类 Fenton 反应中的应用受到关注。在典型的 Fenton 反应中，Fe^{2+}/Fe^{3+} 催化过氧化氢(H_2O_2)释放出强氧化性羟基自由基，能够氧化降解绝大多数有机染料，在环境化学领域中发挥重要作用[19]。但是，Fenton 反应尚存在生成可溶性铁盐等新污染物、难以循环利用等局限性[20]。Fe_3O_4 纳米粒子的催化活性高、环境依赖性低、可回收利用[21]，有望提高 Fenton 反应的效率、拓宽环境适用性和减少二次污染等。

由 5.1 节内容可知，Fe_3O_4 纳米粒子的催化活性与形貌密切相关，特别是具有各向异性形貌的 Fe_3O_4 纳米晶体表现出优异的催化活性[2]。通常用于 Fenton 反应的多数仍为粒径较大的 Fe_3O_4 球形粒子，催化效率低，因此，亟需发展基于各向

异性形貌 Fe_3O_4 纳米粒子的高效 Fenton 催化体系。然而，制备形貌各向异性 Fe_3O_4 纳米粒子的传统方法(如水热法、溶剂热法、热分解法等)存在反应条件苛刻、环境污染、产率低、难以规模化生产等问题，严重阻碍了各向异性 Fe_3O_4 纳米粒子在 Fenton 反应中的应用[7,22,23]。

　　水凝胶作为 Fe_3O_4 纳米粒子微反应器和载体，具有以下优势：通过改变水凝胶网络内部的微环境，在温和、绿色的水相反应中原位调控纳米粒子形貌；水凝胶三维网络载体可均匀负载纳米催化剂，有利于发挥催化活性，便于循环利用；水凝胶三维网络允许离子及小分子的自由扩散，且高分子链可吸附重金属离子、染料分子等，从而可与纳米粒子的催化性能协同发挥作用，提高染料污水处理效率。本节进一步探讨水凝胶中一维 Fe_3O_4 纳米粒子的原位合成，以及磁性纳米复合水凝胶对有机染料的催化降解作用，并分析不同形貌纳米粒子在 Fenton 反应中的催化性能，进而探讨形貌对纳米粒子催化性能的影响机理。

5.2.2　一维磁性纳米粒子的合成及表征

　　在水凝胶中制备不同形貌 Fe_3O_4 纳米粒子的过程如图 5.6 所示。首先，将 PNaAMPS 水凝胶浸泡在二价铁离子(Fe^{2+})和三价铁离子(Fe^{3+})的混合水溶液中，达到吸附平衡后，无色透明的水凝胶由于负载铁离子而变为橙黄色。紧接着将负载

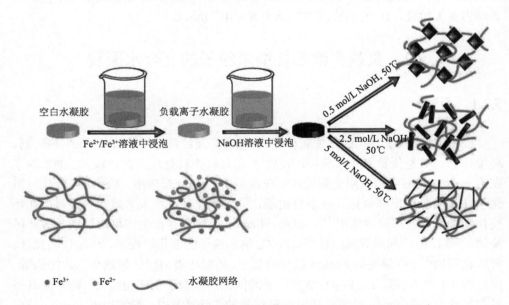

图 5.6　水凝胶中原位制备不同形貌 Fe_3O_4 纳米粒子过程示意图

铁离子的水凝胶浸泡在不同浓度的 NaOH 水溶液中(50℃)反应后，制备得到负载不同形貌 Fe_3O_4 纳米粒子的黑色不透明复合水凝胶。调节 NaOH 浓度分别为 0.5 mol/L、2.5 mol/L 和 5.0 mol/L 时，可实现 Fe_3O_4 纳米粒子形貌从纳米八面体、纳米棒状到纳米针状的一系列演变。

改变 NaOH 浓度可显著调控 Fe_3O_4 纳米粒子的形貌。图 5.7 为不同 NaOH 浓度时，水凝胶中原位制备的 Fe_3O_4 纳米粒子形貌的 SEM 照片及 HRTEM 照片(插图为相应的傅里叶变换图谱)。SEM 观测表明，当 NaOH 浓度为 0.5 mol/L 时，产物为边长约 153 nm 的规则纳米八面体；当 NaOH 浓度增大至 2.5 mol/L 时，纳米粒子的形貌演变为直径约 53 nm、长度约 409 nm 的纳米棒；继续增大 NaOH 浓度至 5.0 mol/L 时，纳米粒子的形貌演变为直径约 25 nm、长度约 355 nm 的纳米针。产物的 HRTEM 照片显示八面体 Fe_3O_4 纳米粒子的晶面间距为 0.41 nm。通过 HRTEM 及相应的反向傅里叶变换表征，结合 Fe_3O_4 晶体结构信息可知，在水凝胶中原位生长的 Fe_3O_4 纳米八面体暴露出的晶面为(111)晶面，而纳米棒和纳米针沿[211]晶向生长。

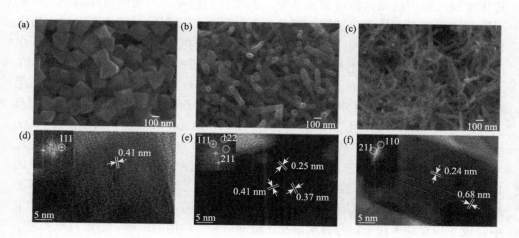

图 5.7　不同 NaOH 浓度时水凝胶中原位制备的 Fe_3O_4 纳米粒子形貌的 SEM 照片及 HRTEM 照片(插图为相应的傅里叶变换图谱)

(a, d) 0.5 mol/L；(b, e) 2.5 mol/L；(c, f) 5 mol/L

采用 XRD 和拉曼光谱表征水凝胶中负载的 Fe_3O_4 纳米粒子的晶体结构。如图 5.8(a)所示，在负载纳米八面体、纳米棒状和纳米针状水凝胶的 XRD 图谱中，特征峰的位置及相对强度均与反尖晶石型面心立方结构的 Fe_3O_4 晶体一致。此外，各样品的拉曼光谱中，670 cm^{-1} 处的主峰进一步证明产物为 Fe_3O_4 晶体[图 5.8(b)]，并非 XRD 图谱相似的纳米 $\gamma\text{-}Fe_2O_3$ 晶体[9]。

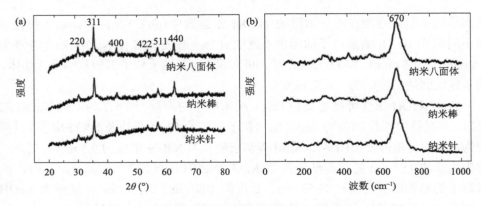

图 5.8　水凝胶中负载的不同形貌 Fe_3O_4 纳米粒子的晶体结构表征
(a) XRD 图谱；(b) 拉曼图谱

　　上述结果表明，NaOH 浓度对 Fe_3O_4 纳米粒子在水凝胶网络中的各向异性生长起着关键性作用。随着 NaOH 浓度升高，Fe_3O_4 晶体的各向异性生长不断加剧，逐步实现形貌由纳米八面体到纳米棒、纳米针的演变。与水溶液环境相比，水凝胶微环境的两个特点显著影响原位生长的纳米粒子形貌，即高分子链上带电官能团的吸附和富集作用，以及水凝胶三维网络的空间约束作用。为了验证水凝胶微环境对 Fe_3O_4 纳米粒子形貌的调控作用，在相同反应条件下(1.89 mol/L 总铁离子浓度、1 mol/L NaAMPS、2.5 mol/L NaOH、50℃、12 h)，开展了三组对照实验：①在水溶液中制备 Fe_3O_4 纳米粒子，考查高分子链上—SO_3H 基团及高分子三维网络束缚作用的影响。②在中性 PDMAAm 水凝胶中原位合成 Fe_3O_4 纳米粒子，考查—SO_3H 基团的影响。水凝胶网络的空间束缚作用可用网孔尺寸表征，网孔尺寸取决于水凝胶的溶胀率(q)，因此，选择具有相近溶胀率的 10 mol% PNaAMPS 水凝胶与 4 mol% PDMAAm 水凝胶进行对照实验，保证实验组与对照组水凝胶内部具有相同的三维网络束缚作用。③在 NaAMPS 单体水溶液中合成 Fe_3O_4 纳米粒子，考察水凝胶三维网络束缚作用的影响。通过对照实验①和②的结果，发现在水溶液和 PDMAAm 水凝胶中制备的 Fe_3O_4 纳米粒子都呈现不规则形貌。这说明，在相同反应条件下，仅有高分子三维网络束缚铁离子，并不能形成各向异性形貌。而—SO_3H 基团能够吸附和富集铁离子，从而影响纳米粒子的形貌。此外，对照实验③中，在 NaAMPS 单体水溶液中制备的 Fe_3O_4 纳米粒子也为不规则形貌的纳米粒子，表明仅具有—SO_3H 基团的铁离子吸附和富集作用而缺乏交联网络的束缚作用，不足以形成各向异性形貌的磁性纳米粒子。因此，调节 NaOH 浓度，通过简便、温和的共沉淀反应，在 10 mol% PNaAMPS 水凝胶中能够实现纳米八面体、纳米棒状和纳米针状 Fe_3O_4 纳米粒子的原位合成，表明水凝胶微环境中高分子链上带电官能团和三维网络空间约束的协同作用是原位诱导形成各向异性形貌 Fe₃O₄ 纳米晶体的关键。

利用振动样品磁强计表征负载不同形貌 Fe₃O₄ 纳米粒子复合水凝胶的磁学性能，磁滞回线如图 5.9(a)所示，对于负载纳米棒、纳米八面体及纳米针的磁性复合水凝胶，饱和磁化强度分别为 20 emu/g、14 emu/g 和 5 emu/g，表明 Fe₃O₄ 纳米粒子的形貌显著影响磁学性能。高度各向异性阻碍了 Fe₃O₄ 纳米针的磁化，表现出最低的饱和磁化强度[24]。由于复合水凝胶中存在大量不具磁性的高分子成分，与纯 Fe₃O₄ 纳米粒子较高的饱和磁化强度相比，磁性纳米复合水凝胶的饱和磁化强度较低。热重分析结果显示[图 5.9(b)]，在干燥的磁性纳米复合水凝胶中，Fe₃O₄ 纳米棒、纳米针及纳米八面体的负载量分别为 41.7%、39.9%和 43.5%，表明水凝胶中含有约 40%的磁性纳米粒子，导致饱和磁化强度降低。

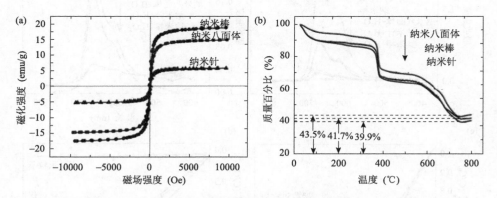

图 5.9　(a)纳米八面体、纳米棒及纳米针复合水凝胶的磁滞回线和(b)热重分析曲线

5.2.3　磁性纳米复合水凝胶降解有机染料

阳离子染料普遍应用于印刷染织等行业中，对环境造成严重污染。选用常见的阳离子染料亚甲基蓝为目标降解物，探讨磁性纳米复合水凝胶对阳离子染料的降解能力[25]，同时选取阳离子染料罗丹明 B 及阴离子染料刚果红为对照物。吸附和降解是处理有机染料最常用的两种方法[26-28]，PNaAMPS/Fe₃O₄ 纳米粒子磁性水凝胶可以协同这两种作用于一体，即负电荷 PNaAMPS 水凝胶通过静电作用将阳离子染料分子吸附在高分子三维网络中，促使阳离子染料分子在水凝胶基体中的富集，有利于水凝胶中负载的 Fe₃O₄ 纳米粒子催化剂与高浓度阳离子染料分子接触，有望提高 Fenton 反应降解阳离子染料的效率。

将负载相同质量纳米棒、纳米针及纳米八面体的磁性水凝胶分别投入亚甲基蓝溶液中，即可观察到溶液颜色在 100 s 内逐渐变浅[图 5.10(a)插图]，这是由 PNaAMPS 水凝胶高分子链上带负电荷的基团与阳离子亚甲基蓝分子之间迅速发生静电吸附作用造成的。该现象可进一步通过紫外-可见光吸收光谱进行表征，由图 5.10(a) 和 (b) 可以看出，加入纳米复合水凝胶后，溶液中亚甲基蓝分子在 665 nm 处的最大特征吸收峰强度开始下降，约 100 s 达到吸附平衡时，亚甲基蓝溶液浓度从 20 mg/L 大幅度降低至 7.3 mg/L，此时纳米复合水凝胶的吸附容量为 24.9 mg/g。分析负载不同形貌 Fe_3O_4 纳米粒子水凝胶的动态吸附曲线[图 5.10(c)]，Fe_3O_4 纳米粒子的形貌对吸附性能几乎没有影响，表明吸附能力主要取决于纳米复合水凝胶中高分子的含量，与 Fe_3O_4 纳米粒子的形貌无关。

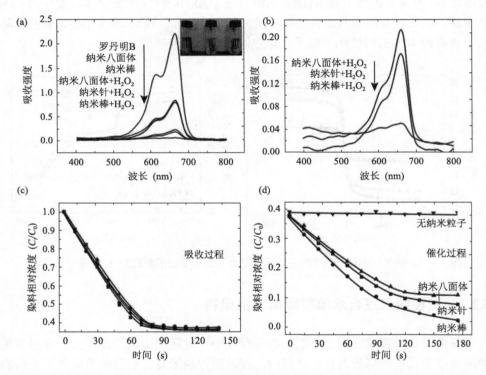

图 5.10　(a～c)磁性纳米复合水凝胶对亚甲基蓝染料的吸附性能；(d) 催化降解性能

达到吸附平衡后，加入 H_2O_2 启动 Fenton 反应，催化降解亚甲基蓝分子，可观察到紫外-可见光吸收光谱中的最大特征吸收峰强度下降。Fe_3O_4 纳米粒子催化 H_2O_2 释放出羟基自由基，进攻亚甲基蓝分子上的苯环，苯环的断裂造成染料分子主要生色团的分解，导致溶液脱色[29,30]。催化降解后亚甲基蓝溶液在 665 nm 处最大特征吸收峰的强度与 Fe_3O_4 纳米粒子形貌的关系为：纳米棒＜纳米针＜纳米八面体。其中，经负载 Fe_3O_4 纳米棒复合水凝胶处理后，亚甲基蓝溶液的最大特征吸收峰几乎完全消失，表明棒状 Fe_3O_4 纳米粒子具有优异催化降解有机染料的性能。从催化降解过程的动态曲线[图 5.10(d)]可以看出，亚甲基蓝溶液的相对浓度在 120 s 内均快速下降。根据公式 $\ln(C_0'/C_t) = kt$，计算催化反应速率常数(k)，揭示 Fe_3O_4 纳米粒子的不同形貌与催化活性之间的关系。其中，C_0' 为染料的初始浓度，C_t 为 t 时刻染料溶液的浓度。负载 Fe_3O_4 纳米棒、纳米针、纳米八面体的复合水凝胶，相应的催化反应速率常数分别为 $0.014\ s^{-1}$、$0.009\ s^{-1}$ 和 $0.008\ s^{-1}$，显著高于形貌不规则 Fe_3O_4 纳米粒子的速率常数(约 $0.1\ min^{-1}$)[31,32]。经过 120 s 吸附及 180 s 催化反应，Fe_3O_4 纳米棒复合水凝胶可以实现亚甲基蓝溶液的完全脱色。180 s 催化降解后，亚甲基蓝溶液的总有机碳去除率达到约 35%(图 5.11 插图)，继续延长催化降解时间至 60 min，达到约 90%总有机碳去除率(图 5.11)。上述结果说明大多数亚甲基蓝分子首先被快速降解为无色的中间体，再经过一定时间的催化反应可以被完全降解[32,33]。

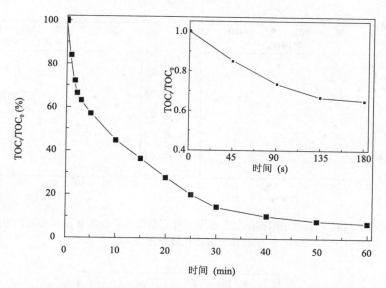

图 5.11　纳米棒复合水凝胶催化降解亚甲基蓝染料总有机碳含量随时间变化曲线

通过考察对阳离子染料罗丹明 B 和阴离子染料刚果红的催化降解性能，进一步探究了负载 Fe_3O_4 纳米棒复合水凝胶对有机染料的催化降解能力(图 5.12)。同样在 120 s 吸附及 180 s 降解后，纳米复合水凝胶对罗丹明 B 的总有机碳去除率达到 85%，表明负载 Fe_3O_4 纳米棒复合水凝胶对其他种类的阳离子染料同样具有较高的降解效率。然而，纳米复合水凝胶对阴离子刚果红的总有机碳去除率仅为 25%，这是由于带负电荷的水凝胶与阴离子染料之间存在静电排斥作用，刚果红染料分子不易被吸附到带相同电荷的高分子网络中，难以与 Fe_3O_4 纳米粒子接触，导致催化效率降低。采用负载纳米棒的复合水凝胶对亚甲基蓝染料进行循环催化测试发现,在五次循环催化实验后,对染料的催化降解能力没有显著下降(图 5.13),表明磁性纳米复合水凝胶稳定的催化活性。此外,可使用钕铁硼合金磁体有效回收磁性纳米复合材料。上述结果表明磁性纳米复合水凝胶材料适合多次回收、重复利用。

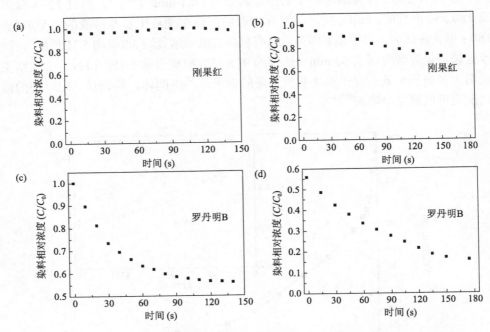

图 5.12　(a, c)负载纳米棒的复合水凝胶对刚果红和罗丹明 B 染料溶液的吸附和(b, d)催化降解过程

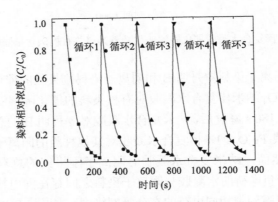

图 5.13　负载纳米棒的复合水凝胶对亚甲基蓝染料的循环催化测试

5.2.4 纳米形貌影响催化性能的机理

采用扫描电化学显微镜(SECM)实时、原位检测纳米复合水凝胶的催化性能，探讨 Fe_3O_4 纳米粒子的形貌对磁性水凝胶催化性能的影响。在 Fenton 反应中，Fe_3O_4 纳米粒子表面的 Fe^{2+} 与 Fe^{3+} 催化 H_2O_2 生成羟基自由基($\cdot OH$)和过羟基自由基($\cdot HO_2$)，降解有机染料[34]。其反应式如下：

$$Fe^{2+} + H_2O_2 \longrightarrow Fe^{3+} + HO\cdot + HO^- \tag{5.5}$$

$$Fe^{3+} + H_2O_2 \longrightarrow Fe^{2+} + HOO\cdot + H^+ \tag{5.6}$$

由式(5.5)和式(5.6)可知，高催化活性的 Fe_3O_4 纳米粒子能够产生更多自由基($\cdot OH$ 和 HO_2)，进而高效、快速地降解有机染料。在 SECM 检测中，将水凝胶薄片固定在 H_2O_2 水溶液的样品池底部，采用三电极体系，以铂(Pt)超微电极作为工作电极(同时也作为扫描探针)，Ag/AgCl 作为参比电极，铂(Pt)丝作为对电极。将 Pt 超微电极探针尖端浸入溶液中，在扫描开始前先测试循环伏安曲线，确定过氧化氢的氧化电位(0.8 V *vs.* Ag/AgCl RE)。保持对 Pt 超微电极施加 0.8 V *vs.* Ag/AgCl RE 的电位，以 10 μm/s 的渐进速度使 Pt 超微电极尖端不断逼近，直到接触纳米复合水凝胶表面，测试得到标准渐进曲线。随后抬高电极，保持探针尖端距纳米复合水凝胶表面约 20 μm 的恒定高度，以 25 μm/s 的扫描速度进行直线扫描[图 5.14(a)]。检测的电流大小可表征扫描区域内 H_2O_2 的浓度，电流值越大表明测试区域内 H_2O_2 的浓度越高。由图 5.14(b)可以看出，当扫描探针测试空白水凝胶表面时，电流值一直处于较高水平，几乎没有发生变化，说明未发生化学反应消耗 H_2O_2。

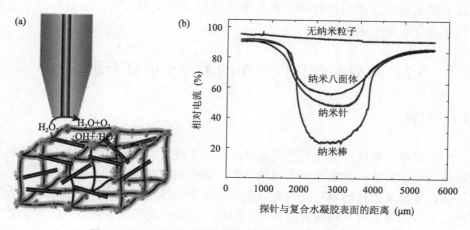

图 5.14　SECM 原位检测磁性纳米复合水凝胶催化 H_2O_2
(a)原位检测示意图；(b)扫描曲线

因此，可以通过记录电流降低的程度原位评估 H_2O_2 消耗量及相应产生的自由基（·OH 和·HO_2），在相同时间内 H_2O_2 的消耗量越多，表明复合水凝胶的催化效率越高。当扫描探针测试负载不同形貌 Fe_3O_4 纳米粒子复合水凝胶的表面时，相对电流在 2000～4000 μm 区间内均出现明显下降。对于负载 Fe_3O_4 纳米棒、纳米针及纳米八面体的复合水凝胶样品，相对电流下降率分别为 71%、48%和 39%。上述测试分析结果进一步证实了 Fe_3O_4 纳米粒子的 H_2O_2 催化效率与形貌密切相关，负载纳米棒的复合水凝胶表现出最高的催化效率，其次为负载纳米针及纳米八面体的复合水凝胶。该结果与紫外-可见光吸收光谱的测试结果一致。

5.2.5　小结

在 PNaAMPS 水凝胶中通过改变沉淀剂（NaOH）的浓度实现了 Fe_3O_4 纳米粒子形貌的原位调控，并证实了水凝胶网络特有的微环境，即高分子链上带电官能团和三维网络空间约束，是原位协同诱导各向异性形貌 Fe_3O_4 纳米粒子生长的关键。随着 NaOH 浓度增加，Fe_3O_4 纳米粒子的一维化生长趋势不断加强，形貌从八面体逐渐演变为纳米棒、纳米针。基于水凝胶三维网络的吸附作用和 Fe_3O_4 纳米粒子催化的协同作用，磁性纳米复合水凝胶可有效催化降解阳离子有机染料。含阳离子染料的溶液可快速褪色并达到约 90%总有机碳去除率。该催化降解效率与 Fe_3O_4 纳米粒子的形貌密切相关，依次为纳米棒＞纳米针＞纳米八面体。SECM 原位、实时检测纳米粒子复合水凝胶的 H_2O_2 催化过程发现，Fe_3O_4 纳米粒子的 H_2O_2 催化效率与形貌密切相关，负载纳米棒的复合水凝胶能够有效催化 H_2O_2 产生更多自由基，揭示了 Fe_3O_4 纳米棒高效催化 H_2O_2 的机理。该研究丰富了纳米复合水凝胶的绿色合成及催化性能原位检测方法，在染料污水处理等领域具有潜在应用前景。

5.3　负载各向异性分布纳米粒子的复合水凝胶

5.3.1　引言

作为可移动智能设备的关键性元件之一，柔性压力传感器在柔性显示、可穿戴设备、电子皮肤、生物监测等领域具有广阔的应用前景[35-37]。根据响应信号原理不同，柔性压力传感器可分为电容型、电阻型、压电型等[38,39]。其中，电容型柔性压力传感器具有高响应灵敏性、低能耗、电路布局紧凑等特点[40]。水凝胶因高分子三维网络结构中溶胀大量水而具有很高的离子容量，在构建电容型柔性压力传感器中表现出巨大的潜力。当电极板与水凝胶表面接触时，将水凝胶中相反电荷的离子吸引到电极表面附近，形成紧密的双电层，产生双电层电容[41]。然而，水凝胶双电层电容的大小主要取决于双电层的厚度，该厚度不随外界压力而改变，在柔性基底上下表面加工平面电极构建三明治夹层结构的传统方法不适用于构建电容型水凝胶压力传感器。因此，设计制备随外界压力改变电极面积的微结构是有望实现水凝胶电容型压力传感器的方法。但是，在柔性高分子基底上加工微结构电极的方法，如光刻印刷术、转印法等，需要高温、高压等苛刻条件，不适用于加工水凝胶材料[40,42,43]。

纳米复合水凝胶在水凝胶器件化的探索中表现出巨大潜力。本节介绍利用电还原方法在水凝胶表层原位制备各向异性分布的树枝状银纳米粒子结构，以其作为可变形金属纳米电极构建水凝胶电容型压力传感器。水溶液中的离子可沿树枝状银纳米结构的外围轮廓形成双电层，在外力作用下，纳米结构的树枝状分枝被撑开或挤压引起双电层表面积变化，从而诱导双电层电容发生变化。水凝胶传感器灵敏地响应静压、气流等信号，并对声波源信号的频率、振幅、方向变化均具有响应性能，且信号强度受检测环境中盐离子浓度影响。负载各向异性分布的树枝状纳米结构的水凝胶在柔性压力传感器中具有应用前景。

5.3.2　负载树枝状纳米结构水凝胶的设计制备

采用电还原方法原位调控银纳米结构在水凝胶横向表面的生成位置。制备负载银离子的聚丙烯酰胺（PAAm）水凝胶，放置于两片平板电极之间，正极为透明氧化铟锡平板电极，负极为无定形硅电极，用数字投影仪产生的光斑照射无定形硅电极底部。当在电极上施加大于银离子还原电位的偏压时，水凝胶中的银离子从负极得电子，在高分子网络中被原位还原为银纳米粒子。由于无定形硅的光生伏特效应，只有在被光照射的区域才产生电动势触发银离子还原。将各种复杂图案投射于电极表面时，只在指定位置生成银纳米粒子，从而在水凝胶表面显现出多种图案[图 5.15（a）]。因此，可通过控制光源精确调控银纳米粒子在水凝胶横向平面内的分布。

SEM 观测表明银纳米粒子在水凝胶内部生长成树枝状纳米结构，在纵向方向上银纳米粒子之间紧密接触并向水凝胶内部延伸[图 5.15（b）]。此外，共聚焦显微镜观察表明水凝胶内部树枝状银纳米结构的平均深度为 30 μm，且分布较为疏松[图 5.15（c）]。树枝状银纳米结构在水凝胶平面内的松散结构导致电阻较高。测量水凝胶的面内电阻发现，水凝胶表面负载银纳米粒子区域的面内电阻较高，与空白水凝胶相似[图 5.15（d）]。导电能力主要源于水凝胶中离子的运动，在空气中暴露时间越长，水凝胶失水越多，离子运动能力越低，导致随时间的推移，面内电阻逐渐上升。

图 5.15　(a)水凝胶表面还原银离子生成的各种图案；(b)水凝胶中树枝状银纳
米结构 SEM 照片和示意图；(c)水凝胶中分布的银纳米粒子共聚焦显微镜图像；
(d)水凝胶表面电阻随时间变化曲线

5.3.3　构建负载树枝状纳米结构水凝胶压力传感器

　　在水溶液中树枝状银纳米结构周围可以吸附电荷，具有形成双电层电容的潜力。但是，树枝状银纳米结构在水凝胶表面的分布过于疏松，复合水凝胶的表面电阻过大而无法实现电学应用。通过化学镀的方法在复合水凝胶表面有银纳米粒子分布的区域沉积致密的铜膜，实现水凝胶表面的电路导通(图 5.16)。具体步骤为将负载树枝状银纳米结构的水凝胶浸入硫酸铜电镀液中，银纳米粒子催化化学镀反应，从而可在银纳米粒子分布区域表面选择性沉积一层致密的铜膜。水凝胶平置于氧化铟锡平板电极表面，镀铜面朝上，铜导线一端置于铜薄膜表面将连接点固定。从数字电桥(LCR)测试仪引出正负极并分别与铜线另一端和氧化铟锡表面连接，构成水凝胶压力感应单元。

　　基于以上原理构建水凝胶压力传感阵列，实现对压力的图像化响应。如图 5.17(a)所示，在水凝胶薄膜上下表面呈正交分布的四条平行长方形区域内，分别原位生长树枝状银纳米结构，并将其作为植入水凝胶内部的可变形金属电极。随后在银

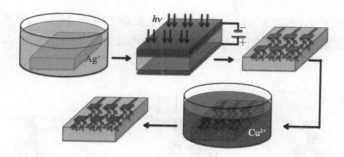

图 5.16　负载树枝状纳米结构水凝胶压力传感器的制备流程示意图

纳米粒子表面选择性电镀铜膜作为表面电极,连接导线构成 4×4 压力传感器阵列。分别将 O 形和 L 形重物置于该传感器阵列表面[图 5.17(b)],重物正下方相应感应单元的电容明显增大[图 5.17(c)]。与传统压力传感器阵列不同,重物周边感应单元的电容值出现了不同程度的下降。当将一个面积很小的重物置于阵列中心四个感应单元之间的空隙时,周围的四个感应单元仍然可以做出响应,电容值均出现明显下降。该结果与前述推测相吻合,种植于水凝胶内部的树枝状银纳米结构受到垂直压力时,树枝的分枝部分间距离增大,释放出新的电极表面,增加双电层面积,引起双电层电容上升;而当受到侧向应力时分枝部分间距离减小,电极表面积变小,导致传感器电容值下降。

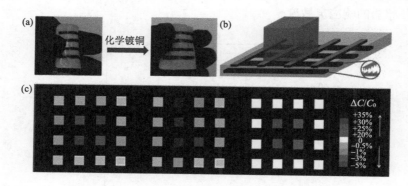

图 5.17　水凝胶压力传感阵列压力分布图像化测量
(a)水凝胶压力传感阵列实物照片；(b)测量方法示意图；(c)测量不同形状重物时响应单元的相对电容变化

图 5.18 为树枝状银纳米结构水凝胶压力传感单元响应外加压力的原理示意图。种植于水凝胶内部的树枝状银纳米结构作为可变形金属电极,盐离子沿纳米结构外围轮廓形成双电层。当微电极顶部受到垂直压力时,树枝状银纳米结构的分枝部分间距变大($d_c > d$, $d_c' > d'$),释放出新的表面,增加有效电极面积和双电层电容,引起感应单元电容增加;当微电极受到侧向压力时,树枝状

分枝部分间距变小($d_s<d$，$d_s'<d'$)，有效电极面积相应减小，导致双电层电容减小。随着盐离子浓度增加，双电层厚度逐渐减小，导致感应单元对压力的灵敏度降低。

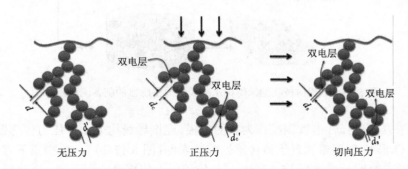

图 5.18　树枝状银纳米结构水凝胶压力传感单元响应外加压力的原理示意图

相对电容变化($\Delta C/C_0$)和绝对电容变化(ΔC)可表征水凝胶压力传感器的响应性能。绝对电容变化决定了信号的量级和信噪比，对于水凝胶压力传感器，绝对电容变化可直接反映压力作用下增加的双电层电容值。图 5.19 为压力变化对水凝胶传感性能的影响。通过响应曲线的斜率计算得到传感器对静态压力载荷响应的绝对灵敏度为 0.1 nF/kPa，相对灵敏度为 4.8 kPa^{-1}，表明双电层电容显著提高水凝胶压力传感器的响应灵敏度。

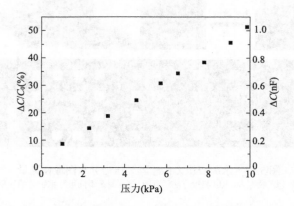

图 5.19　水凝胶压力传感器的相对电容变化及绝对电容变化响应曲线

5.3.4　盐离子浓度对静态压力传感的影响

水凝胶压力传感器利用水溶液中盐离子形成的双电层电容变化产生感应信

号，因此，电容信号与盐离子浓度密切相关。双电层电容主要取决于双电层的厚度，即德拜长度。双电层厚度与盐离子浓度平方根成反比，低双电层厚度或德拜长度沿电极/水凝胶界面产生相对较大的电容，并且可以通过盐浓度调控，当盐离子浓度从 0.01 mmol/L 增大至 1000 mmol/L 时，双电层的电容值可增大约 300 倍[44]。

图 5.20 为加载静态压力载荷（5.4 kPa）时盐离子浓度对纳米复合水凝胶和单纯水凝胶压力感应单元绝对电容和相对电容的影响。当盐离子浓度变化范围为 0.01～1000 mmol/L 时，感应单元表现出以及宽电容窗口（0.94～312.5 nF）。随着盐离子浓度的增大，感应单元的绝对电容变化呈上升趋势，而相对电容变化呈下降趋势。负载树枝状银纳米结构感应单元的绝对电容和相对电容比单纯水凝胶分别高出约 4 倍和 8 倍。将铝片覆盖在单纯水凝胶表面作平板电极时，也观察到了绝对电容和相对电容变化，但变化较小。这是由于铝片与水凝胶的表面不可能绝对光滑，界面间存在许多空隙，施加一定压力有助于排除这些空隙而使两者充分接触，导致器件的电容随着压力增加而增大[42]。

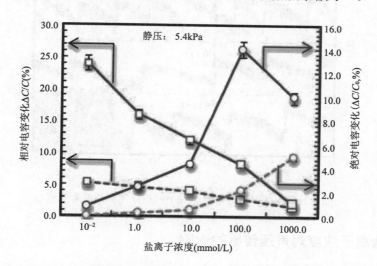

图 5.20　盐离子浓度对负载树枝状银纳米结构的水凝胶（实线）和单纯水凝胶（虚线）压力感
　　　　　应单元的绝对电容和相对电容的影响

5.3.5　气流扰动对压力传感的影响

根据上述模型推测，当施加侧向压力时，树枝状银纳米结构的分枝部分间距离减小，可生成双电层的总电极面积变小，导致感应单元的电容值下降。图 5.21

为负载树枝状银纳米结构水凝胶压力传感器对不同角度气流产生的侧向应力响应。将 50 mL/s 的气流以不同角度(30°、45°、60°、90°)施加在水凝胶感应单元表面,同时保持气流产生的压强为 1.0 kPa。如图 5.21 所示,不论气流的角度如何改变,水凝胶感应单元的电容值均瞬间产生明显下降,并且气流角度越大,电容值下降幅度越明显。这是气流产生的剪切作用导致树枝状银纳米结构变形造成的,气流角度越大,表面剪切应力越大,进而银纳米电极表面积越小,引起感应单元电容显著下降。此外,在气流瞬间加载时(0.5 ms),树枝状银纳米结构迅速形变产生响应,引起电容值快速下降,但需要较长回复时间(5.0 s),这主要是由水凝胶网络的黏弹性形变造成的。当气流产生的压力造成水凝胶网络发生形变,该黏弹性网络需要一定时间重新回到原始状态[45]。

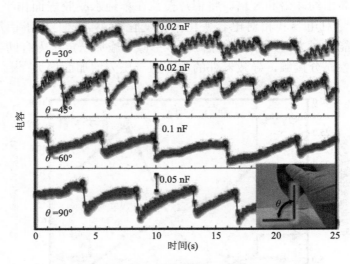

图 5.21　水凝胶压力传感器对不同角度气流的循环响应

5.3.6　盐离子浓度对声压传感的影响

基于树枝状银纳米结构水凝胶压力传感单元搭建声波传感系统[图 5.22(a)],其中的电路可将电容变化转化为电压变化,从而捕捉对一定频率声波的动态响应。通过改变声波的频率、振幅和方向等参数探讨了传感器对水下声波的响应性能。如图 5.22(b)所示,当声波为 200 Hz、500 Hz、1000 Hz 的正弦波时,响应信号具有很好的重现性。降低声源信号振幅为原振幅的 50% 及 10% 时,信号响应发生相应变化[图 5.22(c)]。当改变声源方向时,水凝胶声波探测器对以不同角度入射的同一声源信号表现出良好的响应。

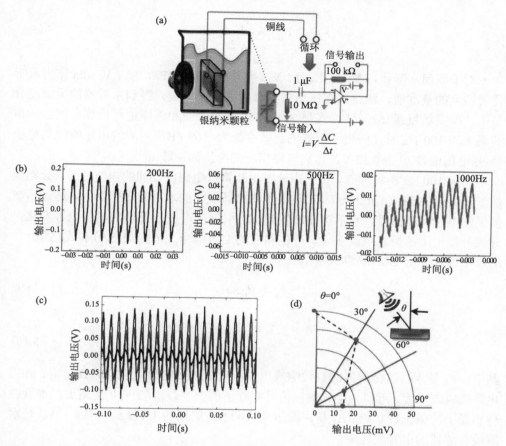

图 5.22 (a)基于树枝状银纳米结构水凝胶压力传感单元搭建声波传感系统示意图；(b)不同频率时的水下声波响应；(c)100 Hz 时，100%、50%、10%振幅声源信号的响应；(d)同一声源信号不同入射角度时的响应

　　水凝胶双电层电容的压力响应与盐离子浓度密切相关，因此，探究了不同盐离子浓度对声波响应性的影响。首先采用响应灵敏度级已知的商用水听器作为参照标定声压。通过示波器记录水听器输出的电压响应信号，水听器的响应灵敏度级为

$$S = 20 \lg \frac{V_{RMS} / P(e)}{V_0 / P(ref)} \tag{5.7}$$

其中，S 是水听器的响应灵敏度级；$P(e)$ 是声压有效值；$P(ref)$ 是参考声压；V_0 是水听器的参比电压；V_{RMS} 是水听器电压响应信号的均方根，与峰-峰电压(V_{pp})的关系为

$$V_{RMS} = \frac{V_{pp}}{2\sqrt{2}} \tag{5.8}$$

对于商用水听器，参比电压为 1 V，参考声压为 1 μPa，以 1 V/μPa 作为水听器灵敏度的基准值，测得的电压信号与该基准值作比较，得到水听器的灵敏度分贝值，即灵敏度级(S)。依据式(5.7)和式(5.8)对声波和声压进行换算。例如，声波频率为 100 Hz 时，商用水听器的灵敏度级为−169 dB，对应的电压响应信号的峰-峰电压值(V_{pp})为 0.32 V，计算可得相应的声压为 90 Pa。

固定 100 Hz 声波频率，调节声波发生装置产生强度不同的声波信号，分别施加于 0.01 mmol/L 和 100 mmol/L 盐离子浓度环境中的水凝胶传感器上，通过示波器采集电压响应信号。水下声波产生的压力引起水凝胶传感器双电层电容变化，导致外接电阻的瞬态电流变化，产生相应的电压信号。依据式(5.9)和式(5.10)，通过电压计算双电层电容的变化量。

$$V_R = R_f \times i \tag{5.9}$$

$$i = V\frac{\Delta C}{\Delta t} \tag{5.10}$$

其中，V_R 是水凝胶传感器的有效响应电压；R_f 是外接电阻阻值(10^5 Ω)；i 是外接电阻的瞬态电流，近似为电压响应信号峰峰值的一半($V_{pp}/2$)；V 是施加在水凝胶传感器上的偏压(1.0 V)；Δt 是声源信号(100 Hz)周期的 1/4(2.5×10^{-3} s)；ΔC 是水凝胶传感器的电容变化量。

在上述基础上，进一步分析了水凝胶传感器对声压的响应及灵敏度。图 5.23 为不同盐离子浓度(0.01 mmol/L、100 mmol/L)时水凝胶传感器的声波响应性能，

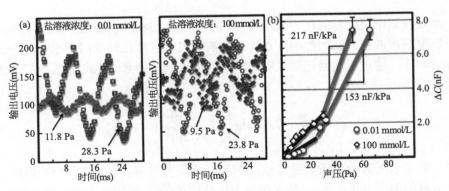

图 5.23　(a)水凝胶传感器在不同浓度盐溶液中的声波响应；(b)电容变化量与声压的关系曲线

以及电容变化量与声压之间的关系。从图中可以看出，声压与信号强度呈现正相关性，且水凝胶传感器在高盐离子溶液(100 mmol/L)中的灵敏度明显高于低盐溶液(0.01 mmol/L)。当声压在 4.0～70.0 Pa 范围内变化时，计算电容变化量与声压关系曲线的斜率可知，当声压大于 30.0 Pa 时，水凝胶传感器在高盐离子溶液(100 mmol/L)中的绝对灵敏度可达 217 nF/kPa，显著高于空气中静压载荷下测得的灵敏度(0.1 nF/kPa)，表明水凝胶传感器可灵敏地响应水下声压。

　　通过网络分析仪对水凝胶传感器进行声波频率扫描，分析信号响应灵敏度分贝值(dB)与声波频率之间的关系。由图 5.24(a)可知，在高盐离子溶液(100 mmol/L)环境中，20～600 Hz 频率范围内声波的信号响应灵敏度为–152.0 dB，然而，当声波信号的频率大于 600 Hz 时明显下降，声波频率增高至约 3 kHz 时降低到–195.0 dB；在低盐离子溶液(0.01 mmol/L)环境中，20～600 Hz 频率范围内声波的信号响应灵敏度为–165.0 dB，而在声波频率上升至约 3 kHz 时下降至–200 dB。上述结果表明，随着声波频率增高，传感器的信号响应灵敏度均呈下降趋势。与商用水听器相比，在小于 60 Hz 的低频水声波段，水凝胶传感器明显具有更高的信号响应灵敏度，最高可超出商用水听器 30 dB 以上[图 5.24(b)]。

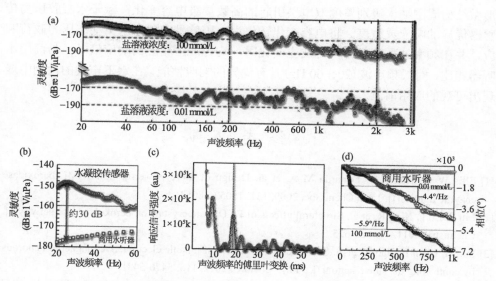

图 5.24　(a)水凝胶传感器的水下声波响应曲线；(b)水凝胶传感器和商用水听器的低频响应曲
　　　　　线；(c)图(a)中 0.01 mmol/L 盐离子浓度对应曲线的傅里叶变换；(d)0.01 mmol/L 和
　　　　　100 mmol/L 盐离子浓度时水凝胶传感器和商用水听器相位滞后测试

　　此外，从水凝胶传感器对水下声波频率的响应曲线可以看出，信号响应灵敏度呈现周期性变化，对该曲线进行傅里叶变换发现在 55 Hz(18 ms)处出现一个峰，对应 0.055 m/s 的波在水凝胶中缓慢传播 [图 5.24 (c)]。通过检测水凝胶传感器响应信号的相位滞后，证实了该波动是传感器对水下声波频率响应呈现周期性响应的来源。如图 5.24 (d) 所示，与商用水听器比较，在 0.01 mmol/L 及 100 mmol/L 盐离子溶液环境中，水凝胶声波探测器的相位均出现 15～20 ms 的滞后，对应波速为 0.05～0.067 m/s 的波动。当水凝胶传感器响应水下声压时，植入水凝胶内部的树枝状银纳米结构电极受到压力作用发生变形，并扰动电极周边离子发生波动，产生双电层电容变化。该波动沿水凝胶厚度方向传播直到电极表面附近时，外接电路才能感知双电层电容变化引起的电压响应信号，导致信号感知滞后。

5.3.7　小结

利用电还原法设计制备了各向异性分布于水凝胶中的树枝状银纳米结构电极，并实现了微结构在水凝胶中的精确分布。在压力作用下，树枝状银纳米结构分枝间的距离发生变化，引起双电层电容变化，从而响应静压、气流等压力信号的变化。以植入水凝胶表层的树枝状银纳米结构作为可变形金属电极，利用可变形微结构周围纳米级别厚度双电层引起的高数量级电容变化，赋予水凝胶压力传感器优异的响应灵敏度。将电容变化转化为电压信号实现了水下动态压力载荷响应，并在频率、振幅、方向等发生变化时，均可产生相应的响应信号。与商用水听器相比，对低频声波 (20～60 Hz) 具有优异的响应性能，在水下声波的检测中展现出可观的应用前景。

参 考 文 献

[1] Ellis W C, Tran C T, Denardo M A, et al. Design of more powerful iron-TAML peroxidase enzyme mimics[J]. J Am Chem Soc, 2009, 131: 18052-18053.

[2] Liu S, Lu F, Xing R, et al. Structural effects of Fe_3O_4 nanocrystals on peroxidase-like activity[J]. Chemistry, 2011, 17: 620-625.

[3] Sun H, Chen B, Jiao X, et al. Solvothermal synthesis of tunable electroactive magnetite nanorods by controlling the side reaction[J]. J Phys Chem C, 2012, 116: 5476-5481.

[4] Zeng Y, Hao R, Xing B, et al. One-pot synthesis of Fe_3O_4 nanoprisms with controlled electrochemical properties[J]. Chem Commun, 2010, 46: 3920-3922.

[5] Qi H, Chen Q, Wang M, et al. Study of self-assembly of octahedral magnetite under an external magnetic field[J]. J Phys Chem C, 2009, 113: 17301-17305.

[6] Zhang L, Wu J, Liao H, et al. Octahedral Fe_3O_4 nanoparticles and their assembled structures[J]. Chem Commun, 2009, 29: 4378-4380.

[7] Li L, Yang Y, Ding J, et al. Synthesis of magnetite nanooctahedra and their magnetic field-induced

two-/three-dimensional superstructure[J]. Chem Mater, 2010, 22: 3183-3191.

[8] Sahiner N, Ozay H, Ozay O, et al. A soft hydrogel reactor for cobalt nanoparticle preparation and use in the reduction of nitrophenols[J]. Appl Catal B-Environ, 2010, 101: 137-143.

[9] Shebanova O N, Lazor P. Raman study of magnetite (Fe_3O_4): Laser-induced thermal effects and oxidation[J]. J Raman Spectrosc, 2003, 34: 845-852.

[10] Muraliganth T, Murugan A V, Manthiram A. Facile synthesis of carbon-decorated single-crystalline Fe_3O_4 nanowires and their application as high performance anode in lithium ion batteries[J]. Chem Commun, 2009, (47): 7360-7362.

[11] Grassmann O, Lobmann P. Biomimetic nucleation and growth of $CaCO_3$ in hydrogels incorporating carboxylate groups[J]. Biomaterials, 2004, 25: 277-282.

[12] Grassmann O, Müller G, Löbmann P. Organic-inorganic hybrid structure of calcite crystalline assemblies grown in a gelatin hydrogel matrix: Relevance to biomineralization[J]. Chem Mater, 2002, 14: 4530-4535.

[13] Pokroy B, Quintana J P, Caspi E N, et al. Anisotropic lattice distortions in biogenic aragonite[J]. Nat Mater, 2004, 3: 900-902.

[14] Amemiya Y, Arakaki A, Staniland S S, et al. Controlled formation of magnetite crystal by partial oxidation of ferrous hydroxide in the presence of recombinant magnetotactic bacterial protein mms6[J]. Biomaterials, 2007, 28: 5381-5389.

[15] Grassmann O, Lobmann P. Morphogenetic control of calcite crystal growth in sulfonic acid based hydrogels[J]. Chemistry, 2003, 9: 1310-1316.

[16] Chen Y M, Katsuyama Y, Gong J P, et al. Influence of shear stress on cationic surfactant uptake by anionic gels[J]. J Phys Chem B, 2003, 107: 13601-13607.

[17] Wang Z L. Transmission electron microscopy of shape-controlled nanocrystals and their assemblies[J]. J Phys Chem B, 2000, 104: 1153-1175.

[18] Gao L, Zhuang J, Nie L, et al. Intrinsic peroxidase-like activity of ferromagnetic nanoparticles[J]. Nat Nanotechnol, 2007, 2: 577-583.

[19] Neyens E, Baeyens J. A review of classic fenton's peroxidation as an advanced oxidation technique[J]. J Hazard Mater, 2003, 98: 33-50.

[20] Xu L J, Wang J L. Magnetic nanoscaled Fe_3O_4/CeO_2 composite as an efficient fenton-like heterogeneous catalyst for degradation of 4-chlorophenol[J]. Environ Sci Technol, 2012, 46: 10145-10153.

[21] Zhang S, Zhao X, Niu H, et al. Superparamagnetic Fe_3O_4 nanoparticles as catalysts for the catalytic oxidation of phenolic and aniline compounds[J]. J Hazard Mater, 2009, 167: 560-566.

[22] Shi Y, Shi M, Qiao Y, et al. Fe_3O_4 nanobelts: One-pot and template-free synthesis, magnetic property, and application for lithium storage[J]. Nanotechnology, 2012, 23: 395601.

[23] Li C, Wei R, Xu Y, et al. Synthesis of hexagonal and triangular Fe_3O_4 nanosheets via seed-mediated solvothermal growth[J]. Nano Res, 2015, 7: 536-543.

[24] Wang J, Chen Q, Zeng C, et al. Magnetic-field-induced growth of single-crystalline Fe_3O_4 nanowires[J]. Adv Mater, 2004, 16: 137-140.

[25] Venkataraman K. The Chemistry of Synthetic Dyes[M]. New York: Academic Press Inc., 1971: 4.

[26] Khin M M, Nair A S, Babu V J, et al. A review on nanomaterials for environmental remediation[J]. Environ Sci Technol, 2012, 5: 8075-8109.

[27] Rafatullah M, Sulaiman O, Hashim R, et al. Adsorption of methylene blue on low-cost adsorbents: A review[J]. J Hazard Mater, 2010, 177: 70-80.

[28] Wang C C, Li J R, Lv X L, et al. Photocatalytic organic pollutants degradation in metal-organic frameworks[J]. Energy Environ Sci, 2014, 7: 2831-2867.

[29] Oliveira L C A, Gonçalves M, Guerreiro M C, et al. A new catalyst material based on niobia/iron oxide composite on the oxidation of organic contaminants in water via heterogeneous fenton mechanisms[J]. Appl Catal A-Gen, 2007, 316: 117-124.

[30] Yang S, He H, Wu D, et al. Decolorization of methylene blue by heterogeneous fenton reaction using $Fe_{3-x}Ti_xO_4$ ($0 \leqslant x \leqslant 0.78$) at neutral PH values[J]. Appl Catal B-Environ, 2009, 89: 527-535.

[31] Costa R C C, Moura F C C, Ardisson J D, et al. Highly active heterogeneous fenton-like systems based on FeO/Fe_3O_4 composites prepared by controlled reduction of iron oxides[J]. Appl Catal B-Environ, 2008, 83: 131-139.

[32] Zhou L, Shao Y, Liu J, et al. Preparation and characterization of magnetic porous carbon microspheres for removal of methylene blue by a heterogeneous fenton reaction[J]. ACS Appl Mater Interfaces, 2014, 6: 7275-7285.

[33] Xu X R, Li H B, Wang W H, et al. Degradation of dyes in aqueous solutions by the fenton process[J]. Chemosphere, 2004, 57: 595-600.

[34] Zheng Y, Wang A. Ag nanoparticle-entrapped hydrogel as promising material for catalytic reduction of organic dyes[J]. J Mater Chem, 2012, 22: 16552-16559.

[35] Hou C, Wang H, Zhang Q, et al. Highly conductive, flexible, and compressible all-graphene passive electronic skin for sensing human touch[J]. Adv Mater, 2014, 26: 5018-5024.

[36] Schwartz G, Tee B C, Mei J, et al. Flexible polymer transistors with high pressure sensitivity for application in electronic skin and health monitoring[J]. Nat Commun, 2013, 4: 1859.

[37] Sun J Y, Keplinger C, Whitesides G M, et al. Ionic skin[J]. Adv Mater, 2014, 26: 7608-7614.

[38] Yao S, Zhu Y. Wearable multifunctional sensors using printed stretchable conductors made of silver nanowires[J]. Nanoscale, 2014, 6: 2345-2352.

[39] Gong S, Schwalb W, Wang Y, et al. A wearable and highly sensitive pressure sensor with ultrathin gold nanowires[J]. Nat Commun, 2014, 5: 3132.

[40] Zhang B, Xiang Z, Zhu S, et al. Dual functional transparent film for proximity and pressure sensing[J]. Nano Res, 2014, 7: 1488-1496.

[41] Choudhury N A, Sampath S, Shukla A K. Hydrogel-polymer electrolytes for electrochemical capacitors: An overview[J]. Energy Environ Sci, 2009, 2: 55-67.

[42] Zhao X, Hua Q, Yu R, et al. Flexible, stretchable and wearable multifunctional sensor array as artificial electronic skin for static and dynamic strain mapping[J]. Adv Electron Mater, 2015, 1: 1500142.

[43] Wang J, Jiu J, Nogi M, et al. A highly sensitive and flexible pressure sensor with electrodes and elastomeric interlayer containing silver nanowires[J]. Nanoscale, 2015, 7: 2926-2932.

[44] Stojek Z. The electrical double layer and its structure[M]. Berlin: Springer, 2009: 3-9.

[45] Hao J, Weiss R A. Viscoelastic and mechanical behavior of hydrophobically modified hydrogels[J]. Macromolecules, 2011, 44: 9390-9398.

第6章 水凝胶细胞支架

6.1 水凝胶性能对细胞行为的影响及调控

6.1.1 引言

细胞在生命科学、药学、组织工程、基础医学及细胞治疗等领域意义重大，体外增殖是获得大量种子细胞的主要途径。体外培养的细胞对自身所处微环境非常敏感，微小的物理或化学刺激均可能导致细胞性能发生变化。细胞与生物支架材料相互作用研究有助于阐明微环境对细胞性能的影响机理。贴壁细胞是指细胞必须在培养支架上黏附，伸展之后才会成活、增殖的细胞。伸展的贴壁细胞呈鹅卵石形或梭形。除了血液中的一些细胞(白细胞、红细胞等)之外，构成组织的大部分细胞如血管内皮细胞、上皮细胞等都属于贴壁细胞。生物组织中的贴壁细胞生存于柔软的细胞外基质中，但是，常用的聚苯乙烯组织培养(tissue cultured polystyrene，TCPS)板和玻璃板等体外培养细胞的材料均无法模拟细胞生存微环境。高分子水凝胶具有类似细胞外基质的黏弹性三维网络结构，可为细胞提供较为理想的生存空间[1,2]，是最有潜力替代生物体软组织的柔性材料之一。动物来源的天然高分子水凝胶细胞支架材料具有优异的细胞活性、生物相容性、生物降解性[3,4]，然而，其存在来源有限、批次间差异大、易感染等缺点。例如，广泛使用的基质胶来源于富含胞外基质蛋白的 Engelbreth-Holm-Swarm (EHS)小鼠肿瘤，主要成分包含层粘连蛋白、IV型胶原、转化生长因子-β、成纤维细胞生长因子等[5]，是一类可产生类似于哺乳动物细胞基底膜的生物活性水凝胶材料。虽然基质胶使用方便，但成分复杂且含有未知蛋白质，难以说明具体的成分或性能对细胞行为的影响，阻碍了对细胞与生物支架材料间相互作用机理的研究。因此，化学成分明确、结构清晰、性能稳定的水凝胶在研究细胞与生物支架材料相互作用研究中发挥重要作用。

与天然高分子水凝胶相比，合成高分子水凝胶具有化学结构明确、来源广泛、性能稳定且易于调控、无异物感染、低成本和易于灭菌等优点，在调控细胞行为和功能研究方面取得了令人瞩目的进展。例如，合成高分子水凝胶的弹性对骨髓间充质干细胞的分化起着决定性作用，当水凝胶的杨氏弹性模量分别约为 1 kPa、10 kPa 和 50 kPa 时，骨髓间充质干细胞分别易于分化为神经细胞、成纤维细胞和骨细胞。此外，合成高分子水凝胶的小分子基团具有诱导骨髓间充质干细胞定向分化的能力，当将人体骨髓间充质干细胞包埋在不同化学结构的高分子水凝胶中培养时，带有羧酸基的高分子水凝胶易于诱导骨髓间充质干细胞分化为软骨细胞，带有磷酸基的高分子水凝胶易于诱导骨髓间充质干细胞分化为成骨细胞，带有疏水基团的高分子水凝胶易于诱导骨髓间充质干细胞分化为脂肪细胞。上述研究表明，化学结构明确、性能易于调控的合成高分子水凝胶是研究细胞与生物材料之间相互作用机理的理想模型材料。前期研究发现一些合成高分子水凝胶具有在无需外来蛋白质修饰的条件下促进细胞增殖，并具有调节细胞功能的特性，在一定程度上进一步证实了合成高分子水凝胶作为细胞培养支架材料的优势。本节介绍合成高分子水凝胶的化学结构、表面构造和电荷密度等参数对细胞黏附、增殖、运动和功能等细胞行为的影响，探究细胞与水凝胶支架间的相互作用，设计优化应用于体外细胞培养的合成高分子水凝胶材料；建立了无生物活性物质修饰的合成高分子水凝胶细胞活性支架培养体系[6]，发现了一系列具有细胞亲和性的合成高分子水凝胶支架材料[7]，揭示了合成高分子水凝胶的物理化学性能与细胞功能之间的关系以及相互作用机制[8,9]，并通过调控高分子水凝胶的物理化学性质和空间尺寸进而灵敏地调控细胞增殖行为[10]、动态运动行为[11]和细胞功能[12,13]等。

6.1.2　水凝胶表面细胞培养方法

以培养牛胎主动脉内皮细胞(bovine fetal aorta endothelial cells，BFAECs)为例，介绍在无生物活性物质修饰的合成高分子水凝胶支架表面培养细胞的方法。细胞培养流程如图 6.1 所示，将在磷酸盐缓冲溶液中浸泡至溶胀平衡的水凝胶切成圆柱状，灭菌后转移至多孔 TCPS 板中，然后，将细胞悬浮液逐滴滴加到水凝

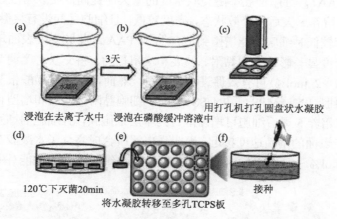

图 6.1　水凝胶表面培养细胞的流程示意图

(a)去离子水中浸泡平衡；(b)PBS 中浸泡平衡；(c)水凝胶裁成圆片状；(d)高温高压灭菌；(e)转移到多孔细胞培养板中；(f)将细胞接种到水凝胶

胶支架表面以实现细胞均匀接种，放置细胞培养箱($37℃$，$5\%CO_2$)中培养并定期更换培养液。接种初期(6 h)的细胞形态对细胞活性有预示作用，此时，细胞黏附或伸展于水凝胶表面，黏附的细胞呈球形，轻微摇动时不会脱离水凝胶表面，这些细胞虽然黏附于水凝胶表面，但不会成活；伸展的细胞呈纺锤形或多边形，表明细胞处于成活状态。接种初期细胞伸展率(呈纺锤形或多边形细胞数与播种总细胞数的比值)与长期细胞培养增殖率成正比。

6.1.3　水凝胶性能对细胞行为的影响

1. 化学结构、交联密度和电荷的影响

选用中性、弱电解质及强电解质三种合成水凝胶探究化学结构、交联密度和电荷对细胞行为的影响。中性高分子水凝胶不带电荷，如聚丙烯酰胺[poly(acrylamide)，PAAm]和聚 N,N'-二甲基丙烯酰胺[poly(N,N'-dimethyl-acrylamide)，PDMAAm]等；弱电解质高分子水凝胶带有羧酸根基团(—COOH)，如聚丙烯酸[poly(acrylic acid)，PAA]和聚甲基丙烯酸[poly(methacrylic acid)，PMAA]等；强电解质高分子水凝胶带有可解离的磺酸根基团(—SO_3H)，如聚 2-丙烯酰胺基-2-甲基丙磺酸钠[poly(2-acrylamido-2-methyl-propane sulfonic acid sodium salt)，PNaAMPS]和聚苯乙烯磺酸钠[poly(sodium styrene sulfonate)，PNaSS)]等。高分子水凝胶的化学结构显著影响细胞黏附、伸展及增殖，水凝胶促进细胞增殖能力按以下顺序逐渐减小：中性高分子水凝胶＜弱电解质高分子水凝胶＜强电解质高分子水凝胶。

在中性水凝胶支架表面(PAAm 和 PDMAAm)，虽然有大量细胞黏附，但呈球状形态，几乎不伸展且不再增殖。在带有羧酸根基团的弱电解质高分子水凝胶表面(PAA 和 PMAA)，细胞伸展率随交联密度的增大而提高，交联密度较大时细胞增殖速度缓慢，培养 5 天后呈分散状态，密度较低，且细胞之间没有接触，无法汇合，只有交联密度较低时细胞才能增殖到汇合[6]。在 PAA 水凝胶支架表面培养细胞的结果表明交联密度显著影响细胞黏附、伸展和增殖行为，将交联密度调节在适宜的范围内(1 mol%～2 mol%)可有效促进细胞增殖。然而，在带有磺酸根基团的强电解质高分子水凝胶(PNaAMPS 和 PNaSS)表面，细胞黏附、伸展和增殖行为受交联密度影响较小，培养 5 天后细胞可增殖汇合为单层细胞膜，且细胞的增殖速度与在胶原蛋白水凝胶表面的增殖速度接近，表明强电解质合成高分子水凝胶在较宽的交联密度范围(1 mol%～15 mol%)内显示出良好的促进细胞增殖的性能(图 6.2)[6]。

图 6.2　细胞在中性(a)、弱电解质(b)和强电解质(c)水凝胶表面的形态示意图

研究微观空间尺寸大小对细胞行为的影响有助于理解在有限空间中生存的细胞性能。如前所述，带负电荷的 PNaAMPS 水凝胶可以促进细胞增殖，但是，细胞并不能在中性 PAAm 水凝胶表面存活，基于此，设计高分子水凝胶微观空间模型。以中性高分子水凝胶为模板，将微观尺寸的负电荷 PNaAMPS 水凝胶图案聚合在模板表面，实现了高分子水凝胶微观模型的设计[10]。BFAECs 选择性地黏附在 PNaAMPS 水凝胶图案上并增殖，改变微观模型中图案的尺寸影响血管内皮细胞性能。如图 6.3 所示，长条形图案的宽度为 182 μm 时，细胞呈现两种形态，边缘的细胞呈梭状，而中间的细胞为多角形；直线形图案空间宽度为 23 μm 时，两排梭状细胞呈紧密排列方式；弧形图案宽度与血管内皮细胞大小相近(11 μm)时，细胞呈单列排列，此时细胞的长宽比例最大。

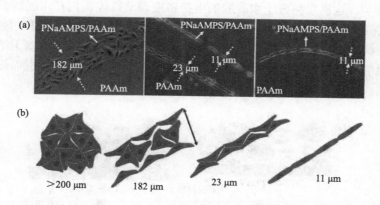

图 6.3　PAAm 水凝胶模板表面设计合成的 PNaAMPS 水凝胶微观模型图案及细胞形态
(a)培养 96 h 后的细胞显微镜照片；(b)根据显微镜照片画的细胞形态示意图

2. 水凝胶 Zeta 电位对细胞行为的调控

水凝胶的临界 Zeta 电位显著影响蛋白质吸附，进而影响细胞性能。带有负电荷的高分子水凝胶与带有相同电荷的细胞之间因静电排斥而不会直接相互作用，细胞增殖与细胞培养液中胎牛血清含有的纤连蛋白等在高分子水凝胶表面的自动吸附有关[14]。蛋白质是一类两亲大分子，带正电荷的基团可与水凝胶的负电荷相互作用，自动吸附于水凝胶表面，促进细胞的黏附增殖。因此，随着高分子水凝胶 Zeta 电位降低，即负电荷含量增加，表面吸附蛋白质的量增加。

通过研究 poly(NaAMPS-co-DMAAm)水凝胶 Zeta 电位与表面吸附纤连蛋白之间的关系[15]，理解水凝胶 Zeta 电位对蛋白质吸附及细胞增殖的影响。将强电解质单体 NaAMPS 和中性单体 DMAAm 共聚，改变 NaAMPS 在共聚水凝胶 poly(NaAMPS-co-DMAAm)中的摩尔比例(F)，制备具有不同电荷密度的共聚高分子水凝胶。纤连蛋白是存在于胎牛血清中的一种典型细胞黏附蛋白[16]，在促进细胞黏附、伸展及增殖中占有重要地位[17]。水凝胶表面蛋白荧光强度分析表明，当 F 值小于 0.4，即 Zeta 电位高于−20.0 mV 时，蛋白荧光强度随 F 值的增大呈略微上升的趋势，但荧光强度较弱，表明纤连蛋白在水凝胶表面的吸附量很少；当 F 值增大至 0.4，即 Zeta 电位降低至−20.0 mV 时，荧光强度明显增大，表明纤连蛋白在水凝胶表面的吸附量增加；当 F 值增大至 0.4 以上，即 Zeta 电位低于−20.0 mV 时，蛋白荧光强度不再发生显著变化，表明 F 值为 0.4，即 Zeta 电位为−20.0 mV 时，纤连蛋白在水凝胶表面的吸附量达到饱和，不再随水凝胶 Zeta 电位的降低发生变化。这表明纤连蛋白的吸附有一个临界 Zeta 电位，$\zeta_{critical} = -20$ mV，当水凝胶的 Zeta 电位低于该临界 Zeta 电位时，蛋白质在水凝胶表面的吸附量逐渐增大并达到饱和[15]。这说明高分子水凝胶的电荷密度调节纤连蛋白在水凝胶表面的自动吸附，电荷密度越大，越有利于蛋白质吸附，进而促进细胞的伸展和增殖(图 6.4)。由于负电荷的细胞与带有相同电荷的材料发生静电排斥作用，细胞无法直接在负电荷材料的表面增殖生长，需要引入蛋白质抵消静电排斥作用，进而促进细胞黏附和增殖。

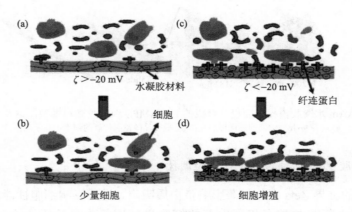

图 6.4 高分子水凝胶的临界 Zeta 电位影响蛋白质吸附及细胞增殖示意图
(a)纤连蛋白在 Zeta 电位较高的水凝胶表面的吸附量较少；(b)只有少量细胞黏附、伸展于水凝胶表面且不再增殖；(c)纤连蛋白在 Zeta 电位较低的水凝胶表面的吸附量较多；(d)大量细胞黏附、伸展于水凝胶表面且增殖至汇合

细胞与培养支架之间的相互作用与支架表面电荷密切相关[18]。Zeta 电位与高分子水凝胶的化学结构和交联密度有关，并显著影响细胞黏附、伸展和增殖，因此，可利用 poly(NaAMPS-*co*-DMAAm)共聚水凝胶体系研究水凝胶 Zeta 电位与细胞增殖之间的关系。Zeta 电位值越低，水凝胶表面所带负电荷越多，电荷密度越大，相反，Zeta 电位值越高，水凝胶表面所带负电荷越少，电荷密度越小。通过测试 PAAm、PAA、PMAA、PNaAMPS 和 PNaSS 的 Zeta 电位，发现合成高分

子水凝胶的 Zeta 电位在−30～−20 mV 之间时，水凝胶具有促进细胞增殖至汇合的性能，揭示了高分子水凝胶表面电荷与细胞增殖之间的关系。

如图 6.5 所示，当 F 值从 0 升高至 1.0 时，poly（NaAMPS-co-DMAAm）水凝胶的 Zeta 电位从−8.8 mV 降低至−31.1 mV，说明通过调节 F 值可有效调控 Zeta 电位。F 值和 Zeta 电位与细胞伸展、增殖的关系如下：F 值为 0.2 时，Zeta 电位高于−10.5 mV，细胞伸展率约 30%，但是伸展的细胞不再增殖；F 值为 0.3 时，Zeta 电位降低至−16.3 mV，细胞伸展率上升至约 40%，伸展的细胞继续增殖，5 天后的密度达到 $2.0×10^4$ cell/cm^2，此时细胞分散于水凝胶表面且细胞间无接触，不能增殖至汇合[18]；F 值为 0.4 时，Zeta 电位降低至−20.8 mV，细胞伸展率上升至 72%，伸展的细胞继续增殖，5 天后密度达到 $1.1×10^5$ cell/cm^2，此时细胞间接触紧密，可顺利增殖至汇合；F 值超过 0.5 时，Zeta 电位降低至低于−22.2 mV，细胞伸展率约为 75%，伸展的细胞继续增殖，5 天后密度达到 $1.4×10^5$ cell/cm^2，细胞伸展率及细胞密度不再随 F 值的增大而显著变化。因此，调节水凝胶 Zeta 电位可调控细胞的伸展和增殖，Zeta 电位越低，越有利于细胞增殖。此外，证实了存在调控细胞增殖的临界 Zeta 电位（−20 mV）（图 6.5），当低于临界 Zeta 电位时，水凝胶可有效促进细胞增殖。

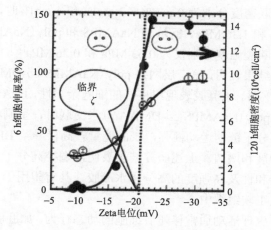

图 6.5　Zeta 电位对细胞增殖行为的影响
○为 6 h 时细胞的伸展率，●为 120 h 时细胞的密度

生物体的软组织在生理条件下需要承受较强的机械力，因此，水凝胶不但需要具备优良的细胞亲和性，还需兼具较强的力学性能。然而，大多数合成水凝胶并不兼具高强度和支持细胞增殖两种性能，制备同时具有高力学性能及细胞亲和性的水凝胶，可拓宽水凝胶材料在组织工程领域的应用范围。高强度双网络水凝胶的设计思路可显著提高合成水凝胶的力学性能。高强度双网络水凝胶由两种相

互独立的高分子网络构筑而成，第一层网络是刚性、脆弱的聚电解质高分子水凝胶[19,20]，例如 PNaAMPS，第二层网络是柔软、韧性的中性高分子水凝胶[21]，例如 PAAm 和 PDMAAm。PNaAMPS/PAAm 双网络水凝胶的断裂强度约为 17.0 MPa，是 PAMPS 水凝胶的断裂强度（0.4 MPa）的 40 余倍。但是，在高强度双网络水凝胶制备过程中，第二层网络的中性成分覆盖在第一层负电荷高分子网络表面，造成中性的水凝胶表面不具有细胞亲和性。

在高强度双网络水凝胶表面引入负电荷成分，有望赋予水凝胶细胞亲和性，然而，高强度水凝胶的力学性能与细胞亲和性是一对矛盾。例如，将具有细胞亲和性的 PNaAMPS 导入 PNaAMPS/DMAAm 双网络水凝胶形成 PNaAMPS/DMAAm/PNaAMPS 三网络水凝胶时，虽然提高了水凝胶促进细胞增殖的能力，但造成力学性能显著降低。

水凝胶的临界电位 $\zeta_{critical}$（−20 mV）可以灵敏地调控细胞的黏附和增殖，将可以促进细胞黏附和增殖的共聚水凝胶导入高强度双网络水凝胶表面，可制备兼具细胞亲和性及高强度的水凝胶。例如，将 poly（NaAMPS-co-DMAAm）（$F = 0.5$）作为第三层网络导入 PNaAMPS/DMAAm 双网络水凝胶，制备了 PNaAMPS/DMAAm/poly（NaAMPS-co-DMAAm）三网络水凝胶，其力学强度随第三层网络交联密度的增加而降低，当交联密度分别为 0 mol%、2 mol% 和 4 mol% 时，断裂强度分别为 3.0 MPa、2.31 MPa 和 1.36 MPa，但是，PNaAMPS 和 poly（NaAMPS-co-DMAAm）单层网络水凝胶的断裂强度分别仅为 0.63 MPa 和 0.26 MPa[15]。

细胞培养实验结果表明，第三层网络 poly（NaAMPS-co-DMAAm）的交联密度为 2 mol% 和 4 mol% 时，水凝胶表现出良好的细胞亲和性，BFAECs 可增殖至汇合形成单层细胞膜。poly（NaAMPS-co-DMAAm）未交联时，呈刷状结构存在于双网络水凝胶表面，高分子链的运动性强，表面能量较高，导致 BFAECs 只黏附于水凝胶表面，不能伸展和增殖。上述研究结果表明，调控高分子水凝胶表面电荷可以合成兼具细胞亲和性及高强度的高分子水凝胶，其有望用于人工血管等需要承担较大机械力的人工软组织中。

生物体一系列生理活动通常伴随着细胞的动态行为，如胚胎形成、免疫应答、伤口愈合和癌细胞转移等。血管的生长需要经历以下步骤：首先，激活的血管内皮细胞降解细胞外基质（基底膜），在血管周围间质（perivascular stroma）中迁移、增殖，形成毛细管状出芽（capillary sprouts），然后，出芽的细胞形成毛细管状并停止增殖，形成管状并沉积新的细胞外基质，最终，形成新生血管[22]。因此，研究不分裂血管内皮细胞的动态行为可揭示血管新生中的相关信息。前述研究证明了可在一定电荷密度的合成高分子水凝胶支架表面培养不分裂的血管内皮细胞，并且水凝胶的电荷密度可调控细胞运动行为。

　　将高分子水凝胶交联密度固定，改变 poly(NaSS-*co*-DMAAm)水凝胶中负电荷单体苯磺酸钠和中性单体 *N,N'*-二甲基丙烯酰胺的摩尔比(F = [NaSS]/[NaSS+DMAAm])，可以设计合成一系列 Zeta 电位在一定范围内变化的水凝胶。如图 6.6 所示，当临界 Zeta 电位 $\zeta_{critical}$ 达到−14.0 mV 时，将显著影响细胞行为，细胞的动态行为在此电位两侧存在显著的差别。当水凝胶的 Zeta 电位高于临界值时，细胞的伸展面积较小，运动速率较快；当水凝胶的 Zeta 电位低于临界值时，细胞的伸展面积较大，运动速率较慢。

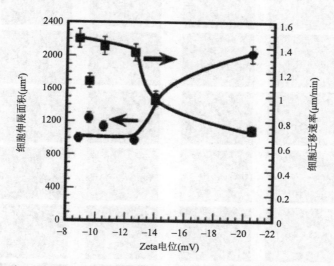

图 6.6　poly(NaSS-*co*-DMAAm)凝胶的 Zeta 电位对细胞伸展面积(6 h)及迁移速率的影响(迁移速率是细胞培养 6~12 h 期间的平均速率)

　　如图 6.7 所示，当 poly(NaSS-*co*-DMAAm)水凝胶的 Zeta 电位高于 $\zeta_{critical}$ 时，细胞不能分裂但在持续改变形态，每个内皮细胞的形态在伸展状态与球状形态之间呈周期性振荡变化。当 Zeta 电位为−9.4 mV 时，在 1 min 内，伸展状态细胞的丝状伪足收缩，细胞形态变成球形迁移到另外一个位置，在新位置停留 10 min 后开始出现板状伪足，15 min 后可观察到新生成的丝状伪足，20 min 后该细胞呈完全伸展的状态，30 min 后丝状伪足和板状伪足生长完全，之后该细胞开始新的形态转变周期。以上结果表明单一细胞从球状形态转变为完全伸展形态需要的时间比从完全伸展形态转变为球形需要的时间更多，当 Zeta 电位低于 $\zeta_{critical}$ 时，内皮细胞的形态保持在完全伸展形态[11]。细胞的动态行为与细胞在水凝胶支架表面形成的黏着斑及细胞骨架蛋白的结构有关，水凝胶表面电荷密度显著影响细胞黏着斑及细胞骨架蛋白的结构。该研究表明除了高分子水凝胶的杨氏模量之外，电荷密度也可以显著影响细胞的运动行为。

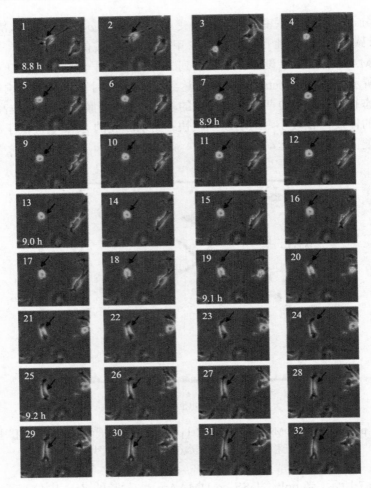

图 6.7　CCD 相机记录的在 Zeta 电位为–9.4 mV 的 poly(NaSS-*co*-DMAAm) 水凝胶表面培养细胞时，细胞形态的典型变化。随着时间的变化，细胞周而复始地从伸展状态变为圆形，又变回伸展状态(拍摄间隔为 1 min)

6.1.4　小结

　　目前用于临床医疗的人工组织大多为金属、陶瓷、纤维、超高分子量聚乙烯等材料，这些硬而不含水的材料难以作为软组织替代物。生物体中除了牙齿和骨骼以外，其余部分均为含有大量水分的软物质。高分子水凝胶具有与生物体组织类似的三维网络结构和亲水性，是最有潜力替代生物软组织的高分子功能材料。直接在合成高分子水凝胶支架表面培养细胞的体系和方法，探讨了水凝胶的化学结构和电荷密度对细胞增殖及动态运动行为的影响、设计调控细胞生存空间的微环境，合成集高强度与细胞亲和性于一体的三元互穿网络型水凝胶。研究表明合成高分子水凝胶细胞支架具有调控细胞行为的功能。相信合成高分子水凝胶优越的细胞亲和性与调控细胞的功能将会进一步促进高分子水凝胶在组织工程中的基础研究及应用。

6.2　降低细胞活性氧水平的水凝胶支架

6.2.1　引言

视网膜色素上皮(retinal pigment epithelium，RPE)细胞是存在于玻璃膜(Bruch's membrane，又称布鲁赫膜)与视网膜中间的一层细胞。在体内环境下，RPE 细胞像鹅卵石一样排列在一起，在布鲁赫膜上方的基底膜表面形成紧密的单层细胞膜[23,24]。RPE 细胞因所处位置的特殊性，在保持视网膜自身稳定状态及视觉功能方面发挥着重要的作用，如吞噬失效的细胞秸秆、支持感光细胞的功能、输送营养物质及代谢产物、合成糖胺聚糖等[25-27]。当 RPE 细胞缺失或者机能失调时，触发多种视网膜疾病引起视觉障碍，包括色素性视网膜炎、年龄相关性黄斑变性等[28-30]。治疗这些疾病需要移植单层 RPE 细胞膜，然而，潜在供体非常有限。因此，通过组织工程的方法获得功能性RPE 单层细胞膜是治疗视网膜相关疾病的一种有效方法。

在支架材料表面体外培养 RPE 细胞，获得单层细胞膜，再移植到视网膜中是组织工程治疗视网膜相关疾病的策略。RPE 细胞的体内生存环境中含有高浓度的氧气，并且在发挥吞噬等功能时产生大量的活性氧(reactive oxygen species,, ROS)[31]，高浓度 ROS 极易导致 RPE 细胞氧化损伤，诱发视网膜相关疾病[32,33]。在年龄相关性黄斑变性诱发的失明中，细胞内过高浓度的 ROS 与 DNA、RNA、脂质体、碳水化合物、蛋白质等有机物质反应是引起细胞死亡的主要因素[34]。因此，需要发展能够降低 RPE 单层细胞 ROS 水平的细胞支架材料。适用于 RPE 细胞增殖并形成功能性单层细胞膜的支架材料应具有模拟细胞生存微环境的生物力学和物理化学特性。作为一种与生物体软组织具有相似性质的柔性材料，水凝胶具有高含水率、力学性能可调等特点，另外，水凝胶的三维网状结构具有模拟布鲁赫膜微环境的功能，有利于氧气、营养物质、代谢产物等的转运。因此，水凝胶材料有望作为适宜的支架材料支持 RPE 细胞扩增并形成功能性单层细胞膜。尽管模拟细胞微环境的水凝胶支架材料研究已经取得了诸多进展，但这些材料大多需要修饰一些细胞黏附蛋白(如纤连蛋白、层粘连蛋白等)或者短链多肽等生物活性物质[34-37]。相较于修饰生物活性物质的水凝胶细胞支架材料，无需任何修饰的合成高分子水凝胶材料具有诸多优势，例如，通过调节水凝胶的物理化学性质直接分析细胞-支架的相互作用、良好的重现性、无异物感染、耐受高温灭菌、廉价等。在前期研究中，我们已经在无需任何修饰的高分子水凝胶支架材料上成功培养了多种细胞，如血管内皮细胞、兔滑液组织成纤维细胞、人体软骨细胞及小鼠胚胎干细胞等。这些研究结果表明负电荷水凝胶支架可以促进血管内皮细胞和兔滑液组织成纤维细胞形成单层细胞膜，还可促进小鼠胚胎干细胞的拟胚体自发分化成三个胚层(内胚层、中胚层和外胚层)[6,8,11,12,15,38,39]。

　　本节介绍一种以无需生物活性物质修饰的合成高分子水凝胶为细胞支架材料，培养具有低 ROS 水平的功能性 RPE 细胞单层膜的方法，建立功能性 RPE 细胞/水凝胶复合物移植体。将与人体 RPE 细胞具有相似形态和功能特征的人视网膜上皮细胞系 ARPE-19 细胞用于体外培养研究。系统分析了水凝胶的物理化学性能(化学结构、杨氏模量等)对 RPE 细胞行为(增殖、活性等)和 ROS 水平的影响，发现该水凝胶材料不但可以促进人体 RPE 细胞形成单层细胞膜，而且还可以有效降低 RPE 细胞的 ROS 水平。该方法为组织工程移植功能性 RPE 细胞提供了可降低 ROS 水平的水凝胶生物支架材料。

6.2.2　细胞培养用水凝胶的制备和表征

　　采用自由基聚合的方法制备化学交联负电荷 PNaAMPS 和中性的 PDMAAm 水凝胶[图 6.8(a)]。制备 0.5 mm 和 2 mm 两种不同厚度的水凝胶，较厚的水凝胶样品用于水凝胶的性能表征和细胞培养支架，较薄的水凝胶因具有较大的比表面积，用于蛋白质吸附测试。将水凝胶浸泡在大量去离子水中，多次更换去离子水

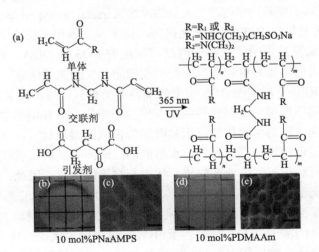

图 6.8　PNaAMPS 和 PDMAAm 水凝胶的(a)化学结构；(b)和(d)光学照片；
(c)和(e)SEM 照片

除去水凝胶中未反应完全的化学物质，经过上述处理得到去离子水平衡水凝胶，然后浸泡在磷酸盐缓冲溶液中，交换平衡后水凝胶中溶液的离子强度达到 0.15 mol/L，pH 值达到 7.4，得到 PBS 平衡水凝胶 [图 6.8(b) 和 (d)]。

　　水凝胶细胞支架材料的杨氏模量对 RPE 细胞/水凝胶复合物的移植至关重要。若水凝胶硬度过高，在植入过程中可能造成眼部周围软组织损伤，若过于柔软，水凝胶力学性能差，操作过程极为困难。水凝胶的杨氏模量与溶胀率密切相关。当交联剂浓度分别为 2 mol%、4 mol%、10 mol% 时，负电荷 PNaAMPS 水凝胶的溶胀率 (q = 38.7、27.3、13.8) 显著高于具有相同交联剂浓度的中性 PDMAAm 水凝胶 (q = 13.4、10.4、8.2)，表明高分子侧链带有磺酸根基团的阴离子 PNaAMPS 水凝胶比中性 PDMAAm 水凝胶可吸收溶胀更多的水溶液。此外，两种水凝胶的溶胀率均随交联剂浓度的增加而减小，而杨氏模量则随之呈现上升趋势。当交联剂浓度分别为 2 mol%、4 mol%、10 mol% 时，PNaAMPS 水凝胶的杨氏模量分别为 5.0 kPa、24.0 kPa 和 169.3 kPa，PDMAAm 的杨氏模量分别为 82.5 kPa、151.4 kPa 和 198.3 kPa (图 6.9)。这表明当交联剂浓度为 2 mol%、4 mol% 时，PNaAMPS 水凝胶的杨氏模量明显低于 PDMAAm 水凝胶，这是由聚电解质 PNaAMPS 水凝胶可溶胀更多的水造成的。当交联剂浓度进一步增加到 10 mol% 时，两种水凝胶的杨氏模量差别不大，表明当交联剂浓度增大到一定程度时，杨氏模量对水凝胶的电荷依赖性不明显。采用 SEM 表征真空干燥后水凝胶的微观形态和结构发现，当交联剂浓度为 10 mol% 时，PNaAMPS 和 PDMAAm 水凝胶的网络结构类似 [图 6.8(c) 和 (e)]，表明高交联密度水凝胶的网孔形貌和尺寸差别较小，与杨氏模量接近的现象一致。

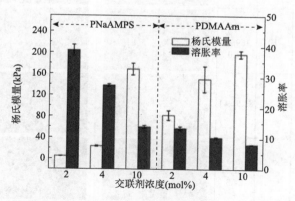

图 6.9　交联剂浓度对水凝胶溶胀率和杨氏模量的影响

6.2.3　水凝胶调控 RPE 细胞增殖

　　移植单层细胞膜形态的 RPE 细胞具有诸多优势，不仅可以避免细胞凋亡、层层叠加等造成的细胞功能障碍，还能够预防视网膜纤维化、增生性玻璃体视网膜病变等术后并发症[40,41]。将细胞悬浮在 DF-12 培养基后滴加到经 PBS 平衡和高温高压灭菌的水凝胶表面，置于细胞培养箱中进行培养（37℃，5% CO_2）。将直径为 15 mm、35 mm 的水凝胶圆片分别转移至 24 孔板、6 孔板中。其中直径较小的水凝胶用于检测细胞行为（形态、黏附、增殖、单层细胞膜等），直径较大的水凝胶用于需要大量细胞的 ROS 检测。在特定的时间点（6 h、24 h、48 h、72 h、96 h、120 h）拍照记录培养在水凝胶支架表面的细胞行为。

　　比较两种不同电荷水凝胶表面的细胞增殖行为发现，负电荷 PNaAMPS 水凝胶表面的 RPE 细胞数量明显多于中性 PDMAAm 水凝胶，表明负电荷 PNaAMPS 水凝胶在促进 RPE 细胞增殖方面的性能更加优异（图 6.10）。同时，经过 120 h 培养，不同杨氏模量的 PNaAMPS 水凝胶（$E = 5.0$ kPa、24.0 kPa、169.3 kPa）表面培养的细胞密度不同，但均形成了单层细胞膜（图 6.10），说明在较宽的杨氏模量范

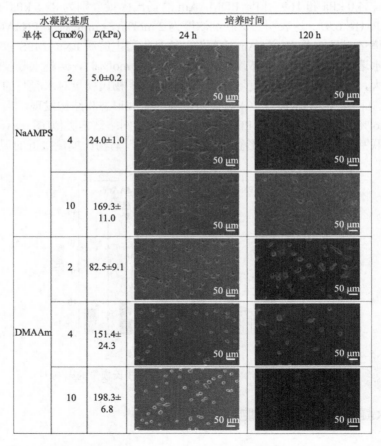

| 水凝胶基质 | | | 培养时间 | |
单体	C(mol%)	E(kPa)	24 h	120 h
NaAMPS	2	5.0±0.2		
	4	24.0±1.0		
	10	169.3±11.0		
DMAAm	2	82.5±9.1		
	4	151.4±24.3		
	10	198.3±6.8		

图 6.10　RPE 细胞在 PNaAMPS 和 PDMAAm 水凝胶表面的光学显微镜照片

围内(5.0～169.3 kPa)，PNaAMPS 水凝胶表面培养的 RPE 细胞均可扩增并形成单层细胞膜。

通过比较两种水凝胶中杨氏模量接近的几个样品[10 mol% PNaAMPS（169.3 kPa）、4 mol%PDMAAm（151.4 kPa）和 10 mol%PDMAAm（198.3 kPa）]表面的细胞增殖情况发现，在 169.3 kPa PNaAMPS 水凝胶表面培养细胞 120 h 之后形成了细胞密度为 $4.43×10^4$ cell/cm^2 的单层细胞膜，然而在 151.4 kPa、198.3 kPa PDMAAm 水凝胶表面培养的细胞几乎不能增殖，并且细胞在 120 h 之后几乎全部死亡[图 6.11（a）]。上述结果进一步验证了与中性 PDMAAm 水凝胶相比，负电荷 PNaAMPS 水凝胶在促进 RPE 细胞扩增方面的性能更加优异。

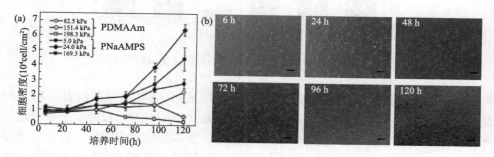

图 6.11　RPE 细胞在 PNaAMPS 水凝胶和 PDMAAm 水凝胶表面的扩增行为
（a）水凝胶表面的细胞生长曲线；（b）不同时间点 24.0 kPa PNaAMPS 水凝胶表面的细胞形态照片

6.2.4　蛋白吸附对 RPE 细胞性能的影响

胎牛血清中含有的细胞黏附蛋白(如纤连蛋白、玻璃体结合蛋白等)在调控细胞行为方面发挥着至关重要的作用。采用免疫荧光法定量检测 PNaAMPS 和 PDMAAm 水凝胶表面吸附的纤连蛋白(fibronectin)的含量。将 PBS 平衡后的水凝胶灭菌后浸泡于含有 20%胎牛血清的 PBS 中，在异硫氰酸荧光素(fluorescein isothiocyanate，FITC)标记纤连蛋白抗体中孵育染色后，用荧光显微镜分析水凝胶样品的荧光强度。对照组样品浸泡于含有 5%牛血清白蛋白(bovine serum albumin，BSA)的 PBS 中。比较在 FBS 和 BSA 溶液中浸泡样品的荧光强度，两者的差值代表水凝胶表面吸附纤连蛋白的量。实验结果表明，在负电荷 PNaAMPS 水凝胶表面吸附纤连蛋白的荧光强度显著高于中性 PDMAAm 水凝胶(图 6.12)。进一步分析水凝胶表面吸附纤连蛋白的荧光强度与细胞行为之间的关系，研究表明电荷密度越高，培养基中 FBS 含有的纤连蛋白越容易被吸附到负电荷水凝胶表面，进而促进了 RPE 细胞的扩增。然而，只有少量纤连蛋白被吸附到中性 PDMAAm 水凝胶表面，难以提供促进 RPE 细胞存活的微环境。

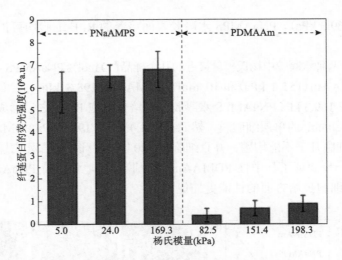

图 6.12 不同杨氏模量水凝胶表面吸附的纤连蛋白的荧光强度

采用死活染色试剂盒检测培养在不同杨氏模量 PNaAMPS 水凝胶表面 RPE 细胞的活性。其中，活细胞与试剂盒中的钙黄绿素（Calcein AM）反应，生成绿色荧光物质，死细胞与同二聚乙胺-1（EthD-1）反应，生成红色荧光物质，荧光显微镜观察并计算细胞存活率。从图 6.13（a）可以看出，经过 72 h 培养之后，水凝胶表面

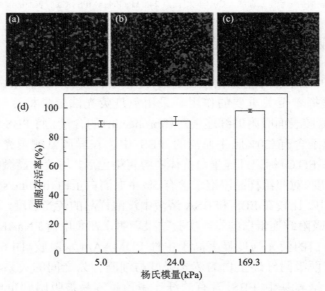

图 6.13 死活染色检测培养在 PNaAMPS 水凝胶表面细胞的活性

(a)、(b)、(c)分别为 5.0 kPa、24.0 kPa 和 169.3 kPa 水凝胶表面培养 72 h 后的 RPE 细胞死活染色的照片；(d)细胞的存活率

的活细胞数目均远大多死细胞的数目。数据统计表明，杨氏模量为 5.0 kPa、24.0 kPa 和 169.3 kPa 的水凝胶表面细胞的存活率分别为 89%、91% 和 98%。上述结果说明 PNaAMPS 水凝胶表面通过吸附纤连蛋白促进了 RPE 细胞的增殖，高细胞存活率验证了水凝胶优异的细胞相容性。

为了证明在 PNaAMPS 水凝胶表面培养的 RPE 细胞为单层细胞膜状态，用激光共聚焦显微镜观察分别用 4,6-二脒基-2-苯基吲哚(4,6-diamidino-2-phenylindole，DAPI)和罗丹明鬼笔环肽(rhodamine phalloidin)标记的细胞核和纤维状肌动蛋白(F-actin)。结果显示，水凝胶表面均匀分布着被 DAPI 染成蓝色的细胞核[图 6.14(a)~(c)]，并且纵剖面图像未发现细胞核的重叠现象[图 6.14(j)~(l)]，说明 RPE 细胞在水凝胶表面形成了单层细胞膜。此外，RPE 细胞紧密贴附生长在水凝胶支架表面且形成了成束的细胞骨架，染色结果清晰展示了由细胞的纤维状肌动蛋白构成的网状结构[图 6.14(d)~(f)]，表明 RPE 细胞可以很好地贴附在 PNaAMPS 水凝胶的表面并扩增形成了致密的单层细胞膜。

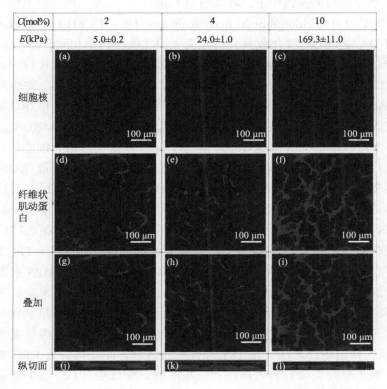

图 6.14　激光共聚焦显微镜观察培养在 PNaAMPS 水凝胶表面的 RPE 细胞形态
(a~c)细胞核染色；(d~f)纤维状肌动蛋白染色；(g~i)细胞核与 F-actin 叠加；(j~l)纵切面观察

6.2.5　模量调控细胞 ROS 水平

RPE 细胞易于老化，氧化压力显著影响 RPE 细胞的凋亡和功能发挥。例如，高浓度 ROS 可造成线粒体 DNA 损伤，引起 RPE 细胞凋亡[31,42]。因此，在早期视网膜疾病的治疗过程中，应该关注 RPE 细胞的氧化损伤问题[43]。可以预测，将体外培养的具有低 ROS 水平的 RPE 细胞移植进入体内时，可以更好地发挥细胞的功能。水凝胶的杨氏模量是影响细胞行为及功能的因素之一。研究报道，低模量水凝胶可以保护神经细胞免受由过量双氧水引起的氧化应激损伤[44]，此外，含有超氧化物歧化酶相似物或者辣根过氧化物酶的水凝胶可以有效降低 ROS 水平[45,46]。另有研究表明，低模量海藻酸钠水凝胶可以通过刺激细胞自身的抗氧化体系防止氧化应激造成的损伤。根据上述研究推测，水凝胶的杨氏模量可能影响 RPE 细胞 ROS 水平。

检测培养在 PNaAMPS 水凝胶表面 RPE 细胞的 ROS 水平验证了该设想。细胞内 ROS 水平的检测操作如下：培养细胞 120 h 后，在单层细胞膜上滴加二氯荧光素二乙酸酯（2′,7′-dichlorodihydrofluorescein diacetate，DCFH-DA）溶液，还原态的 DCFH-DA 被 ROS 氧化成具有很强荧光的二氯荧光黄（dichlorofluorescein，DCF），DCF 的荧光强度代表细胞内 ROS 产出总量，可用酶标仪检测。同时，为了去除细胞数目的差异对 ROS 水平检测的干扰，用 BCA 试剂盒检测水凝胶表面培养细胞的蛋白总量。其中，将水凝胶表面培养细胞总 ROS 值（ROS_{total}）与细胞的蛋白总量（P_{total}）的比值定义为细胞的 ROS_{cell} 值，即 $ROS_{cell} = ROS_{total}/P_{total}$。另外，将水凝胶表面培养细胞 ROS_{cell} 值与 TCPS 板表面培养细胞的 ROS 值（ROS_{TCPS}）的比值定义为培养在水凝胶表面细胞的相对 ROS 值（ROS_{RL}），即 $ROS_{RL} = ROS_{cell}/ROS_{TCPS}$。经过 120 h 培养形成单层细胞膜之后，相较于培养在 TCPS 板表面的对照组细胞，培养在杨氏模量为 5.0 kPa 和 24.0 kPa 的 PNaAMPS 水凝胶表面的细胞 ROS 水平分别降低 50%和 44%（图 6.15）。然而，培养在较高杨氏模量（169.3 kPa）水凝胶表面细胞的 ROS 水平与 TPCS 对照组相比没有显著差异，说明相较于高模量水凝胶，低模量 PNaAMPS 水凝胶可以显著降低细胞 ROS 水平。上述结果说明，低模量 PNaAMPS 水凝胶为细胞提供了良好的生存微环境，这种微环境可以加强激发细胞自身的抗氧化体系，促进细胞自身还原性物质的生成，从而降低细胞内 ROS 水平。该结果为组织工程 RPE 细胞移植治疗方法提供了非常有用的信息，即在体外将 RPE 细胞于低杨氏模量的水凝胶支架材料表面培养一段时间，待细胞 ROS 水平下降再进行移植手术。

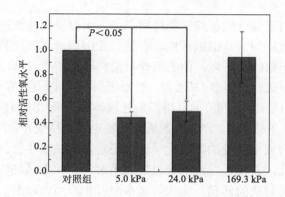

图 6.15　PNaAMPS 水凝胶表面培养 RPE 细胞的相对 ROS 值

6.2.6　小结

通过研究水凝胶表面二维培养的 RPE 细胞的生长状态发现，由于负电荷水凝胶支架材料表面可以吸附大量纤连蛋白，从而很好地促进细胞增殖，经过 120 h 培养之后，达到较高的细胞密度并可形成单层细胞膜。利用激光共聚焦显微镜检测单层膜中的细胞，细胞单层膜具有丰富的纤维状肌动蛋白细胞骨架，细胞核无重叠，纤维状肌动蛋白形成网络结构，是一层较为完整的单层细胞膜。通过分析不同杨氏模量的负电荷水凝胶表面培养的 RPE 细胞的 ROS 水平，证明了利用水凝胶细胞支架材料的杨氏模量可有效调控 RPE 细胞的 ROS 水平，并且低模量水凝胶表面培养的 RPE 细胞 ROS 水平明显低于高模量水凝胶，发展了采用未经任何生物活性物质修饰的水凝胶作为培养低 ROS 水平 RPE 细胞支架材料的方法。在组织工程应用中，将从捐献者眼部获取的数量有限的 RPE 细胞接种于柔软的 PNaAMPS 水凝胶表面，培养一段时间后得到 ROS 水平较低的单层 RPE 细胞膜/水凝胶复合物，该方法为组织工程 RPE 细胞移植提供了一种高效培养功能性细胞的策略。

6.3　三维细胞包埋葡聚糖水凝胶

6.3.1　引言

三维细胞包埋是将细胞封装在合适的支架材料中固定细胞的方法，适用于模拟细胞-细胞和细胞-基质间相互作用的微环境[47,48]，在肿瘤、干细胞增殖、体外细胞模型、组织工程、药物筛选等生物医学领域得到了广泛关注[49-53]。水凝胶具有高含水率、良好的物质传输能力，以及与细胞外基质相近的弹性模量[12,39]等特性,是一类优异的三维细胞包埋生物材料[54-56]。水凝胶三维细胞包埋体系具有操作简便、细胞分散均匀、高细胞活性、有效阻止细胞泄漏等优势,可为细胞提供与体内组织高度相似的微环境,便于营养运输和产物扩散。

已发展了基于天然水凝胶(基质胶、胶原蛋白、纤维蛋白)和合成水凝胶(聚乙二醇、聚羟乙基甲基丙烯酸酯)的三维细胞包埋体系。天然水凝胶细胞相容性和生物活性优异,但存在易降解、产品批次质量不稳定以及易受异物污染等缺陷。与天然水凝胶相比,合成水凝胶的物理化学性质稳定,但缺少生物活性,通常生物降解性能不佳。因此,在设计三维细胞包埋体系时,如何兼顾细胞相容性、生物活性及稳定性是亟需解决的问题。集成天然水凝胶和合成水凝胶二者优点的半合成水凝胶(semi-synthetic hydrogels)是有望解决上述问题的材料。葡聚糖具有良好的生物相容性、无细胞毒性和易于化学修饰等特点,有望制备用于三维细胞包埋的半合成水凝胶。

原位交联水凝胶可以在凝胶形成过程中直接三维包埋细胞,有利于实现细胞的均匀包埋,并且可以按照需求制备成各种复杂的形状,这些特性被广泛应用于三维细胞包埋领域[57,58]。常用的原位交联成胶方法中,使用的有毒化学试剂(如引发剂、单体、交联剂等)可产生细胞毒性,需要外界能量(光、热)的成胶方法可损伤细胞,限制了在三维包埋中的应用[59,60]。巯基-迈克尔加成反应是一类可以在生理环境中发生的点击化学反应,其具有高选择性和高效率的特点,在制备三维细胞包埋水凝胶支架材料方面具有优势[61-63]。

本节介绍在生理条件下采用巯基-迈克尔加成反应设计合成一种基于葡萄糖的原位交联水凝胶。甲基丙烯酸缩水甘油酯修饰的葡聚糖(glycidyl methacry-late derivatized dextran,Dex-GMA)和二硫苏糖醇(dithiothreitol,DTT)与细胞悬浮液混合可原位交联成胶并包埋细胞。包埋在 Dex-l-DTT 水凝胶中的小鼠骨髓间充质干细胞(bone marrow mesenchymal stem cells,BMSCs)和成纤维细胞(NIH 3T3)可以保持较高的活性,此外,BMSCs 可维持原有的分化功能。该研究为用于三维细胞包埋的原位交联水凝胶提供了新的体系。

6.3.2 葡聚糖基水凝胶的结构和成胶行为

葡聚糖与甲基丙烯酸缩水甘油酯在二甲基亚砜(DMSO)中通过偶联反应制备得到 Dex-GMA[64]。计算核磁谱图中化学位移为 6.18 ppm(Hb)和 4.94 ppm(Ha)两个峰的积分面积得到葡聚糖的取代度(37%)。在生理环境中将一定量 Dex-GMA 和 DTT 在 PBS 中均匀溶解,通过甲基丙烯酸基团与巯基之间的巯基-迈克尔加成反应原位交联形成 Dex-l-DTT 水凝胶。未添加 DTT 溶液之前,Dex-GMA 溶液呈现棕黄色，将 DTT 溶液以 1∶1 官能团比例（$R = M_{MA} : M_{thiol} = 1$）与之混合后，混合溶液的流动性逐渐降低，数分钟内可凝胶化［图 6.16(a)］。从反应机理看出，巯基在碱性条件下容易质子化变成迈克尔受体-硫负离子，而硫负离子易与缺电子的双键进行反应［图 6.16(b)］。因此，水凝胶的形成过程受到两个因素的影响，一是能决定体系中硫负离子浓度的 pH 值，二是双键与巯基的比例 R。为了使水凝胶成胶更完全，固定 R 值为 1，因此，该体系中 pH 值是控制原位形成水凝胶过程和水凝胶性能的关键因素。

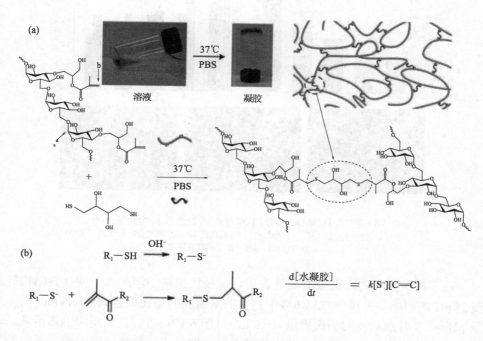

图 6.16　(a)巯基-迈克尔加成反应制备 Dex-l-DTT 水凝胶的过程；
(b)反应机理和反应速率方程

采用流变仪监测 pH 对凝胶形成过程中储能量（G'）和损耗模量（G''）的影响。G' 与 G'' 的交点表示体系从高分子溶液到凝胶化的转变，因此，该交点被称为凝胶点。随着 pH 值从 7.0 增加至 7.8，成胶速率逐渐加快，出现凝胶点所需的时间相应缩短［图 6.17(a)］。例如，当 pH 为 7.8 时，凝胶点在 88 s 时出现，而 pH 为 7.0 时，出现凝胶点则需要 512 s，约是前者所需时间的 6 倍，说明可以通过提高溶液 pH 值加快原位形成凝胶的速度，该现象与反应机理可以很好吻合［图 6.17(b)］。上述结果表明 Dex-GMA 在生物医学应用常用的 pH 范围内（7.0～7.8）均能与 DTT 反应形成水凝胶。

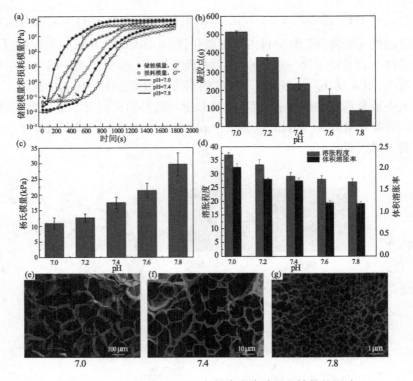

图 6.17　pH 对 Dex-l-DTT 水凝胶成胶过程和性能的影响
(a)凝胶化过程的流变曲线；(b)凝胶点；(c)杨氏模量；(d)溶胀程度和体积溶胀率；
(e)～(g)pH = 7.0~7.8 时扫描电镜照片

除了凝胶点以外，凝胶的其他性质，如杨氏模量、溶胀率、网孔微结构等均受到 pH 的影响。在 pH = 7.8 环境中制备的水凝胶的杨氏模量为 29.6 kPa，明显高于 pH = 7.0 时水凝胶的杨氏模量(10.9 kPa)[图 6.17(c)]。正如反应机理所示，较高的 pH 更利于巯基质子化，可提供更多的交联位点，加快双键与巯基之间的反应速率，形成具有高交联密度的水凝胶，同时杨氏模量增大。当 pH 降低时，仅有部分官能团参与反应形成疏松的网络结构，低交联密度导致水凝胶的杨氏模量较低。与 pH = 7.0 环境中制备的水凝胶相比，在 pH = 7.8 时水凝胶的溶胀率略微降低[图 6.17(d)]，这是由在较高 pH 环境中水凝胶的交联密度较高造成的。设计该水凝胶的目的是进行三维细胞包埋，要求在细胞培养环境中的体积变化尽量不显著，因此，测试了在不同 pH 下制备的水凝胶的溶胀行为。不同 pH 条件下制备的水凝胶的体积溶胀率[图 6.17(d)]与质量溶胀率的变化趋势一致，即随着 pH 升高，水凝胶的体积溶胀率逐渐降低。在生理条件下(pH=7.4)水凝胶的体积溶胀率为 1.71，体积变化不明显，适用于三维包埋细胞体系。

利用 SEM 观察冷冻干燥水凝胶的微观结构发现，不同 pH 环境中水凝胶均呈现相互连通的网孔结构,有利于小分子及氧气的扩散,为细胞生长提供适宜的微环境。此外,pH 影响水凝胶的微观结构[图 6.17(e)~(g)],在较高 pH 值(pH = 7.8)环境中,网孔结构较均匀且较小(0.44 mm),而在较低 pH 值(pH = 7.0)时,网孔结构变得不均匀且较大(62.2 mm)。导致上述现象的原因是,弱碱性环境能够有效促进更多的活化基团参与凝胶形成,生成具有较高交联密度及致密网孔结构的水凝胶;在中性环境中,仅有部分活化基团参与凝胶化过程,从而降低凝胶的交联密度,形成疏松的网孔结构。上述可控的凝胶网孔结构有利于该体系适用于不同细胞支架的需求[65]。

6.3.3　葡聚糖衍生物及交联剂的细胞相容性

细胞相容性是评价生物医用材料性能的重要指标。MTT 法检测表明,NIH 3T3 成纤维细胞和 BMSCs 的生存率不受 Dex-GMA 浓度和作用时间的影响。当高浓度(2.0 mg/mL)Dex-GMA 作用 24 h 时,两种细胞的活性均高达 95%。当作用时间延长至 48 h 时,NIH 3T3 成纤维细胞的活性升高至 150%,BMSCs 的活性也维持在 95%以上[图 6.18(a)和(c)],表明 Dex-GMA 保持着葡聚糖优异的生物相容性,即

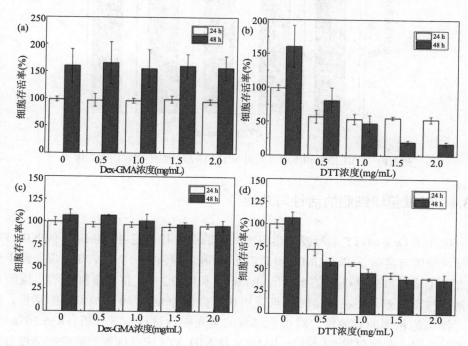

图 6.18　Dex-GMA 浓度(a,c)和 DTT 浓度(b,d)及作用时间分别影响 NIH 3T3(a,b)和 BMSCs(c,d)的细胞存活率

使在高浓度 Dex-GMA 作用下，细胞仍然保持优异的增殖性能。然而，当交联剂 DTT（0.5～2.0 mg/mL）作用 24 h 时，NIH 3T3 成纤维细胞和 BMSCs 的存活率分别只有 55%和 50%，表明 DTT 的细胞相容性较差。当作用时间延长至 48 h，两种细胞的活性均随着 DTT 浓度的增加而下降[图 6.18（b）和（d）]，表明当作用时间较长时，DTT 的细胞毒性比较明显。考虑到 Dex-l-DTT 水凝胶成胶速度快（＜10 min）、反应效率高，高浓度的 DTT 不会长时间存在于细胞培养液中。因此，有必要检测较短作用时间内 DTT 的细胞毒性。在短作用时间内，当作用时间（5min、10min、15 min）延长及 DTT 浓度（0.5～2.0 mg/mL）升高时，即使在最高实验浓度（2.0 mg/mL）时作用 15 min，NIH 3T3 成纤维细胞的活性仍大于 75%（图 6.19），上述结果表明在较短时间内，较高浓度的 DTT 不会对细胞活性造成显著影响，预示在水凝胶成胶过程中，短时间内 DTT 不会对细胞活性产生大的影响。

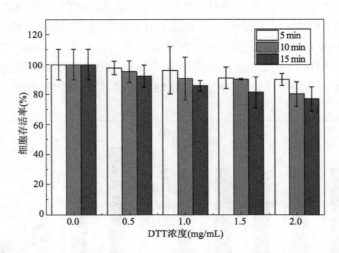

图 6.19　DTT 浓度和作用时间对 NIH 3T3 成纤维细胞存活率的影响

6.3.4　三维包埋细胞的活性与功能

检测了 Dex-l-DTT 水凝胶三维包埋细胞的活性和功能。将 BMSCs 或 NIH 3T3 成纤维细胞与溶解了 Dex-GMA 和 DTT 的细胞培养液混合均匀，在生理条件下快速交联形成三维包埋细胞的水凝胶（图 6.20 和图 6.21）。将包埋细胞的水凝胶在正常条件下培养，并在特定时间点采用死活染色和 MTT 方法检测细胞活性，验证三维细胞包埋的有效性。对染色结果的荧光照片进行定量分析[图 6.20（b）和图 6.21（a）]，发现包埋 72 h 后，BMSCs 及 NIH 3T3 成纤维细胞的细胞活性分别高达 81%和 91%，当继续培养至 14 天时，两种细胞仍然保持较高的活性，分别为 72% 和 82%[图 6.20(c) 和图 6.21(b)]。此外，MTT 实验结果表明，随着培养时间的延长，虽然三维包埋细胞的活性有所降低，但仍然保持较高的活性，包埋 14 天时，两种细胞的活性分别为 72% 和 83%[图 6.20(d) 和图 6.21(c)]。上述结果表明，Dex-l-DTT 水凝胶可长期三维包埋细胞且保持较高的细胞活性。

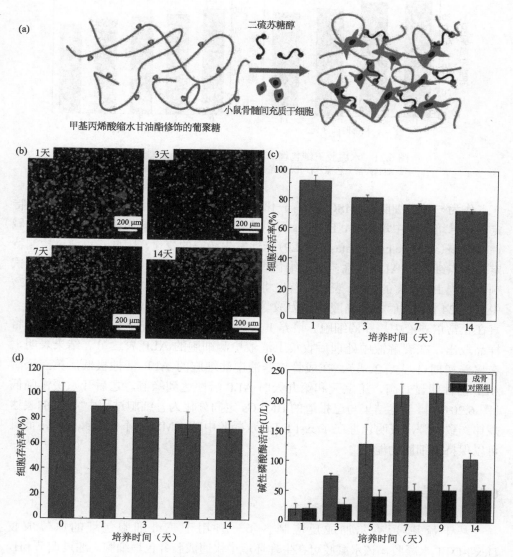

图 6.20　水凝胶三维包埋培养 BMSCs 及细胞性能的表征
(a)细胞包埋过程示意图；(b)细胞死活染色照片；死活染色法(c)和 MTT 法(d)检测细胞存活率；(e)在成骨培养液与普通培养液培养后碱性磷酸酶的表达量

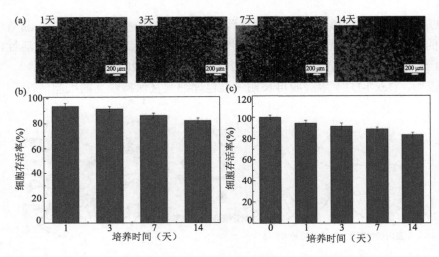

图 6.21　水凝胶三维包埋 NIH 3T3 细胞及细胞性能的表征
(a)细胞死活染色照片；死活染色法(b)和 MTT 法(c)检测细胞存活率

　　作为一种干细胞，BMSCs 具有分化为骨细胞或者脂肪细胞的潜能[66]。当在特定的诱导培养液中培养时，BMSCs 可以分化为骨细胞。在骨组织形成过程中，碱性磷酸酶(alkaline phosphatase，ALP)活性发生相应的变化，因此，可通过检测特定时间点细胞的 ALP 活性，对三维包埋细胞的分化能力进行验证。采用 ALP 试剂盒检测 BMSCs 的 ALP 表达。首先将包埋 BMSCs 的水凝胶样品在正常培养液中培养 24 h，然后将培养液替换为成骨(osteogenesis，OS)培养液。对照组为一直在正常培养液中培养的细胞。培养 1 天、3 天、5 天、7 天、9 天、14 天后，将样品取出，在裂解液中处理后收集上清液检测细胞的 ALP 表达量。结果表明，在培养初期(1 天、2 天)，在成骨培养液中的细胞的 ALP 活性极低，第三天时 ALP 活性明显升高，第七天和第九天时 ALP 活性达到峰值，之后开始缓慢降低[图 6.20(e)]。上述结果与已报道的 BMSCs 定向分化为骨细胞过程中 ALP 的表达规律一致[67,68]，表明包埋在 Dex-l-DTT 水凝胶中的 BMSCs 不仅能够存活，而且可以保持干细胞功能。

6.3.5　小结

　　基于巯基-迈克尔加成反应制备了一种用于三维细胞包埋的原位成胶 Dex-l-DTT 水凝胶，该水凝胶可在生理环境中快速成胶并包埋细胞。通过调节 pH，可调控水凝胶的力学强度、溶胀率及微观网络结构等性能。微调制备过程中溶液体系的 pH(7.0~7.8)即可得到具有不同性能的水凝胶支架材料。随着 pH 从 7.0 逐渐升高至 7.8，水凝胶的形成过程显著加快，成胶所需时间从 512 s 降低至 88 s，杨氏模量逐渐升高，溶胀率逐渐下降，水凝胶网孔逐渐变小。这种在接近生理条件下易于调控的性能赋予该水凝胶满足不同细胞对支架材料需求的潜力。该水凝胶三维包埋体系成功实现了 BMSCs 和 NIH 3T3 成纤维细胞的包埋。包埋后细胞均保持了较高的活性，表明该水凝胶具有良好的细胞相容性。同时，细胞 ALP 活性检测表明，包埋的 BMSCs 不仅能够保持较高的活性，而且还具有分化为成骨细胞的能力。易于调节的凝胶性质、良好的细胞相容性和三维包埋细胞的能力说明 Dex-l-DTT 水凝胶三维细胞包埋体系有望构建体外三维细胞模型，用于肿瘤、干细胞增殖、体外细胞模型、组织工程、药物筛选等生物医学领域。

6.4　自愈合可注射水凝胶神经干细胞载体

6.4.1　引言

神经干细胞(neural stem cells，NSCs)组织工程修复是治疗神经类疾病的有效方法[69-71]。理想状态下，三维包埋在支架中的神经干细胞在脑损伤处定向分化实现神经修复与再生。可注射水凝胶通过微创介入治疗方式将细胞递送到局部病变部位，已广泛应用于神经干细胞组织工程。近年发展的具有自愈合和可注射双重功能的水凝胶有望作为新一代组织工程支架替代传统可注射水凝胶。不同于传统可注射水凝胶，使用新型自愈合可注射水凝胶时，可先将水凝胶前驱体溶液与细胞悬浮液均匀混合，在生理环境中体外及时成胶，达到三维包埋细胞的效果；随后，将负载细胞的水凝胶置于注射器中，从针头注射出的水凝胶微粒可以在损伤组织靶标部位自发相互作用，并重新形成所需形状，填充在损伤缺陷部位进行组织工程修复。

智能自愈合可注射水凝胶在组织工程修复再生方面具有以下优势：①体外三维细胞包埋操作方便，并有利于观测细胞在水凝胶中的增殖和分化等行为。可将细胞在体外培养数小时甚至数天后再注射到体内，细胞注入体内之前可获取充足的营养，并有充分的时间适应水凝胶的三维生长环境。同时，也可预先在体外观测细胞的扩增和分化行为，确保移植细胞的健康状态。②可先成胶后注射。注射负载细胞水凝胶的方式可以避免传统液体注射方式引起的潜在危险，在传统注射前驱体溶液在体内成胶的过程中，若高流动性的水凝胶前驱体溶液未能及时在靶标部位成胶，细胞极易流失或扩散，引起生物污染；相反，若形成凝胶的速度过快，发生前驱体溶液尚未到达靶标部位就已经凝胶化的现象，造成阻塞。此外，包埋在细胞周围的水凝胶可缓冲注射产生的剪切应力[72,73]，起到保护细胞的作用。③自愈合特性有助于注射的凝胶微粒在靶标部位快速成型，形成与损伤部位匹配的形状，并恢复水凝胶原有的力学性能。

　　作为神经干细胞移植载体，自愈合可注射水凝胶不仅需要满足一些基本性能要求，如生理环境中的自愈合性、可注射性和生物相容性等，而且还需提供有利于神经干细胞增殖分化和神经组织再生的三维微环境。多糖基自愈可注射水凝胶CEC-l-OSA 具有符合上述要求的特征。在生理环境中，N-羧乙基壳聚糖(CEC)大分子链上的氨基与氧化海藻酸钠(OSA)大分子链上的醛基通过席夫碱反应生成可逆亚胺键，交联形成模量与脑组织(100~1000Pa)接近的自愈合可注射水凝胶[74,75]。壳聚糖具有细胞相容性、抗菌性等性能，且来源丰富、易于修饰。此外，壳聚糖大分子链上的氨基基团具有促进神经干细胞向神经元细胞方向分化的作用[76-79]。包埋在 CEC-l-OSA 水凝胶中的神经干细胞可维持正常增殖和分化功能，此外，动态亚胺键在水凝胶三维网络中形成键的结合与解离之间的动态平衡，不断暴露的氨基基团促进了神经干细胞定向分化为神经元细胞。图 6.22 为CEC-l-OSA 水凝胶三维包埋神经干细胞及作为神经干细胞移植载体的组织工程神经修复示意图。将 CEC 和 OSA 分别溶解在 DF-12 培养基中，神经干细胞悬浮在OSA 培养基中，将溶液在注射器中混合，通过席夫碱反应原位成胶获得三维包埋神经干细胞的 CEC-l-OSA 水凝胶。随后，将负载神经干细胞水凝胶的注射器针头插入病灶腔内，并注入载有细胞的水凝胶颗粒，达到组织工程神经干细胞移植的目的。构建 CEC-l-OSA 水凝胶神经干细胞载体有望推动自愈合可注射水凝胶在神经干细胞移植和神经系统疾病治疗方面的发展。

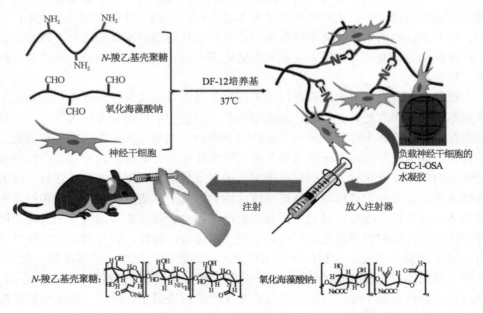

图 6.22　CEC-l-OSA 水凝胶三维包埋神经干细胞及组织工程神经修复示意图

6.4.2 凝胶化和流变行为

壳聚糖与丙烯酸发生迈克尔加成反应合成水溶性 CEC，通过高碘酸钠氧化多糖的方法制备得到 OSA（参见 2.2 节）。为了满足细胞培养实际应用的需求，于 37℃ 生理条件下，在 DF-12 培养基中制备水凝胶，CEC 大分子链上的氨基与 OSA 大分子链上的醛基发生席夫碱反应，生成动态亚胺键交联的三维网络结构，得到 CEC-l-OSA 水凝胶。固定反应活性基团摩尔比 $R = M_{-NH_2}:M_{-CHO}$ 为 1∶1，OSA 在 DF-12 培养基溶液中的浓度（C_o）为 0.1 g/mL，改变 CEC 浓度（C_c = 0.01 g/mL、0.015 g/mL、0.02 g/mL、0.025 g/mL、0.03 g/mL），将上述水凝胶前驱体溶液在 37℃ 下涡旋振荡均匀并静置成胶，分别得到五种不同 CEC 浓度参数的水凝胶样品，测试 CEC 浓度对 CEC-l-OSA 水凝胶成胶时间和流变行为的影响。

采用小瓶倒置法测试 CEC 浓度对 CEC-l-OSA 水凝胶成胶时间的影响，图 6.23（a）中的插图为 CEC 和 OSA 混合溶液在 37℃ 下成胶前后的状态。当 C_c＜0.01 g/mL 时，未观察到成胶现象，这是由于 CEC 浓度过低时，没有足够的氨基基团与 OSA 大分子链上的醛基反应，难以形成三维交联网络结构；而当 C_c＞0.03 g/mL 时，形成的凝胶网络结构不均匀，这是由于 CEC 浓度过高，体系整体黏度过大，阻碍了大分子链的运动和扩散。因此，考查了 CEC 浓度在 0.01~0.03 g/mL 范围时水凝胶成胶时间的变化。当 C_c = 0.01 g/mL 时，成胶时间长达 71.5 min，而当 C_c 增加至 0.015 g/mL、0.02 g/mL、0.025 g/mL、0.03 g/mL 时，成胶时间分别显著降低至 35.8 min、24.4 min、3.4 min 和 2.4 min［图 6.23（a）］，表明提高 C_o 可显著提高席夫碱反应效率，缩短成胶时间。上述结果说明水凝胶的成胶时间与 CEC 浓度密切相关，可在几分钟至约一小时范围内大幅调控 CEC-l-OSA 水凝胶的成胶时间，便于满足实际应用时的不同需求。流变学测试 CEC 浓度对 CEC-l-OSA 水凝胶力学性能的影响。当 C_c 由 0.01 g/mL 增加至 0.03 g/mL 时，水凝胶的储能模量（G'）从 77.9 Pa 逐步大幅升高至 1961 Pa［图 6.23（b）］。神经组织和脑组织的剪切模量在 100～1000 Pa

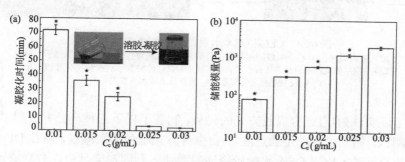

图 6.23   CEC 浓度对水凝胶成胶时间和储能模量（G'）的影响
* 号表示 C_c=0.03 g/mL 的样品与其他 CEC 浓度的样品之间存在显著差异（p＜0.05），误差棒表示标准差（n=3）

之间，处于 CEC-l-OSA 水凝胶可调控的模量范围之内。因此，调节 CEC 浓度可以满足组织工程中神经干细胞移植载体所需模量的要求。

6.4.3 自愈合可注射及流变回复性能

为了结合神经干细胞微创治疗移植的实际需求，采用 G' 最接近大鼠脑组织模量（约 500 Pa）的 CEC-l-OSA 水凝胶（C_c = 0.02 g/mL，577 Pa）进行了注射、自愈合性能测试。测试过程如图 6.24 所示，将水凝胶圆片放入注射器中，通过针头将水凝胶颗粒分别注射到"2""0""1""5"数字模具中，放入 37℃生化培养箱中静置 5 min。自愈合后将由水凝胶颗粒重新组成的"2015"数字状水凝胶取出后放在手指上未发生分散现象，说明由动态亚胺键交联制备的 CEC-l-OSA 水凝胶具有优异的自愈合性。此外，将数字状水凝胶浸入盛有 PBS（pH = 7.4）的小瓶内，反复摇晃并倒置，观察到这些水凝胶在溶液中未发生分散或破裂，依然保持着完整形态。上述现象表明 CEC-l-OSA 水凝胶具有高效的可注射和自愈合能力，注射出的水凝胶微粒具有优异、稳定的自愈合性能，即使暴露在潮湿或水环境中，依然可保持自愈合后的完整性。

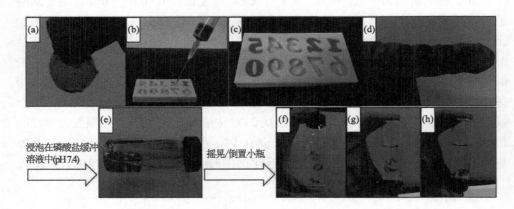

图 6.24　CEC-l-OSA 水凝胶的可注射-自愈合过程

(a)水凝胶圆片；(b)将水凝胶圆片放入注射器中并注入到数字模具中；(c)填充了水凝胶微粒的数字模具；(d)自愈合 5 min 后的数字状水凝胶；(e)将数字状水凝胶浸入 PBS 中；(f～h)反复摇晃并倒置小瓶，观察数字状水凝胶的完整性

为了证实注射-自愈合成胶方式的优势，制备了以下三种样品并开展了流变回复性能测试，第一组样品是通过注射-自愈合方式制备的水凝胶，将在 DF-12 细胞培养液中交联的 CEC-l-OSA 水凝胶经注射器注入到圆形模具中，37℃放置 5 min 自愈合为完整的水凝胶圆片；第二组样品是通过传统注射溶液成胶的方式制备的

水凝胶，将溶解 CEC 和 OSA 的 DF-12 细胞培养液分别通过针管注入圆形模具中混合，静置 30 min 后形成水凝胶圆片；第三组样品的制备方法与第二组相同，区别在于成胶后的静置时间需延长至 24 h。实验结果如图 6.25 所示，第一组样品的 G' 达到了 464.5 Pa，与第三组样品的 G' (590 Pa) 非常接近，且第一、三组样品的 G' 没有随测试时间的延长而发生变化，保持了稳定的状态。第二组样品的 G' 随测试时间的延长表现出缓慢上升的趋势，但 1600 s 后仅达到 59.2 Pa，显著低于第一、三组样品的对应值。该结果证实了与传统注射溶液成胶的方式相比，通过新型注射-自愈合方式制备的水凝胶在短时间内即可迅速建立稳定的力学模量。

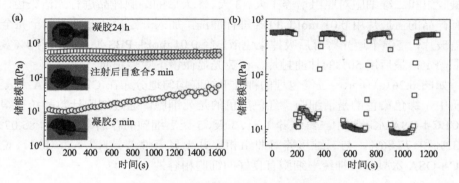

图 6.25　CEC-l-OSA 水凝胶的流变学测试
(a) 注射-自愈合和注射溶液后成胶制备得到的 CEC-l-OSA 水凝胶与完全成胶但未注射的水凝胶的 G' 随时间变化趋势；(b) 流变回复测试时 G' 随时间变化

采用交替振幅扫描测试水凝胶流变回复性能，进一步确认 CEC-l-OSA 水凝胶注射后的自愈合行为。在生理环境中，固定频率为 0.1 rad/s，采用小振幅 0.1% 和破坏振幅 1000% 交替加载水凝胶样品，每个振幅持续 200 s。当振幅为 0.1% 时，水凝胶表现出固体性质，然而，当加载 1000% 的破坏振幅时，水凝胶表现出流体性质，随着应变再次回复至 0.1% 时，G' 恢复至原始数值，水凝胶重新展现出固体性质，同样，该过程可循环重复多次，当破坏性大振幅 (1000%) 与小振幅 (0.1%) 多次交替作用时，G' 依然可以恢复至原始数值。该结果预示着将 CEC-l-OSA 水凝胶用于神经干细胞移植注入体内时，当受到周围组织挤压或碰撞时，智能的自愈合性能有助于水凝胶快速修复高分子三维网络结构，回复力学性能，提高移植过程的安全性。

6.4.4　三维神经干细胞包埋

采用 CEC-l-OSA 水凝胶 (C_c = 0.02 g/mL) 对神经干细胞进行三维包埋实验，测试水凝胶的细胞相容性，具体步骤如下：将 0.02 g/mL CEC 完全培养基溶液与离心收集的神经干细胞混合成均匀的细胞悬液，再将 0.1 g/mL OSA 完全培养基溶液加入其中，吹打均匀后接种于经多聚赖氨酸和多聚鸟氨酸/多聚-L-赖氨酸/层粘连蛋白包裹的 24 孔板盖玻片上，静置 20 s 成胶，包埋细胞的密度为 10^5 cell/mL，待完全成胶后，再向每孔加入 500 μL 完全培养基，放入细胞培养箱中培养 1 h，随后每隔 3 天更换一次细胞培养液。二维细胞对照组按相同的密度将神经干细胞接种于经多聚赖氨酸和多聚鸟氨酸/多聚-L-赖氨酸/层粘连蛋白包裹的 24 孔板盖玻片上，每孔加入 500 μL 完全培养基，置于细胞培养箱中培养。分别取 CEC-l-OSA 水凝胶组和二维细胞对照组培养 1 天、3 天、5 天后的细胞样品进行死活染色。将载有样品的盖玻片用 0.01 mol/L PBS 进行冲洗，加入一定量死活染色剂至完全覆盖盖玻片，室温下避光孵育后吸掉染色液，经 0.01 mol/L PBS 冲洗后，用 4%多聚甲醛固定，最后用 50%的甘油封片，在荧光显微镜下观察拍照。

如图 6.26(a) 所示，三维包埋的神经干细胞均匀地分布在 CEC-l-OSA 水凝胶基质中，绿色染色的是活细胞，红色染色的是死细胞。通过细胞计数和统计得到在 CEC-l-OSA 水凝胶中三维培养 1 天、3 天、5 天后细胞的存活率分别为 85.07%、83.32%和 77.86%，与二维培养对照组相比并无显著性差异[图 6.26(b)]，说明 CEC-l-OSA 水凝胶对神经干细胞有良好的细胞相容性。

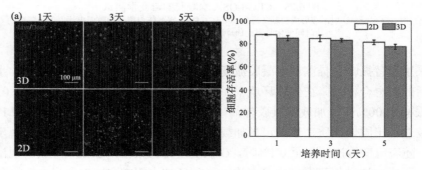

图 6.26 (a) 神经干细胞在 CEC-l-OSA 水凝胶中三维(3D)培养、二维(2D)培养 1 天、3 天、5 天的死活染色荧光显微镜照片(绿色为活细胞，红色为死细胞)；(b)3D、2D 培养的神经干细胞存活率

采用 5-溴脱氧尿嘧啶核苷(5-bromodeoxyuridinc，BrdU)/DAPI 染色检测 CEC-l-OSA 水凝胶中包埋的神经干细胞增殖情况。BrdU 可在增殖活跃的细胞中掺入新合成的 DNA 链，因此可用于测定细胞的增殖能力。将 0.02 g/mL CEC 完全培养基溶液与一定量 BrdU 混合，加入离心收集的神经干细胞，制备得到均匀的细胞悬液，再将 0.1 g/mL OSA 加入其中，吹打均匀后接种于经多聚赖氨酸和多聚

鸟氨酸/多聚-L-赖氨酸/层粘连蛋白包裹的 24 孔板盖玻片表面，静置 20 s 成胶，包埋细胞的密度为 10^5 cell/mL，待完全成胶后，向每孔分别加入 500 μL 完全培养基，放入细胞培养箱中培养 1 h，随后每隔 3 天更换一次细胞培养液。二维细胞对照组按相同的细胞密度将神经干细胞与 BrdU 混合后移植于 24 孔板中的盖玻片表面。分别取 CEC-l-OSA 水凝胶组和二维细胞对照组培养 1 天、3 天、5 天后的样品进行细胞增殖染色。将载有样品的盖玻片先用 4%多聚甲醛固定，再用 PBS 冲洗后浸润。免疫荧光染色时先在 24 孔板滴加一定量的 1 mol/L 盐酸溶液，在生理环境中作用一定时间以打开 DNA 双链，滴加一定量的 0.1 mol/L 硼酸溶液中和盐酸，用 PBS 冲洗，滴加 0.3%的聚乙二醇辛基苯基醚(Triton)打开细胞膜通道，再次用 PBS 冲洗后，滴加一定量的 10%即用型正常山羊血清封闭其他抗原，随后向其中滴加一抗小鼠单克隆抗 BrdU mouse monoclonal anti-BrdU，于 4℃冰箱中孵育过夜，用 PBS 洗涤后再分别滴加一定量二抗 Cy3/mouse 和 DAPI，最后用 50%甘油封片，在荧光显微镜下观察 BrdU/DAPI 染色检测包埋的神经干细胞在 1 天、3 天、5 天内的增殖情况并拍照。用 DAPI 染色的细胞核均为蓝色，用抗 BrdU 抗体可将分裂细胞免疫染色为红色，紫色的细胞来自蓝色和红色的叠加，是新增殖的细胞。经荧光显微镜观察，神经干细胞在 CEC-l-OSA 水凝胶中和二维培养板表面均表现出正常的增殖行为[图 6.27(a)]。进一步比较扩增能力发现，培养第 1 天时三维包埋在 CEC-l-OSA 水凝胶中神经干细胞的增殖率仅 27.8%，远低于二维培养对照组的细胞增殖率(52.6%)。然而，培养第 3 天和第 5 天时，水凝胶三维培养组的增殖率大幅上升，细胞增殖率分别约为 80%和 90%，仅与二维对照组有微小差异。图 6.27(b)说明神经干细胞包埋于水凝胶后，需要一定时间适应水凝胶中的三维网络环境，之后，包埋的神经干细胞可进行正常的扩增。

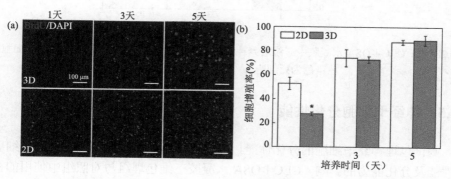

图 6.27　(a)神经干细胞在 CEC-l-OSA 水凝胶三维环境中与在二维培养板表面分别培养后的 BrdU/DAPI 染色照片(蓝色为 DAPI 染色，红色为 BrdU 染色，紫色为新增殖细胞)；(b)细胞增殖率，＊表示 $p<0.05$

CEC-l-OSA 自愈合水凝胶在注射过程中受到剪切应力，影响三维包埋神经干细胞的存活率和细胞移植效率，因此，进一步评估了三维包埋细胞水凝胶注射后细胞的存活率。首先将神经干细胞以 5×10^4 个/孔的密度三维包埋在 CEC-l-OSA 水凝胶（$C_c = 0.02$ g/mL）中，待完全成胶后，将包埋神经干细胞的水凝胶置于注射器中，之后注射到盖玻片表面。注射出的水凝胶微粒可以自发地愈合在一起，在细胞培养箱中放置 2 min 待完全愈合后，再加入到完全培养基中继续培养 1 天、3 天、5 天后进行细胞死活染色检测[图 6.28（a）]。从图 6.28（b）的细胞计数统计数据可以看出，培养 1 天、3 天、5 天后，神经干细胞存活率仍然大于 70%，但略低于未注射水凝胶的细胞存活率。这表明注射过程中产生的剪切力造成了部分细胞死亡，但大部分细胞因外部水凝胶的保护仍然表现出优异的活性。

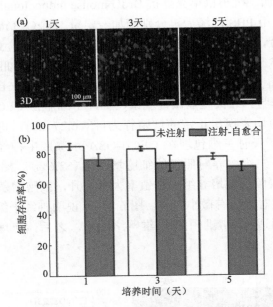

图 6.28　（a）CEC-l-OSA 水凝胶中三维培养神经干细胞的死活染色照片（绿色染色为活细胞，红色染色为死细胞）；（b）注射前后细胞存活率

6.4.5　神经干细胞分化性能

测试包埋神经干细胞的分化性能，探究水凝胶的三维微环境对神经干细胞分化性能及分化能力的影响。CEC-l-OSA 水凝胶三维包埋组与对照组中使用的神经干细胞密度均为 5×10^4 个/孔，在完成 3D 包埋和 2D 接种后，置于细胞培养箱培养 24 h，去除完全培养基后，用 PBS 洗涤并更换分化培养基，再置于细胞培养箱中

培养 9 天，期间每隔 3 天更换分化培养液。培养结束后，分别取 CEC-l-OSA 水凝胶组和二维对照组的样品进行分化染色。先将载有样品的盖玻片用 4% 多聚甲醛固定，一段时间后用 PBS 冲洗。免疫荧光染色时，先向 24 孔板滴加一定量的 0.3% Triton 打开细胞膜通道，用 PBS 冲洗后，滴加一定量的 10% 即用型正常山羊血清封闭其他抗原，再向其中滴加一抗 rabbit monoclonal anti-GFAP（1∶200）/mouse monoclonal anti-β-tubulin（1∶200），室温孵育一定时间，用 0.01 mol/L PBS 洗涤，之后再分别滴加二抗 TRITC/Rabbit（1∶200）/Cy3/mouse（1∶2000）和 DAPI（1∶1000），经 PBS 洗涤后，用 50% 甘油封片，在荧光显微镜下观察并拍照。在完全培养基中将神经干细胞在 CEC-l-OSA 水凝胶与二维培养板表面培养 1 天，巢蛋白染色结果证实，水凝胶组与对照组所培养的神经干细胞均显示细胞原有的干性。图 6.29 为水凝胶组和对照组所培养的神经干细胞分化性能的染色结果。β-微管蛋白（β-tubulin）为向神经元细胞分化的标记，胶质纤维酸性蛋白（glial fibrillary acidic protein，GFAP）为向胶质细胞分化的标记。在第 9 天时，三维包埋细胞水凝胶组中的 β-tubulin 显性细胞明显多于二维培养对照组[图 6.29(a)]，而 GFAP 显性细胞却少于二维对照组[图 6.29(b)]。

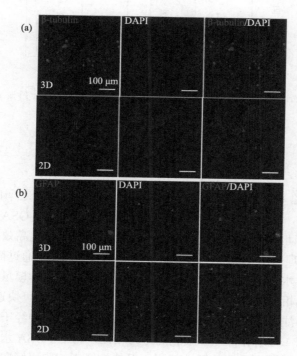

图 6.29　神经干细胞在三维 CEC-l-OSA 水凝胶中与在二维培养板表面培养 9 天后的分化染色照片
(a) β-tubulin/DAPI 染色照片（蓝色为 DAPI 染色，红色为 β-tubulin 染色）；(b) GFAP/DAPI 染色
照片（蓝色为 DAPI 染色，红色为 GFAP 染色）

　　从图 6.30 中可知，三维包埋在 CEC-l-OSA 水凝胶中的神经干细胞向神经元细胞分化的比例比对照组高 38%，而向胶质细胞分化的比例比对照组低 51%。这表明在 CEC-l-OSA 水凝胶中三维包埋培养的神经干细胞更倾向于向神经元细胞方向分化，一方面是水凝胶具有与脑组织相似的力学模量(约 500 Pa)，另一方面与水凝胶本身的物理和化学结构性能密切相关，CEC-l-OSA 水凝胶由动态亚胺键交联而成，亚胺键的成键和解离使 CEC 大分子链上的氨基动态存在于三维高分子网络中，而氨基是促进神经干细胞向神经元细胞分化的重要活性功能基团[59-62]。以上结果证明无需添加任何生长因子等活性物质，CEC-l-OSA 水凝胶可有效促进神经干细胞向神经元细胞增殖和分化。

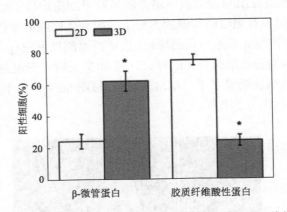

图 6.30　神经干细胞在 CEC-l-OSA 水凝胶中三维培养与在二维培养板表面细胞分化的统计结果，∗表示 $p < 0.05$

6.4.6　小结

　　通过 N-羧乙基壳聚糖与氧化海藻酸钠两种多糖高分子之间的席夫碱反应产生的动态亚胺键，可交联制备具有良好细胞相容性的 CEC-l-OSA 自愈合水凝胶。在生理环境中，动态亚胺键赋予了 CEC-l-OSA 水凝胶快速、高效的可注射自愈合性能，并且在生理盐水中依然能稳定保持自愈合后的形状。通过简单调节 CEC 浓度，CEC-l-OSA 水凝胶可模拟天然脑组织与神经组织的力学模量。与传统的注射溶液后成胶方式相比，CEC-l-OSA 水凝胶在注射自愈合后，可快速建立力学模量，增加移植过程中注射成胶的稳定性。氨基活性基团可促进神经干细胞向神经元细胞分化，与传统二维培养神经干细胞的方式相比，CEC-l-OSA 水凝胶在动态席夫碱反应的作用下释放大量氨基活性基团，促使神经干细胞更倾向于分化为神经元细胞。包埋神经干细胞的水凝胶注射过程中产生的剪切力造成了部分细胞死亡，但依然可保持约 70%的细胞存活率。良好的生物相容性和促进三维包埋神经干细胞向神经元细胞分化的能力表明，CEC-l-OSA 水凝胶三维细胞包埋体系有望用于神经组织工程修复。

参 考 文 献

[1] Lee K Y, Mooney D J. Hydrogels for tissue engineering[J]. Chem Rev, 2001, 101(7): 1869-1879.

[2] Hoffman A S. Hydrogels for biomedical applications[J]. Adv Drug Deliver Rev, 2002, 54(1): 3-12.

[3] James T L, Christina J L, Stacey F B, et al. Thin collagen film scaffolds for retinal epithelial cell culture[J]. Biomaterials, 2007, 28(8): 1486-1494.

[4] Firel R, Sar S, Mee P J. Embryonic stem cells: Understanding their history, cell biology and signaling[J]. Adv Drug Deliver Rev, 2005, 57(13): 1894-1903.

[5] Forouzan A, Marzieh S P, Hatef G H, et al. Matrigel enhances differentiation of human adipose tissue-derived stem cells into dopaminergic neuron[J]. Neuroscience Letters, 2021, 760(8): 136070.

[6] Chen Y M, Shiraishi N, Satokawa H, et al. Cultivation of endothelial cells on adhesive protein-free synthetic polymer gels[J]. Biomaterials, 2005, 26(22): 4588-4596.

[7] Chen Y M, Gong J P, Osada Y. Gel: A potential material as artificial soft tissue[M]// Matyjaszewski K, Gnanou K, Leibler L. Macromolecular Engineering: Precise Synthesis, Materials Properties, Applications. Weinheim: Wiley-VCH, 2007.

[8] Yang J J, Chen Y M, Gong J P. Spontaneous redifferentiation of dedifferentiated human articular chondrocytes on hydrogel surfaces[J]. Tiss Eng A, 2010, 16(8): 2529-2540.

[9] Yang J J, Chen Y M, Gong J P. Gene expression, glycocalyx assay, and surface properties of human endothelial cells cultured on hydrogel matrix with sulfonic moiety: Effect of elasticity of hydrogel[J]. J Biomed Mater Res A, 2010, 95(2): 531-542.

[10] Chen Y M, Shen K C, Gong J P, et al. Selective cell spreading, proliferation, and orientation on micropatterned gel surfaces[J]. J Nanosci Nanotech, 2007, 7(3): 773-779.

[11] Chen Y M, Ogawa R, Kakugo A, et al. Dynamic cell behavior on synthetic hydrogels with different charge densities[J]. Soft Matter, 2009, 5(9): 1804-1811.

[12] Chen Y M, Tanaka M, Gong J P, et al. Platelet adhesion to human umbilical vein endothelial cells cultured on anionic hydrogel scaffolds[J]. Biomaterials, 2007, 28(10): 1752-1760.

[13] Kwon H J, Yasuda K, Ohmiya Y, et al. In vitro differentiation of chondrogenic ATDC5 cells is enhanced by culturing on synthetic hydrogels with various charge densities[J]. Acta Biomater, 2010, 6(2): 494-501.

[14] Kobayashi H, Ikacia Y. Corneal cell adhesion and proliferation on hydrogel sheets bound with cell-adhesive proteins[J]. Current Eye Research, 1991, 10(10): 899-908.

[15] Chen Y M, Gong J P, Tanaka M, et al. Tuning of cell proliferation on tough gels by critical charge effect[J]. J Biomed Mater Res A, 2009, 88(1): 74-83.

[16] Calonder C, Matthew H W T, Tasse P R V. Adsorbed layers of oriented fibronectin: A strategy to control cell-surface interactions[J]. J Biomed Mater Res A, 2005, 75(2): 316-323.

[17] Larsen M, Wei C, Yamada K M. Cell and fibronectin dynamics during branching morphogenesis[J]. J Cell Sci, 2006, 119(16): 3376-3384.

[18] Narita T, Hirai A, Xu J, et al. Substrate effects of gel surface on cell adhesion and disruption[J]. Biomacromolecules, 2000, 1(2): 162-167.

[19] Kaneko D, Tada T, Kurokawa T, et al. Mechanically strong hydrogels with ultra-low frictional coefficients[J]. Adv Mater, 2005, 17(5): 535-538.

[20] Gong J P, Katsuyama Y, Kurokawa T, et al. Double-network hydrogels with extremely high mechanical strength[J]. Adv Mater, 2003, 15(14): 1155-1158.

[21] Azuma C, Yasuda K, Tanabe Y, et al. Biodegradation of high-toughness double network hydrogels as potential materials for artificial cartilage[J]. J Biomed Mater Res A, 2007, 81(2): 373-380.

[22] Deroanne C F, Lapiere C M, Nusgens B V. In vitro tubulogenesis of endothelial cells by relaxation of the coupling extracellular matrix-cytoskeleton[J]. Cardiovasc Res, 2001, 49(3): 647-658.

[23] Cunningham E T, Feiner L, Chung C, et al. Incidence of retinal pigment epithelial tears after intravitreal ranibizumab injection for neovascular age-related macular degeneration[J]. Ophthalmology, 2011, 118: 2447-2452.

[24] Liao J L, Yu J, Huang K, et al. Molecular signature of primary retinal pigment epithelium and stem-cell-derived RPE cells[J]. Hum Mol Genet, 2010, 19: 4229-4238.

[25] Yaji N, Yamato M, Yang J, et al. Transplantation of tissue-engineered retinal pigment epithelial cell sheets in a rabbit model[J]. Biomaterials, 2009, 30: 797-803.

[26] Rozanowska M, Bakker L, Boulton M E, et al. Concentration dependence of vitamin C in combinations with vitamin E and zeaxanthin on light-induced toxicity to retinal pigment epithelial cells[J]. Photochem Photobiol, 2012, 88: 1408-1417.

[27] Stramm L E, Haskins M E, Aguirre G D. Retinal pigment epithelial glycosaminoglycan metabolism: intracellular versus extracellular pathways. In vitro studies in normal and diseased cells[J]. Invest Ophthalmol Vis Sci, 1989, 30: 2118-2131.

[28] Ding J D, Johnson L V, Herrmann R, et al. Anti-amyloid therapy protects against retinal pigmented epithelium damage and vision loss in a model of age-related macular degeneration[J]. Proc Natl Acad Sci USA, 2011, 108: E 279-287.

[29] Hopley C, Salkeld G, Mitchell P. Cost utility of photodynamic therapy for predominantly classic neovascular age related macular degeneration[J]. Br J Ophthalmol, 2004, 88: 982-987.

[30] Seagle B L, Rezai K A, Gasyna E M, et al. Time-resolved detection of melanin free radicals quenching reactive oxygen species[J]. J Am Chem Soc, 2005, 127: 11220-11221.

[31] Liang F Q, Godley B F. Oxidative stress-induced mitochondrial DNA damage in human retinal pigment epithelial cells: A possible mechanism for RPE aging and age-related macular degeneration[J]. Exp Eye Res, 2003, 76: 397-403.

[32] Hui S, Yi L, Fengling Q L. Effects of light exposure and use of intraocular lens on retinal

pigment epithelial cells *in vitro*[J]. Photochem Photobiol, 2009, 85(4): 966-969.

[33] Lu L, Hackett S F, Mincey A, et al. Effects of different types of oxidative stress in RPE cells[J]. J Cell Physiol, 2006, 206: 119-125.

[34] Chen J, Patil S, Seal S, et al. Rare earth nanoparticles prevent retinal degeneration induced by intracellular peroxides[J]. Nat Nanotechnol, 2006, 1: 142-150.

[35] Geckil H, Xu F, Zhang X, et al. Engineering hydrogels as extracellular matrix mimics[J]. Nanomedicine, 2010, 5: 469-484.

[36] Yang F, Williams C G, Wang D A, et al. The effect of incorporating rgd adhesive peptide in polyethylene glycol diacrylate hydrogel on osteogenesis of bone marrow stromal cells[J]. Biomaterials, 2005, 26: 5991-5998.

[37] Schmidt J J, Rowley J, Kong H J. Hydrogels used for cell-based drug delivery[J]. J Biomed Mater Res A, 2008, 87: 1113-1122.

[38] Chen Y, Dong K, Liu Z, et al. Double network hydrogel with high mechanical strength: Performance, progress and future perspective[J]. Sci China Technol Sci, 2012, 55: 2241-2254.

[39] Liu J F, Chen Y M, Yang J J, et al. Dynamic behavior and spontaneous differentiation of mouse embryoid bodies on hydrogel substrates of different surface charge and chemical structures[J]. Tissue Eng Part A, 2011, 17: 2343-2357.

[40] Singh S, Woerly S, McLaughlin B J. Natural and artificial substrates for retinal pigment epithelial monolayer transplantation[J]. Biomaterials, 2001, 22: 3337-3343.

[41] Tezel T H, Del Priore L V. Reattachment to a substrate prevents apoptosis of human retinal pigment epithelium[J]. Graefes Arch Clin Exp Ophthalmol, 1997, 235: 41-47.

[42] Kalariya N M, Wills N K, Ramana K V, et al. Cadmium-induced apoptotic death of human retinal pigment epithelial cells is mediated by mapk pathway[J]. Exp Eye Res, 2009, 89: 494-502.

[43] Wankun X, Wenzhen Y, Min Z, et al. Protective effect of paeoniflorin against oxidative stress in human retinal pigment epithelium *in vitro*[J]. Mol Vis, 2011, 17: 3512-3522.

[44] Matyash M, Despang F, Mandal R, et al. Novel soft alginate hydrogel strongly supports neurite growth and protects neurons against oxidative stress[J]. Tissue Eng Part A, 2012, 18: 55-66.

[45] Zhu L, Liu Z, Feng Z, et al. Hydroxytyrosol protects against oxidative damage by simultaneous activation of mitochondrial biogenesis and phase II detoxifying enzyme systems in retinal pigment epithelial cells[J]. J Nutr Biochem, 2010, 21: 1089-1098.

[46] Feng Z, Liu Z, Li X, et al. α-tocopherol is an effective phase II enzyme inducer: Protective effects on acrolein-induced oxidative stress and mitochondrial dysfunction in human retinal pigment epithelial cells[J]. J Nutr Biochem, 2010, 21: 1222-1231.

[47] Tibbitt M W, Anseth K S. Hydrogels as extracellular matrix mimics for 3D cell culture[J]. Biotechnology, 2009, 103: 655-663.

[48] Chawla K, Yu T B, Liao S W, et al. Biodegradable and biocompatible synthetic saccharide-peptide hydrogels for three-dimensional stem cell culture[J]. Biomacromolecules, 2011, 12: 560-567.

[49] Charoen K M, Fallica B, Colson Y L, et al. Embedded multicellular spheroids as a biomimetic

3D cancer model for evaluating drug and drug-device combinations[J]. Biomaterials, 2014, 35: 2264-2271.

[50] Loessner D, Stok K S, Lutolf M P, et al. Bioengineered 3D platform to explore cell-ECM interactions and drug resistance of epithelial ovarian cancer cells[J]. Biomaterials, 2010, 31: 8494-8506.

[51] Tseng P C, Young T H, Wang T M, et al. Spontaneous osteogenesis of mscs cultured on 3D microcarriers through alteration of cytoskeletal tension[J]. Biomaterials, 2012, 33: 556-564.

[52] Oh S K, Chen A K, Mok Y, et al. Long-term microcarrier suspension cultures of human embryonic stem cells[J]. Stem Cell Res, 2009, 2: 219-230.

[53] Fernandes A M, Fernandes T G, Diogo M M, et al. Mouse embryonic stem cell expansion in a microcarrier-based stirred culture system[J]. J Biotechnol, 2007, 132: 227-236.

[54] Nicodemus G D, Bryant S J. Cell encapsulation in biodegradable hydrogels for tissue engineering applications[J]. Tissue Eng Part B Rev, 2008, 14: 149-165.

[55] Lewis K J, Anseth K S. Hydrogel scaffolds to study cell biology in four dimensions[J]. MRS Bull, 2013, 38: 260-268.

[56] Lin F, Yu J, Tang W, et al. Peptide-functionalized oxime hydrogels with tunable mechanical properties and gelation behavior[J]. Biomacromolecules, 2013, 14: 3749-3758.

[57] Fan Y, Deng C, Cheng R, et al. *In situ* forming hydrogels via catalyst-free and bioorthogonal "tetrazole-alkene" photo-click chemistry[J]. Biomacromolecules, 2013, 14: 2814-2821.

[58] Zhang R, Xue M, Yang J, et al. A novel injectable and in situ crosslinked hydrogel based on hyaluronic acid and α, β-polyaspartylhydrazide[J]. J Appl Polym Sci, 2012, 125: 1116-1126.

[59] Azagarsamy M A, Anseth K S. Bioorthogonal click chemistry: an indispensable tool to create multifaceted cell culture scaffolds[J]. ACS Macro Lett, 2013, 2: 5-9.

[60] McCall J D, Anseth K S. Thiol-ene photopolymerizations provide a facile method to encapsulate proteins and maintain their bioactivity[J]. Biomacromolecules, 2012, 13: 2410-2417.

[61] Hiemstra C, van der Aa L J, Zhong Z, et al. Novel in situ forming, degradable dextran hydrogels by michael addition chemistry: synthesis, rheology, and degradation[J]. Macromolecules, 2007, 40: 1165-1173.

[62] Hiemstra C, van der Aa L J, Zhong Z, et al. Rapidly in situ-forming degradable hydrogels from dextran thiols through michael addition[J]. Biomacromolecules, 2007, 8: 1548-1556.

[63] Yu Y, Chau Y. One-step "click" method for generating vinyl sulfone groups on hydroxyl-containing water-soluble polymers[J]. Biomacromolecules, 2012, 13: 937-942.

[64] van Dijk-Wolthuis W, Franssen O, Talsma H, et al. Synthesis, characterization, and polymerization of glycidyl methacrylate derivatized dextran[J]. Macromolecules, 1995, 28: 6317-6322.

[65] Dong Y, Saeed A O, Hassan W, et al. "One-step" preparation of thiol-ene clickable peg-based thermoresponsive hyperbranched copolymer for in situ crosslinking hybrid hydrogel[J]. Macromol Rapid Commun, 2012, 33: 120-126.

[66] Motaln H, Schichor C, Lah T T. Human mesenchymal stem cells and their use in cell-based therapies[J]. Cancer, 2010, 116: 2519-2530.

[67] Pittenger M F, Mackay A M, Beck S C, et al. Multilineage potential of adult human mesenchymal stem cells[J]. Science, 1999, 284: 143-147.

[68] Wang Y, Peng W, Liu X, et al. Study of bilineage differentiation of human-bone-marrow-derived mesenchymal stem cells in oxidized sodium alginate/N-succinyl chitosan hydrogels and synergistic effects of rgd modification and low-intensity pulsed ultrasound[J]. Acta Biomater, 2014, 10: 2518-2528.

[69] Gage F H. Mammalian neural stem cells[J]. Science, 2000, 287: 1433-1438.

[70] Temple S. The development of neural stem cells[J]. Nature, 2001, 414: 112-117.

[71] Kelly S, Bliss T M, Shah A K, et al. Transplanted human fetal neural stem cells survive, migrate, and differentiate in ischemic rat cerebral cortex[J]. Proc Natl Acad Sci USA, 2004, 101: 11839-11844.

[72] Haines-Butterick L, Rajagopal K, Branco M, et al. Controlling hydrogelation kinetics by peptide design for three-dimensional encapsulation and injectable delivery of cells[J]. Proc Natl Acad Sci USA, 2007, 104: 7791-7796.

[73] Chiu Y L, Chen S C, Su C J, et al. Ph-triggered injectable hydrogels prepared from aqueous N-palmitoyl chitosan: *In vitro* characteristics and in vivo biocompatibility[J]. Biomaterials, 2009,30: 4877-4888.

[74] Vanderhooft J L, Mann B K, Prestwich G D. Synthesis and characterization of novel thiol-reactive poly(ethylene glycol) cross-linkers for extracellular-matrix-mimetic biomaterials[J]. Biomacromolecules, 2007, 8: 2883-2889.

[75] Lin S, Sangaj N, Razafiarison T, et al. Influence of physical properties of biomaterials on cellular behavior[J]. Pharm Res, 2011, 28: 1422-1430.

[76] Ren Y J, Zhang H, Huang H, et al. In vitro behavior of neural stem cells in response to different chemical functional groups[J]. Biomaterials, 2009, 30: 1036-1044.

[77] Callahan L A S, Ma Y, Stafford C M, et al. Concentration dependent neural differentiation and neurite extension of mouse ESC on primary amine-derivatized surfaces[J]. Biomater Sci, 2013, 1: 537-544.

[78] Wang Y, Zhao Y, Sun C, et al. Chitosan degradation products promote nerve regeneration by stimulating schwann cell proliferation via miR-27a/FOXO1 axis[J]. Mol Neurobiol, 2016, 53: 28-39.

[79] Jiang M, Zhuge X, Yang Y, et al. The promotion of peripheral nerve regeneration by chitooligosaccharides in the rat nerve crush injury model[J]. Neurosci Lett, 2009, 454: 239-243.